四川省矿产资源潜力评价项目系列丛书(1)

四川省铁矿成矿规律

胡朝云　　胡世华　　张建东　　秦宇龙
　　　　　　　　　　　　　　　　　　　　　等　编著
赖贤友　　张文宽　　马红熳　　黄仕宗

科学出版社

北京

内 容 简 介

本书对四川省 11 个典型铁矿矿床式成矿规律进行了全面系统的研究和总结。重点突出各类型铁矿床的共同特征、关键成矿地质条件，编绘了各典型铁矿类型的成矿模式图，为寻找同类型铁矿床提供了理论基础。

本书可供地质学、矿床学、矿产勘查等领域的科研、教学参考用书。

图书在版编目(CIP)数据

四川省铁矿成矿规律 / 胡朝云等编著. —北京：科学出版社，2015.1
（四川省矿产资源潜力评价项目系列丛书）
ISBN 978-7-03-043062-5

Ⅰ.①四… Ⅱ.①胡… Ⅲ.①铁矿床–成矿规律–四川省 Ⅳ.①P618.
310.1

中国版本图书馆 CIP 数据核字（2015）第 011933 号

责任编辑：张　展　罗　莉 / 责任校对：邓丽娜
封面设计：墨创文化 / 责任印制：余少力

科 学 出 版 社 出版

北京东黄城根北街16号
邮政编码：100717
http://www.sciencep.com

四川煤田地质制图印刷厂印刷
科学出版社发行　各地新华书店经销

＊

2015 年 1 月第 一 版　　开本：787×1092 1/16
2015 年 1 月第一次印刷　　印张：14
字数：320 千字
定价：69.00 元

"四川省矿产资源潜力评价"是"全国矿产资源潜力评价"的工作项目之一。

按照国土资源部统一部署,项目由中国地质调查局和四川省国土资源厅领导,并提供国土资源大调查和四川省财政专项经费支持。

项目成果是全省地质行业集体劳动的结晶!谨以此书献给耕耘在地质勘查、科学研究岗位上的广大地质工作者!

四川省矿产资源潜力评价项目系列丛书编委会

四川省矿产资源评价工作领导小组

组　　长：宋光齐

副组长：刘永湘　张　玲　王　平

成　　员：范崇荣　刘　荣　李茂竹

　　　　　李庆阳　陈东辉　邓国芳

　　　　　伍昌弟　姚大国　王　浩

领导小组办公室

办公室主任：王　平

副　主　任：陈东辉　岳昌桐　贾志强

成　　　员：赖贤友　李仕荣　徐锡惠

　　　　　　巫小兵　王丰平　胡世华

四川省铁矿成矿规律

胡朝云　　胡世华　　张建东　　秦宇龙

赖贤友　　张文宽　　马红熳　　黄仕宗

郭　萍　　刘玉书　　李明雄　　胡红波

黄与能　　张　萍　　肖　懿　　杨先光

尹国龙　　孙明全　　邓　涛　　张　贻

曾　云　　刘应平　　陈东国　　卢珍松

许家斌　　宋俊林　　王秀京　　汪宇峰

李世燕　　谯小平　　王东明　　倪月玲

黄玉琼　　方　旭　　张开国　　吴　丹

文　辉　　孙渝江　　邢无京　　文世涛

郎文宗　　杨本锦　　等

前　　言

"四川省矿产资源潜力评价"是"全国矿产资源潜力评价"的工作项目之一。该项目对四川省的铁、锰、煤、铜、铅、锌、镍、锡、铝、钼、稀有(锂)、稀土、金、银、钾盐、硫、铂、磷、硼、芒硝、石墨等21个重点矿种的资源潜力进行了评价，编写了各矿种的潜力评价成果报告以及全省的地质构造、重力、磁测、化探、自然重砂、成矿规律、矿产预测等各专业报告，这些成果是本书编写的基础资料。

铁矿是四川省优势矿种。"四川省矿产资源潜力评价"项目根据四川省铁矿特点和全国《重要矿产预测类型划分方案》，把四川省主要铁矿分为：攀枝花式岩浆型钒钛磁铁矿、满银沟式沉积变质铁矿、石龙式海相火山变质型铁矿、矿山梁子式陆相火山岩型铁矿、凤山营式沉积变质菱铁矿、泸沽式接触交代型铁矿、南江李子垭式接触交代型铁矿、华弹式沉积铁矿、碧鸡山式沉积铁矿等九大预测类型；并按照"区域成矿规律研究技术要求"对各类型成矿条件和成矿规律进行了研究和比较全面的总结。本书采用矿床成因分类，按内生矿床、外生矿床、变质矿床、叠生矿床分类法，分为了岩浆矿床、接触交代(矽卡岩)矿床、热液矿床、火山成因矿床、风化矿床、沉积矿床、变质矿床七类。

本书在四川省154个小型及以上的铁矿床中，选择了11个典型矿床式进行研究和总结，其中包括潜力评价选择的9个典型矿床。将石龙式铁矿划入火山成因矿床，增加了热液矿床；风化矿床在四川由于处于很次要位置，未选典型矿床。此外，按照"四川省攀西地区攀枝花式岩浆型铁矿资源潜力评价典型示范报告"的方案，将攀枝花式铁矿分解为攀枝花式铁矿和红格式铁矿。通过典型矿床研究，重点突出了各类型铁矿床的共同特征、关键成矿地质条件的表达，编绘了各典型矿床类型的成矿模式图，进而对四川省铁矿区域成矿规律进行了较全面、系统的总结。全书共分八章，第一章到第七章由胡朝云、胡世华编写，第八章由张建东、秦宇龙编写，最终由胡朝云、胡世华统筹定稿。

第一章的铁矿资源储量以四川省国土资源厅编《四川省矿产资源年报2012》为基础，以截至2011年底的铁矿查明资源储量为基础，总结四川省主要铁矿区的数量和规模、查明资源量的数量和结构以及资源禀赋特点。

第二章介绍四川省铁矿的七类矿床成因类型及其基本特征，并与矿产资源潜力评价的铁矿床九大预测类型进行比较。

第三章到第七章分别叙述攀枝花式、红格式岩浆型钒钛磁铁矿，泸沽式、李子垭式接触交代型铁矿和耳泽式热液型铁矿，矿山梁子式陆相火山岩型、石龙式海相火山变质型铁矿，碧鸡山(宁乡)式、华弹式沉积铁矿，满银沟式、凤山营式沉积变质菱铁矿等11个典型铁矿床的成矿地质背景特征和矿床特征；在分析典型矿床特征的基础上，总结区域成矿规律研究，编制成矿模式示意图，为寻找同类铁矿床提供理论基础。

第八章阐述前震旦纪至中生代，以中条－晋宁－澄江期、华力西期、印支期、燕山期和喜马拉雅期等重要构造运动事件为转折点，将四川主要铁矿划分为五个大成矿旋回。总结铁矿与大地构造相、地质构造运动、地层及岩石建造、岩浆活动、变质作用的关系，进而总结四川省铁矿的时空分布规律，探讨四川铁矿成矿机制模式的初步认识，最后提出存在的问题。

《四川省铁矿成矿规律》是在四川省铁矿成矿规律研究成果的基础上总结而成的，是集体劳动成果的结晶。四川省矿产资源潜力评价工作的整个研究过程耗时七年，参加工作的有四川省各地勘单位先后 300 余地质工作者。四川省矿产资源潜力评价先后编写了"四川省铁矿资源潜力评价成果报告""四川省重要矿种区域成矿规律研究成果报告"和"四川省矿产资源潜力评价成果报告"等，本书是在上述各类成果报告基础之上，特别是有关铁矿的研究成果，如"四川省矿产资源潜力评价成果报告"中的有关内容，并补充了部分资料，经过进一步提炼总结而成。参加"四川省铁矿资源潜力评价成果报告"编写的有赖贤友、张文宽、马红熳、黄仕宗、郭萍、刘玉书、李明雄、胡红波、黄与能、张萍、肖懿、杨先光、尹国龙、孙明全、邓涛、张贻、曾云、刘应平、陈东国、卢珍松、许家斌、宋俊林、王秀京、汪宇峰、李世燕、谯小平、王东明、倪月玲、黄玉琼、方旭、张开国、吴丹、文辉、孙渝江、邢无京、文世涛、郎文宗、杨本锦；参加"四川省重要矿种区域成矿规律矿产预测课题成果报告"编写的有胡世华、马红熳、杨先光、曾云、郭强、王茜、晏子贵、文锦明、胡朝云、赖贤友、陈东国、王秀京、李斌斌、卢珍松、黎文甫、廖阮颖子、肖懿；参加"四川省矿产资源潜力评价成果报告"编写的有胡世华、胡朝云、杨先光、郭强、陈忠恕、曾云、马红熳、张建东、赖贤友、李仕荣、徐锡惠、阚泽忠、刘应平、李明雄、孙渝江、徐韬、文辉、陈东国、梁万林、杨荣、杨发伦、贺洋、王显峰。

项目得到了国土资源部、中国地质调查局、全国矿产资源潜力评价项目办公室、西南矿产资源潜力评价项目办公室、四川省国土资源厅、四川省地质矿产勘查开发局、四川省冶金地勘局、四川省煤田地质局、四川省化工地质勘查院的领导和同仁的大力支持和帮助；刘玉书、张兴润、王培生审阅了本书初稿，在此一并表示衷心的感谢！笔者虽然力求全面、系统地总结四川省铁矿的成矿规律，但由于时间和水平所限，难免存在谬误之处，有的认识还很肤浅，有些问题还有待深入研究，敬请各位专家和同仁不吝赐教、批评指正！

2014 年 9 月

目　　录

第一章　四川省铁矿资源概况

第一节　已发现的铁矿

一、全省铁矿产地、矿床数量及分布

（一）四川省铁矿产地数量

四川省铁矿资源丰富，探明资源量名列全国第二位。本书以四川省矿产资源潜力评价数据库、铁矿专项规划和四川省矿产总结的矿产地等资料为基础，经综合整理，去掉矿化点，核实统计：全省共有铁矿产地 294 处（小型及以上铁矿床 154 处），其中超大型的 4 处（均为钒钛磁铁矿）、大型 13 处、中型 34 处、小型 103 处、矿点 140 处。

（二）四川省铁矿探明资源量

《中国铁矿成矿规律》（李厚民等，2012）记载，四川省探明铁矿资源储量 95 亿吨；据四川省矿产资源潜力评价资料，已探获资源量为 105 亿吨（2013）。据不完全统计，四川省已利用铁矿区 41 个（其中闭坑 3 个、停采 5 个），已开始利用的铁矿资源储量 37 亿吨，占全省铁矿资源储量的 30％以上；全省年消耗铁矿总矿石量约 1.6 亿吨，主要生产和消耗企业为攀钢集团有限公司（攀钢）和重庆钢铁（集团）有限责任公司（重钢集团）。

（三）四川省铁矿分布

四川省铁矿主要分布于攀枝花市和凉山彝族自治州，一般称其为攀西地区。攀西地区是我国铁矿的主要成矿带之一，集中了四川省的主要大型－超大型铁矿床，探明资源量仅次于辽宁省鞍本地区，名列全国第二。其他铁矿床（点）分别分布在宜宾市、阿坝藏族自治州、绵阳市、广元市、达州市、巴中市、甘孜藏族自治州、雅安市等地。四川省主要铁矿产地分布见图 1-1。

四川省各市州铁矿资源储量、矿山开发等基本情况见表 1-1、图 1-2 和图 1-3。

表 1-1　各市州铁矿资源储量分布情况一览表

地　区	矿区数/个	资源储量所占比例	省内排位
攀枝花市	24	73％	1
凉山州	95	23.12％	2
宜宾市	9	1.10％	3

地 区	矿区数/个	资源储量所占比例	省内排位
阿坝州	8	0.70%	4
绵阳市	9	0.64%	5
广元市	7	0.39%	6
达州市	9	0.38%	7
巴中市	13	0.31%	8
甘孜州	3	0.10%	9
雅安市	4	0.09%	10
成都市	1	0.09%	11
乐山市	2	0.06%	12
眉山市	1	0.01%	13
合计	185	100%	

据四川省矿产资源年报(2012)资料

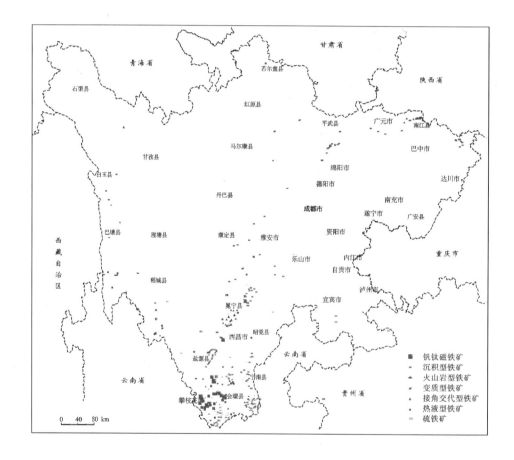

图 1-1 四川省主要铁矿资源分布示意

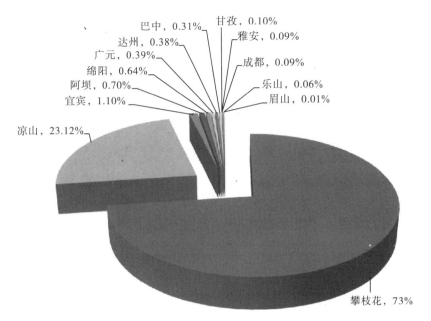

图1-2 全省铁矿资源储量分布比例图

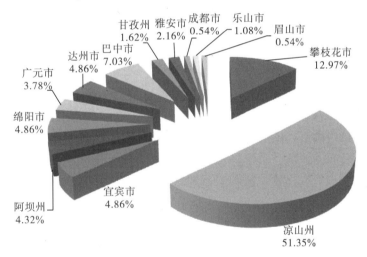

图1-3 全省铁矿山在各州市分布比例图

二、全省铁矿分类

(一)四川省铁矿类型

到目前为止,四川省有铁矿产地294处,可分为内生、外生、变质铁矿床三大类(类型划分详见第二章),在此基础之上进一步可分为七个成因类型(图1-4),其中岩浆型矿床26个(占比为8.84%)、接触交代(矽卡岩)型矿床59个(占比为20.07%)、热液矿床26个(占比为8.84%)、火山成因矿床33个(占比11.22%)、沉积矿床85个(占比为28.91%)、风化(残积淋积)矿床1个(占比不足1%)、变质矿床64个(占比为21.77%)。

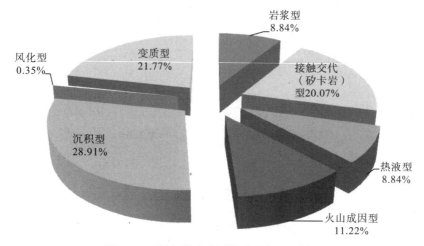

图 1-4　四川省铁矿成因类型矿产地比例图

(二)矿床式

矿床式属于矿床成矿系列和亚系列之下一组相同类型的矿床,是一定区域内有成因联系的同类矿床类型的矿床代表(陈毓川等,2010)。通过对全省 51 个中型以上的铁矿床进行整理、对比,选择了 11 个典型矿床式进行研究和总结,其中包括潜力评价选择的 9 个典型矿床。各典型矿床式铁矿的分布及基本特征如下。

攀枝花、红格式钒钛磁铁矿分布于凉山州西昌—攀枝花地区(简称"攀西地区",后同),该区集中分布了全省的大型—超大型铁矿床,是全国著名的钒钛磁铁矿集中区。攀枝花、红格式钒钛磁铁矿沿安宁河大断裂分布,位于上扬子陆块西缘攀西陆内裂谷带,其华力西晚期为陆内裂谷环境,铁矿赋存于富铁质基性—超基性岩体中。

泸沽式铁矿分布于泸沽—喜德和会理益门一带,位于康滇轴部基底断隆带之安宁河断裂带,为晋宁期古裂谷环境;铁矿赋存于黑云母花岗岩内外接触带。航磁、地磁异常显著。

李子垭式铁矿分布于旺苍—南江白坝一带;位于米仓山—南大巴山前陆逆冲-推覆带,铁矿赋存于晋宁期闪长岩与中元古火地垭群、黄水河群不纯的碳酸盐岩接触带中。

耳泽式铁(金)矿成因类型有不同认识。其共识为热液型,争论焦点是热液的来源问题,本书将其划为热液型铁金矿。该类型铁金矿分布于木里—乡城一带;位于甘孜—理塘蛇绿混杂岩带,水洛-恰斯陆壳残片相内的耳泽水洛河地区,矿体赋存于上二叠统、下三叠统及上震旦统的碳酸盐岩层中。

矿山梁子式铁矿分布于冕宁—盐源地区,位于盐源—丽江前陆逆冲-推覆带,金河—箐河前缘逆冲带,华力西晚期属陆内裂谷环境,铁矿赋存于华力西晚期苦橄岩、辉绿岩中。

石龙式铁矿分布于会理拉拉—会东松坪一带,位于攀西陆内裂谷带的江舟-米市裂谷盆地的东西向古构造与南北向金沙江断裂带交汇地带,元古代时期为古裂谷环境的海底火山喷发,含矿地层为元古界河口群、会理群的钠质火山岩建造。

宁乡式(碧鸡山)铁矿分布于越西、甘洛一带,位于攀西裂谷带的江舟-米市裂谷盆地和凉山—威宁—昭通碳酸盐台地的甘洛-美姑拗陷盆地,产于中泥盆世扬子古陆边缘滨海相、湖沼相封闭半封闭沉积环境,赋存于中泥盆统地层中。

华弹式沉积铁矿分布于宁南地区,位于攀西裂谷带的江舟-米市裂谷盆地,产于华力西早期扬子古陆边缘滨海相湖、沼相封闭半封闭沉积环境,赋存于中奥陶统巧家组地层中。

满银沟式铁矿分布于宁南—会东一带,位于康滇断隆带,含矿岩系为前震旦系通安组变质泥砂质灰岩、大理岩,上覆地层为铁质砂砾岩。

凤山营式铁矿分布于会理会东地区南部,位于攀西裂谷带的江舟-米市裂谷盆地,含矿地层为元古界会理群凤山营组,泥质岩建造。

此外在万源地区还分布有菱铁矿,在松潘平武地区分布有虎牙式铁锰矿,还有产于志留系茂县群中的沉积变质型的汶川威州铁矿和属矽卡岩型高温热液交代型的道孚县菜子沟铁矿等,但其分布较局限。

第二节　四川省铁矿资源特点

一、集中分布在攀西地区

四川省探获铁矿资源量的96%以上集中分布在攀西地区的攀枝花市和凉山彝族自治州,在这一地区也集中了全省的主要大型—超大型铁矿床。攀枝花市的铁矿以钒钛磁铁矿为主,占全省铁矿资源储量的73%,是全国著名的铁矿集中区,也是攀钢集团有限公司公司的钢铁生产基地。凉山彝族自治州铁矿资源储量占全省的23.12%,除钒钛磁铁矿外,还有部分中小型富铁矿。其他地区只有零星中小型铁矿分布。

二、矿床类型及矿石类型比较齐全

四川省铁矿床类型和矿石自然类型齐全,主要铁矿成因类型有岩浆型、变质(改造)型、沉积型、接触交代(矽卡岩)型、热液型、火山成因型矿床。矿石类型(按矿物成分)以岩浆型钒钛磁铁矿为主,占全省探获资源储量的96.13%,其他还有菱铁矿矿石、磁铁矿矿石(含钛磁铁矿和钛铁矿)赤铁矿矿石、褐铁矿矿石等。

(一)规模

四川省有小型及以上铁矿床154个,其中超大型4个,占2.6%;大型13个,占8.44%;中型34个,占22.08%;小型103个,占66.88%(图1-5)。17个大型-超大型矿床中有11个为岩浆型(其中4个为超大型)、3个为变质(改造)型、2个沉积型、1个火山成因,其主要矿床类型、矿床式和主要分布地区见表1-2。

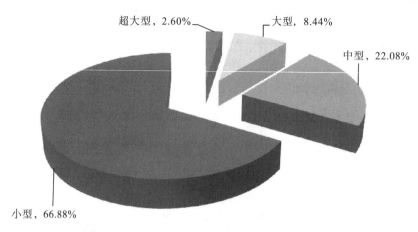

图 1-5 四川省小型及以上铁矿床数量比例分布图

表 1-2 四川省主要矿床类型及矿床特征一览表

成因类型	矿床式	大型矿床/个	中型矿床/个	小型矿床/个	小计/个	主要分布地区
岩浆型	攀枝花、红格式	11	10	1	22	沿安宁河大断裂分布，攀西地区
变质型	满银沟式	3	5	20	28	康滇轴部基底断隆带之江舟－米市裂谷盆地，宁南会东一带
	凤山营式					康滇轴部基底断隆带之江舟－米市裂谷盆地，会理会东地区南部
火山成因型	矿山梁子式		1	3	4	盐源－丽江前缘逆冲－推覆带，冕宁、盐源一带
	石龙式	1	4	5	10	康滇轴部基底断隆带之江舟－米市裂谷盆地，会理拉拉－会东一带
接触交代（矽卡岩）型、热液型	泸沽式		5	19	24	康滇轴部基底断隆带之安宁河断裂带，泸沽－喜德、会理益门一带
	李子垭式					米仓山－南大巴山前缘逆冲－推覆带之南大巴山盖层逆冲带，旺苍－南江白坝一带
	耳泽式		2	6	8	甘孜－理塘蛇绿混杂岩带的水洛－卡斯陆壳残片，木里、盐源一带
沉积型	华弹式	1		6	7	康滇轴部基底断隆带之峨眉－凉山盖层褶皱带，宁南地区
	碧鸡山(宁乡)式	1	2	23	26	康滇轴部基底断隆带之峨眉－凉山盖层褶皱带，越西、甘洛一带
	其他		5	19	24	大巴山、城口凹陷带，川中拗陷盆地，川西边缘拗陷盆地及川东褶皱带；主要分布万源、珙县、洪雅、汉源等地
风化型	万矿山式			1	1	四川陆内前陆盆地雅安隆褶带，峨眉山万矿山一带
合计		17	34	103	154	
百分比/%		11.04	22.08	66.88	100	

(二)各铁矿类型探明资源量概况

四川省发现并探获了相应的资源储量的铁矿类型有岩浆型、变质(改造)型、沉积型、接触交代(矽卡岩)型、热液型、火山型等。各类型铁矿查明资源量所占比例见图1-6。

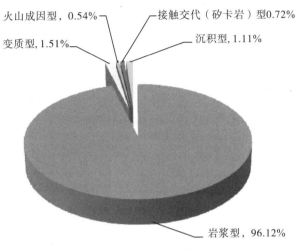

图1-6　不同成因类型铁矿查明资源量所占比例图

由图1-6可见,四川以岩浆型钒钛磁铁矿占主导地位,占全省查明资源量的96.12%,其次是变质型铁矿占1.51%、沉积型占1.11%、接触交代(矽卡岩型)占0.72%、火山成因型占0.54%,热液型和风化残积淋积型铁矿由于储量很小而不能图示。

(三)矿石

不同成因类型的铁矿床,其主要矿石矿物不同。矿石矿物主要有磁铁矿、赤铁矿、钒钛磁铁矿(包括钛磁铁矿和钛铁矿,前者为生产铁的原料,后者为生产钛的原料)、菱铁矿、赤(镜)铁矿、褐铁矿、菱锰矿、黄铜矿、锡石、方铅矿等。全省共有铁矿产地294处,其中以磁铁矿矿石为主的矿产地128处、赤铁矿产地106处、钒钛磁铁矿产地26处、菱铁矿产地22处、褐铁矿产地5处、铁锰矿产地2处、铁铜矿产地2处、铁锡矿产地1处、铁铅锌矿产地1处、铁金矿产地1处。各类铁矿石构成见表1-3和图1-7。

表1-3　四川省不同类型铁矿石矿产地统计表

序号	矿物	数量/处	占百分比/%
1	磁铁矿	128	43.54
2	赤铁矿	106	36.06
3	钒钛磁铁矿	26	8.84
4	菱铁矿	22	7.48
5	褐铁矿	5	1.70
6	铁锰矿	2	0.68

序号	矿物	数量/处	占百分比/%
7	铁铜矿	2	0.68
8	铁锡矿	1	0.34
9	铁铅锌矿	1	0.34
10	铁金矿	1	0.34
11	合计	294	100.00

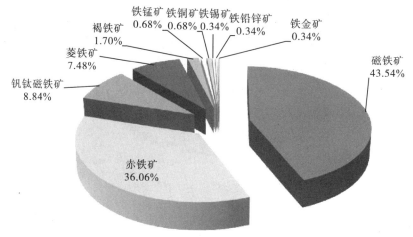

图 1-7 四川省不同类型铁矿石矿产地构成图

磁铁矿矿石主要见于接触交代型铁矿床，产于侵入岩与碳酸盐岩内外接触带的矽卡岩带中，矿石为条带状、团块状、致密块状。含 TFe 25.63%～59.60%，是四川省的主要富铁矿类型，一般为中、小型矿床。矿石中含 S 0.005%～0.009%，P 0.027%～0.140%，个别矿床含 SiO_2 25.91%

钛磁铁矿和钛铁矿石见于岩浆晚期分异型矿床，产于基性岩或基-超基性岩体中下部，是一种复杂的矿物及元素组合矿石类型，矿石具浸染状、条带状—块状构造。矿石中主要有益元素为 Fe、V、Ti，伴生有益（用）元素有 Co、Ni、Cu、Cr、Sc、Pt 等多达10 余种。该类矿石中含 TFe 20%～45%、TiO_2 8%～12%、V_2O_5 0.1%～0.4%；在尾矿中提出的钴镍精矿含 Co 0.33%～0.76%，Ni 0.63%～2.93%。这类矿床是四川省得天独厚的资源，也是铁矿产的支柱，规模多为超大型—大型。

赤铁矿矿石主要见于沉积型铁矿床的层状鲕赤铁矿，含 TFe 40%～45%；也见于沉积变质型铁矿床中，其贫矿含 TFe 38.81%，富矿含 TFe 54.25%。含有害元素为 S 0.006%，P 0.05%，个别矿床含 SiO_2 15%～30%。这两种矿床多为中、小型矿床。

菱铁矿矿石见于沉积变质矿床类的碳酸盐岩建造的变质铁矿，以菱铁矿为主，氧化后形成褐铁矿，又可分为灰矿、黄铁两类，多呈角砾状及斑杂状构造，平均含 TFe 28.96%～35.72%，部分氧化矿石含 TFe 较高，为 40%～50%，一般氧化带深度<50 m。

褐铁矿石主要见于风化淋滤型铁矿床，以褐铁矿为主，次有菱铁矿、赤铁矿、黄铁矿残骸，含 TFe 49.13%～52.56%，有时伴生有 Au，可形成铁金矿。这类矿床在四川铁矿床中所占比例很小。

铁锰矿、铁金矿等类型的矿石为共伴生矿，所占比例更小。

三、资源总量丰富但品位低

四川省钒钛磁铁矿中的钛资源居世界之首、钒资源居世界之第三，钒钛均占全国第一位；铁矿在全国排第二位，可谓总量丰富，但富铁矿只占查明资源储量的0.79％。按《矿产资源工业要求手册》(2010)所列工业指标(TFe≥56％为炼钢矿石，TFe≥50％为炼铁矿石，TFe≥20％～25％为需选矿铁矿石)衡量，四川炼钢矿石仅占0.10％，炼铁矿石仅占0.47％，全省铁矿的99.42％需要选矿才能利用。我省主要铁矿各类型矿石品级分布见表1-4，各矿区铁矿石平均品位见图1-8。

表1-4   四川省各典型矿床矿石品级一览表   (单位：％)

典型矿床	需选矿石资源量比例	需选矿石品位	炼铁矿石资源量比例	炼铁矿石品位	炼钢矿石资源量比例	炼钢矿石品位	平均品位
攀枝花、红格铁矿	100	29.02	0		0		29.02
满银沟铁矿	68.13	39.85	31.55	53.01	0.31	58.98	47.03
石龙铁矿	84.57	35.42	11.71	54.54	0.29	60.44	42.86
矿山梁子铁矿	75.62	47.71	7.87	55.37	0.46	57.45	51.4
泸沽铁矿	36.36	39.94	41.67	51.43	2.27	60.61	47.52
凤山营铁矿	100	35.08	0		0		35.08
李子垭铁矿	100	34.74	0		0		34.74
华弹铁矿	100	40.05	0		0		40.05
碧鸡山铁矿	100	34.54	0		0		34.54
合计	99.42	34.35	0.47	54.06	0.10	59.41	

注：来源于《四川省矿产资源潜力评价报告》

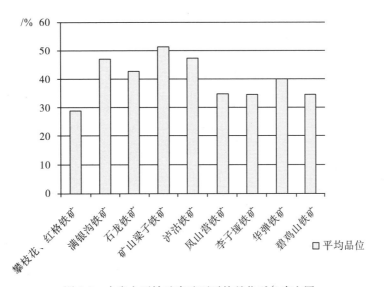

图1-8   全省主要铁矿床矿石平均品位(％)直方图

四、大型超大型矿床分布集中，共(伴)生矿产多

四川省 96％以上的铁(钒钛)矿资源集中分布在攀西地区，该地区交通方便，配套程度较高，有利于开发建设，形成综合性的矿物原料基地。攀西地区的钒钛磁铁矿中钛钒的经济价值远大于铁矿的经济价值，可以综合利用，但采、选、冶有一定难度。

第二章 四川省铁矿床类型

第一节 四川铁矿成因类型与预测方法类型

矿床成因类型分类是对矿床研究的高度概括。袁见齐等(2008)提出一级划分分为内生矿床、外生矿床、变质矿床、叠生矿床四大类,二级(固体矿产)划分分为岩浆矿床、伟晶岩矿床、接触交代(矽卡岩)矿床、热液矿床、火山成因矿床、风化矿床、沉积矿床、接触变质矿床、区变质矿床、混合岩化矿床、层控矿床等11类。

《铁、锰、铬矿地质勘查规范》(DZ/T 0200-2002)将我国铁矿床分为岩浆晚期铁矿床、接触交代、热液型铁矿床、与火山—侵入活动有关的铁矿床、沉积铁矿床、沉积变质型铁矿床、风化淋滤型铁矿床和其他类型铁矿床7类。

《重要矿产预测类型划分方案》(陈毓川,王登红等,2010),把矿产预测类型定义为"从预测角度对矿产资源的一种分类",并综合全国铁矿资料分为沉积变质型铁矿床、岩浆型铁矿床、火山岩型铁矿床、接触交代、热液型铁矿床、沉积型铁矿床和风化淋滤型铁矿床6类。

《中国铁矿成矿规律》(李厚民等,2012)把全国铁矿分为沉积变质型铁矿床、岩浆型铁矿、火山岩型铁矿、矽卡岩型铁矿、沉积型铁矿和风化淋滤型铁矿6类。

四川省铁矿类型较多,结合上述矿床类型的划分方案,本书把四川铁矿划分为岩浆型矿床、接触交代(矽卡岩)型矿床、热液型铁矿床、火山成因铁矿床、沉积铁矿床、变质铁矿床和风化淋滤型铁矿床等7类。为了全书章节合理,将接触交代(矽卡岩)型和热液型铁矿床合并叙述,第四章为"接触交代(矽卡岩)和热液型典型铁矿床"。由于风化淋滤型铁矿在四川非常少,且规模很小,因此本书重点介绍前6类的特点。

此外,全国矿产资源潜力评价提出了矿产预测方法类型的概念,以满足全国矿产资源潜力评价和预测编图工作的需要。预测方法类型主要是根据矿床共性的地质条件与矿产预测要素进行归类划分,目的是为了更好地服务于矿产资源潜力评价工作而采取的分类方法,分为沉积型、侵入岩体型、变质型、火山岩型、层控"内生"型、复合"内生"型等六大类。

四川省铁矿成因类型和预测类型对照见表 2-1。

表 2-1 四川省铁矿成因类型与(矿产资源潜力评价)预测类型对应表

成因类型			四川省预测类型	对应全国矿产预测类型
内生矿床	岩浆矿床	岩浆晚期矿床	攀枝花式岩浆型钒钛磁铁矿	岩浆型铁矿(攀枝花式)
			红格式岩浆型钒钛磁铁矿(并入攀枝花式)	

成因类型		四川省预测类型	对应全国矿产预测类型
内生矿床	接触交代（矽卡岩）和热液矿床	泸沽式侵入岩体型（接触交代型）铁矿	矽卡岩型铁矿
		李子垭式侵入岩体型（接触交代型）铁矿	矽卡岩型铁矿
		耳泽式铁矿（未列入预测类型）	
	火山成因矿床 陆相火山岩型	矿山梁子式陆相火山岩铁矿	岩浆型铁矿（矿山梁子式）
	海相火山岩型	石龙式海相火山变质型铁矿	火山岩型铁矿（大红山式）
外生矿床	风化矿床 风化残积淋积型	峨眉万矿山铁矿（未列入预测类型）	
	沉积矿床 机械沉积矿床	宁乡式（碧鸡山）沉积铁矿	沉积型铁矿（宁乡式）
	化学沉积矿床	华弹式沉积铁矿	沉积型铁矿
	变质矿床	满银沟式沉积变质铁矿	沉积变质型铁矿
		凤山营式变质菱铁矿	沉积变质型铁矿（鲁奎山式）

第二节　四川省主要成因类型铁矿的基本特征

参照第一节有关分类方案，把四川省铁矿划分为岩浆矿床、接触交代（矽卡岩）矿床、热液矿床、火山成因矿床、沉积矿床、风化矿床、变质矿床等七类。四川省区域矿产总结按照前震旦纪、后震旦纪和近代次生—再生铁矿床等成矿时代划分了 33 个矿床式和 3 个矿产地；四川省矿产资源潜力评价重点研究了 9 个典型矿床的特征。综合四川省区域矿产总结和四川省矿产资源潜力评价资料，全省铁矿床可以划分出 13 个"矿床式"，33 个代表性产地（表 2-2）。

表 2-2 中所列 33 个广义的"矿床式或代表性产地"基本囊括了四川全省范围内岩浆（晚期）、接触交代、热液、火山成因（包括海相、陆相）、风化、沉积、变质等七类铁矿。其中綦江式铁矿主要分布在重庆，虎牙式铁锰矿以锰为主，部分产地的资源量比较少，分布也比较局限，不是本书讨论重点。全省主要各类型铁矿的总体特征、产出时代和基本特征如下。

一、岩浆型矿床

岩浆矿床是由各类岩浆在地壳深处，经过分异作用和结晶作用，使分散在岩浆中的成矿物质聚集而形成的矿床。按有用矿物在岩浆结晶分异时，从岩浆中结晶分异出来的早晚时间关系分为早期岩浆矿床和晚期岩浆矿床。晚期岩浆矿床的特点是：在岩浆冷凝的晚期阶段，在矿化剂的影响下，有用矿物较硅酸盐矿物从岩浆中结晶分异时间较晚；矿石矿物主要是金属矿物充填在硅酸盐类矿物颗粒间或胶结硅酸盐矿物，具海绵陨铁结构；矿体常呈条带状、似层状层状；矿石以浸染状为主；含矿岩浆在内、外力作用下，可以形成脉状和凸镜状的贯入式矿体，矿体与围岩间一般界线明显，矿石主要以致密块状构造为主；矿石的矿物组成与母岩基本一致；由于成矿过程中有部分挥发组分参加，有

表 2-2　四川省铁矿成因类型划分及特征简表

大类	类	矿床式或代表性矿产地	铁矿产出部位及主要含矿建造	矿体形态及产状	矿石组合	矿石结构、构造	矿石品位（TFe%）	矿床规模	主要产地
内生矿床	岩浆矿床	攀枝花式	华力西期超基性相岩建造，铁矿赋存于每个二级韵律层的下部或底部。	呈层状、似层状、层状，矿体与岩层构造一致、稳定规模大。	磁铁矿-钛磁铁矿-钛铁矿组合	条带状、稠密浸染状为主团块状、细脉状次之	平均 TFe 33.23、TiO$_2$ 11.63、V$_2$O$_5$ 0.30。	大型超大型	攀枝花、白马
		红格式	加里东晚期-华力西期超浅成相基性岩建造，铁矿主要产于一二级韵律层下部。	流层状、层状板状为主，单矿体呈透镜状、似层状产出	磁铁矿-钛磁铁矿-钛铁矿组合	以稀疏-稠密浸染状为主、团块状、细脉状次之；海绵陨铁和粒状嵌晶结构	一般 25~35、平均 2794、局部达 40 左右	大型超大型	红格、新街
		李家河	铁矿主要赋存在晋宁期杂岩带的碳酸盐岩体中	似层状、透镜状	磁铁矿-方解石-磷灰石组合	粒状镶嵌结构（主）海绵陨铁交代残余结构（次）浸染状、条带状构造	13~61.7 平均 23.12	小型	旺苍县李家河
		桂花村	铁矿产于晋宁期花岗岩与中条期基性岩混染带或基性岩捕房中	透镜状、囊状	磁铁矿-钛磁铁矿、磷铁矿-金红石组合、磷铁矿-磷灰石组合	斑点状、条带状、浸染状	变化大、一般 20~40	矿（化）点	冕宁桂花村、汶川兴文坪
	接触交代（矽卡岩）、热液矿床	泸沽式	主要赋矿层位为登相营群中、上部。铁矿主要产于澄江期花岗岩岩体外接触带碳酸盐岩中。	似层状、透镜状、不规则则及脉状前者为主	赤铁矿-钙镁质矽卡岩组合、赤铁矿-硅酸盐岩组合、磁铁矿-锡石-透闪石组-拓榴石组	块状、团块状为主、条带状斑点状次之；有时见角砾状	50~60	中型	冕宁泸沽铁矿矿山、大顶山及喜德拉克
		李子垭式	铁矿产于晋宁期闪长岩与中元古火地亚群、黄水河群不纯碳酸盐岩接触带	透镜状、囊状	磁铁矿-蛇纹石-透辉石-矽卡岩组合	半自形粒状结构、交代残余结构；条带状、浸染状构造	一般 25~40	中型	南江李子垭、上两汇滩
		耳泽式（铁金矿）	含矿岩系为上三叠统卡尔蛇绿岩组不-中等粒变晶大理岩夹少量薄层透镜状泥板岩、凝灰岩建造；	以层状、似层状、透镜状为主，次为脉状、豆荚状等	褐铁矿-赤铁矿（含假象）-石英-绢云母组、菱铁矿-黄铁矿-黄铜矿-自然金-石英方解石组合	粒状变晶结构、胶状结构、蜂巢状、块状致密状构造	43.93~63	中型	木里耳泽、稻城茶花

续表1

成因类型		矿床式或代表性矿产地	铁矿产出层位及主要含矿建造	矿体形态及产状	矿石组合	矿石结构、构造	矿石品位（TFe%）	矿床规模	主要产地
大类	类								
内生矿床	接触交代（矽卡岩）、热液矿床	央岛	上二叠统卡尔蛇岩组基性熔岩，凝灰岩夹砂岩，灰岩建造，铁矿产于变基性火山岩底部（主）及中部	层状、似层状、透镜状	菱铁矿-石英组合，白云石-黄铜矿-石英组合，赤铁矿-褐铁矿-石英组合，菱铁矿-石英组合	粒状镶嵌结构、粒状变晶结构，交代结构，块状结构、胶状、浸染状构造	褐铁矿平均40~44.7 菱铁矿36~46	中型	木里新山央岛
		菜园子	会理群力马河组变泥质砂岩及中基性火山岩，钦火山山系。铁矿主要产于变基性火山岩捕掳体或其中的变质岩捕掳体内	似层状透镜状（主）不规则脉状（次）	赤铁矿-磁铁矿-石英-钠长石组合，赤铁矿-磁铁矿-黑云母-绿帘石组合，菱铁矿-赤铁矿-绿泥石组合，黄铜矿-赤铁矿-石英组合	团块状、斑点状为主，角砾状、脉状次之	赤铁矿45~55 菱铁矿35~46	中型	会东菜园子、德昌桃园嗣
		水马门	火地娅群上两组富钾碱性中酸性岩-碎屑岩-碳酸盐岩建造，晋宁期中酸性岩侵入其中	似层状、透镜状	磁铁矿-锰方解石-方解石-透辉石组合，磁铁矿-绿帘石-透闪石组合	自形-半自形粒状结构，块状、条带状构造	27~64 一般（平均）38	小型	南江水马门
		菜子沟	主要产于印支期中酸性岩与晚古生界碳酸盐岩接触带	透镜状、不规则状	赤铁矿-磁铁矿角岩组合，赤铁矿（矽卡岩）组合	块状、团块状、条带状	变化大，一般40~50	小型	道孚菜子沟
		大矿山	铁矿与燕山期岩浆活动热液及时代不明之钠长石斑岩，石英脉等关系密切，围岩时代多种多样。	脉状、透镜状	磁铁矿-磁铁矿组合，磁铁矿-方解石组合	针状、肾状、放射状、皮壳状	30~56 一般47~52	小型	泸定大矿山
	火山成因矿床	矿山梁子式	铁矿产于华力西期次火山-浅成相基性火山岩与中上古生界碳酸盐岩接触带	似层状透镜状（主）、囊状，脉状（次）	磁铁矿-赤铁矿-矽卡岩组合，赤铁矿-磁铁矿-硅化绿泥石化碳酸盐组合	块状、团块状、粗条带状为主；斑点状，角砾状、胶状次之	45~55	中型	盐源矿山梁子、牛场

成因类型			铁矿产出层位及主要含矿建造	矿体形态及产状	矿石组合	矿石结构、构造	矿石品位（TFe%）	矿床规模	主要产地
大类	类	矿床式或代表性矿产地							
内生矿床	火山成因矿床	石龙式	铁矿产于会理群、河口群拉拉变质杂岩下部，与钠长石片岩关系密切	似层状透镜状。有时微切层理	赤—磁铁矿—钠长石或赤（镜）铁矿—云母—石英组合	火山岩中以条带状、浸染状为主；接触带以团块状为主	条带状、浸染状30~40；团块状>50	大型	会理石龙、官地
		苦荞地	上二叠统玄武岩底部或中部之玄武凝灰岩、层凝灰岩建造，局部有铁矿富集	似层状透镜状	赤（镜）铁矿—火山碎屑组合	条带状、稠密浸染状	变化大，一般25~30	小型	盐源苦荞地、昭觉觉瓦卡木
		新铺子	会理群因民组、黑山组变火山岩及碱性及中基性变火山岩建造，主要含矿层位，在基性岩接触带也有铁矿产出	似层状透镜状（主），不规则则囊状（次）	磁铁矿—黑云母—钠长石组合（主），赤（镜）铁矿—绢云母—石英组合（次）	层状矿体以条带状、斑点状为主；脉状囊状矿体为斑团状、块状	层状矿石30~40；囊状脉状矿石>50	大型	会理新铺子、玉新村、龙潭菁、香炉山、腰棚子
		毛姑坝	会理群黑山组、青龙山组变质碎屑岩、碳酸盐岩，铁矿产于离会理群宁晋期花岗岩体较远的围岩中	似层状透镜状（主），不规则则状	赤—磁铁矿—碳酸盐岩组合，赤—磁铁矿—含火山碎屑砂岩组合，褐铁矿—菱铁矿—碳酸盐组合	条带状、块状为主，点状浸染状次之	40~60	小型	会理小黑箐、坝依头
		碧鸡山（宁乡）式	中上泥盆统砂页岩及泥质白云岩，铁矿产于宁晋期下部碎屑岩	层状、似层状	赤铁矿—菱铁矿—石英组合，鲕绿泥石—石英组合，褐铁矿、菱铁矿—碳酸盐组合	鲕状、致密块状	35~40	中型	甘洛碧鸡山、巫山邓家乡、桃花、江油、广利寺等
		华弹式	中奥陶统巧家组泥灰岩、生物碎屑灰岩	层状、似层状	赤铁矿—鲕绿泥石—碳酸盐组合	鲕状、豆状、胶状结构，条带状、块状构造	35~40	中型	宁南华弹
外生矿床	沉积矿床	万源（綦江）式	下侏罗统珍珠冲组含煤碎屑岩建造，铁矿产于铁矿底部"綦江式"	层状、透镜状	赤褐铁矿—菱铁矿—绿泥石—石英组合	粒状、鲕状、葡萄状结构，条带状、皮壳状、花斑状构造	菱铁矿20~38；赤铁矿40~50	中型	四川万源等
		龙泉	铁矿产于会理组或澄江群不整合面附近的震旦系观音组或澄江群陆山沱组与恰斯群界面上亦有零星分布	透镜状、不规则状	褐赤铁矿—岩屑组合，赤铁矿—干枚岩组合	块状、斑块状、角砾状、条带状	28~54；一般40~50	小型	会理龙泉、大富村、会东新山垭口

续表3

成因类型		矿床式或代表性矿产地	铁矿产出层位及主要含矿建造	矿体形态及产状	矿石组合	矿石结构、构造	矿石品位（TFe%）	矿床规模	主要产地
大类	类								
外生矿床	沉积矿床	沙坪	铁矿产于中上志留统倮峭岩或砂页岩中	薄层状、透镜状	赤铁矿-碎屑岩组合	鲕状、豆状、肾状	20~30	小型	天全沙坪
		二滩（浔陵）	铁矿产于下二叠统梁山组粘土页岩中，个别地段被玄武岩再造	层状、透镜状	磁-赤铁矿-黏土组合、赤铁矿-菱铁矿-绿泥石组合	块状、斑块状、条带状	40~45，矿点多为贫矿	小型	米易二滩、洪雅龙虎函
		拱长	铁矿赋存于上二叠统龙潭组（东部）宣威组（西部）含煤岩再造中	层状、透镜状	菱铁矿-鲕绿泥石-黏土组合	鲕状、豆状、结核状	25~30	中型	珙县白胶芙蓉、峨边新场
		威远	铁矿赋存于上三叠统须家段所河组含煤碎屑岩建造中	结核状、薄层状	褐铁矿-菱铁矿-鲕绿泥石-石英方解石组合	致密状、鲕状	25~30，一般28左右	中型	威远连界场、万源庙沟
		白竹山	铁矿产于下白垩统苍溪组长石砂岩、长石石英砂岩中	薄层状	赤铁矿-石英-云母组合	致密块状	25~30	矿化点	中江白竹山
	风化矿床	万矿山	多产于含铁岩（矿）石硫化物矿床氧化带或邻近富铁岩石的围岩裂隙中	扁豆状、不规则状、团块状	主要为褐铁矿-菱铁矿-碳酸盐组合	团块状、角砾状、胶壳状、蜂巢状	35~65，一般45~55	小型	峨眉万矿山、盐源麦架坪
变质矿床		满银沟式	含龙山组千枚岩碳酸盐岩建造；铁矿产于千枚岩、千枚岩及碳酸盐岩中，以前者为主	层状、似层透镜状	赤铁矿-石英-绢云母组合，赤铁矿-碳酸盐-褐铁矿-碳酸盐-石英-绢云母组合	显微叶片-鳞片变晶结构，交代熔蚀结构，条带状、角砾状、致密块状构造	一般40~50	大型	会东满银沟、雷打牛
		凤山营式	会理群凤山营组中、下部碎屑岩-碳酸盐岩建造，以泥质、白云质及灰质大理岩为主	似层透镜状（主）状、不规则状（次）	制褐铁矿-碳酸盐组合（主）、褐铁矿-菱铁矿-石英-绢云母组合	含细条纹状、细晶粒状（主）、中粗粒斑团状、块状（次）	氧化矿 40~50，原生矿 25~30	中型	会理凤山营

续表 4

成因类型		矿床式或代表性矿产地	铁矿产出层位及主要含矿建造	矿体形态及产状	矿石组合	矿石结构、构造	矿石品位（TFe%）	矿床规模	主要产地
大类	类								
变质矿床		平武（虎牙式）铁锰矿	铁矿产于三叠统系千枚岩、灰岩中，与菱锰矿共生或伴生	透镜状、层状或似层状	磁铁矿—赤铁矿—菱锰矿—绢云母—菱锰矿石英组合，磁铁矿—赤铁矿—石英—方解石组合，菱锰矿—磁铁矿—石英—方解石组合	鳞片变晶结构、镶嵌变晶结构，层状、条带状，千枚状及块状构造	32~45 最高47.86，Mn一般20~29	中型	平武虎牙
		沙坝	康定群下部混合岩、片麻岩、片岩、变粒岩，铁矿产于角闪片岩中	似层透镜状。产状与围岩一致	磁铁矿—角闪石—石榴子石—绿泥石组合；磁铁矿—石英—石榴子石—绿泥石组合	条带状、块状为主。斑点状，浸染状次之	一般>40	小型	米易、沙坝、旺苍阴坝子
		小街	会理群青龙山碎屑岩—碳酸盐岩建造，铁矿赋存于碳酸盐岩与泥砂质岩石交替相变部位	似层状、透镜状	褐铁矿—赤铁矿—菱铁矿—石英—碳酸盐组合	粒状变晶结构，鳞片；块状，胶状结构，层纹状结构，层纹状构造	褐铁矿 43 赤铁矿 41.68 菱铁矿 32.54	中型	会东小街
		威州	铁矿产于志留纪茂县群千枚岩夹大理岩及具群千枚岩夹灰岩和钙质石英砂岩中	似层状、透镜状	磁铁矿—绿泥石—石英—磷灰石组合，磁铁矿—石英—绿泥石—石榴子石组合	鳞片变晶结构，斑状变晶结构；条带状、块状构造	23~56.58	小型	汶川茅岭

注：此表根据四川省区域矿产总结和四川省矿产资源潜力评价资料综合整理形成

时也会出现一些含矿化剂的矿物，如铬云母、铬符山石、铬绿泥石等；矿体附近的围岩会出现蚀变现象，如钠黝帘石化、绿泥石化、黑云母化、金云母化和碳酸盐化等。

（一）总体特征

1. 成岩成矿时间基本相同

岩浆矿床是在岩浆冷凝过程中，在挥发组分即矿化剂的作用下，产生分异、结晶、同化作用等作用形成，和母岩的冷凝结晶过程在时间大体一致，即成岩和成矿过程基本上是同步进行的。但有少数岩浆矿床的成矿作用可以延续到较晚时间，但基本上不超过岩浆活动时期，如攀枝花式、红格式钒钛磁铁矿。

2. 矿体主要产于母岩体内

矿体主要产于母岩浆岩体内，甚至于整个岩体就是矿体，如攀枝花、红格钒钛磁铁矿等；但多数矿床的矿体，是岩体内成矿物质特别富集的部分，矿体之间被不含矿的岩浆岩体所隔开，如李家河式铁矿；少数情况下，矿体可离开母岩，进入邻近的围岩之中。

3. 矿体与母岩关系

贯入式矿体与母岩具清楚明显的界限，浸染状矿体与母岩一般呈渐变或迅速过渡关系；围岩蚀变一般不发育，但自变质作用相当普遍。

4. 矿物组合和结构构造

矿石的矿物组成与母岩的矿物组成基本相同，仅矿石中有用组分相对富集。如攀枝花钒钛磁铁矿中的钒钛等有用组分，V_2O_5 含量达 0.15%～0.2%、TiO_2 含量达 5%，即构成钒、钛矿。因此，岩浆矿床就是岩浆岩中的有用组分富集到了能为工业利用的程度，这样就形成了矿床。

矿石结构构造常见海绵陨铁、陨铁嵌晶、固熔体分解结构，浸染状、块状、条带状构造等。

5. 成矿温度较高

由于成矿作用是在岩浆熔融体中大致同时发生的，因此多数岩浆矿床的成矿温度较高，可达 1500～1200℃。

（二）产出时代

四川岩浆型铁矿主要分布攀西地区，其次在米仓山—大巴山一带也有零星分布。《四川省区域矿产总结》（1990）将四川岩浆矿床分为岩浆分凝-贯入型（攀枝花式、红格式）、岩浆分凝型（李家河式）和岩浆分凝-混染型（桂花村式）。按矿床成因分类，这些铁矿均属岩浆（晚期）铁矿床，只是产出时代不同。按岩浆活动时间，四川岩浆型铁矿床可分为加里东晚期—华力西期、晋宁期、晋宁-中条期三期。

1. 加里东晚期—华力西期

铁矿产于加里东晚期—华力西期超浅成—中深成相基性超基性火成岩体中，岩体韵律层发育，铁矿赋存于每个二级韵律层的下部或底部。矿体呈规模较大的层状、似层状产出，矿层与岩层构造一致，稳定且规模大；单个含矿岩体断续延长数千米到数十千米，宽一米至几千米，延深数百米到千米以上，往往容易形成大型—超大型矿床。成矿后期断裂和岩脉发育，常破坏矿体在走向和倾向上的连续性。矿石为磁铁矿－钛磁铁矿－钛铁矿组合，构造以浸染状、条带状为主，团块状、细脉状次之，具海绵陨铁和粒状嵌晶结构、固熔体分解结构。平均品位 TFe 33.23%、TiO_2 11.63%、V_2O_5 0.30%，还伴生有 Cu、Co、Ni、Ga、Mn、P、Se、Te、Sc 及铂族元素等多种有用组分，这为其又一大特点。其代表性矿床为攀枝花、红格铁矿床。

2. 晋宁期

铁矿主要赋存在晋宁期杂岩带的碳酸岩体中。矿体呈似层状、透镜状产出；矿石为磁铁矿－方解石－磷灰石－黑云母组合；以粒状镶嵌结构为主，海绵陨铁及交代残余结构为次，具浸染状、条带状构造。矿石 TFe 品位 13%～61.7%，平均 23.12%，为小型铁矿床。其代表性矿床为旺苍李家河铁矿床。

3. 晋宁－中条期

铁矿产于晋宁期花岗岩与中条期基性岩混染带或基性岩捕房体中。矿体呈透镜状、囊状产出，矿石为磁铁矿－钛磁铁矿－金红石组合，磷铁矿－磷灰石组合；矿石为斑点状、条带状、浸染状构造，变化较大。矿石 TFe 品位一般 20%～40%，目前为止只发现矿(化)点，其代表性矿床为冕宁桂花村、汶川兴文坪。

二、接触交代(矽卡岩)和热液型矿床

(一)概述

接触交代(矽卡岩)和热液矿床均与热液活动有关。热液的来源包括岩浆的、地下水的、海水的、变质的四类，与岩浆热液直接相关的矿床被称为接触交代(矽卡岩)型矿床，与后三者相关的一般统称为热液矿床。四川接触交代(矽卡岩)铁矿查明资源量仅占全省的 0.72%，热液型铁矿资源量很少。但它们有 85 个矿点及以上的矿产地(其中接触交代(矽卡岩)型 59 个，热液型 26 个)，占全省的 28.91%，而且有部分是富矿。根据四川该类型铁矿特点，可分为以岩浆热液为主发生接触交代作用的矽卡岩型和与多种气水热液有关的热液型两种。

1. 接触交代(矽卡岩)矿床

接触交代矿床主要是在酸性—中基性侵入岩，尤其是中酸性岩浆岩演化过程中，析出的含矿热液，沿有利构造、围岩的节理、裂隙及孔隙运移，在中等深度到浅深条件下，在与碳酸盐类岩石(或陷其他钙镁质岩石)的接触带上或其附近，由于含矿气水溶液进行交代作用富集而形成的矿床。接触交代矿床中一般都具有典型的矽卡岩矿物组合，即钙铝－钙铁榴石系列、透辉石－钙铁辉石系列矿物组合；矿石在时间上和成因上与矽卡岩也有一定的联系，故又称为矽卡岩矿床。

矽卡岩矿床形成温度范围很广，从简单矽卡岩化开始到矿化结束，温度不断下降。一般认为矽卡岩矿物的形成温度在 800～300℃，而金属矿物的形成温度约在 500～200℃。近年来大量矿物包裹体的测温资料说明，接触交代矿床中的金属氧化物如磁铁矿的形成温度一般是 600～350℃(主要在 500～400℃)，金属硫化物一般形成于 450～100℃(主要在

300℃)。总体上讲：硅酸盐结晶温度较高，而金属氧化物和硫化物的结晶温度较低。

2. 热液矿床

热液矿床是指含矿热水溶液在一定的物理化学条件下，在各种有利的构造和岩石中，由充填和交代等成矿方式形成的有用矿物堆积体(袁见齐等，2008)。热液矿床的形成是一个长期而复杂的过程，其影响因素多。该类型形成矿床的含矿热液是多源的，成矿条件是多因素的，有的是复合叠加的，成因一般比较复杂。

该类型矿产一般受构造控制十分明显，断裂构造提供了含矿气液流动和运移的通道，断层、裂隙、破碎带、褶皱、接触带和层间滑动带等提供了储矿空间，矿体形态一般比较复杂。成矿温度较一般矽卡岩矿床低，多为中低温矿床。

(二)总体特征

1. 接触交代(矽卡岩)矿床

(1)矿床通常具分带特征

接触交代(矽卡岩)矿床常具有分带性。一般在靠近岩浆岩一侧形成的内矽卡岩称为内带，主要由如磁铁矿、赤铁矿、石榴子石、辉石等，次要矿物有符山石、方柱石等高温矿物组成。外带是指靠近围岩一侧形成外矽卡岩带，主要有石榴子石、辉石、角闪石、绿泥石、绿帘石、阳起石、黄铁矿、黄铜矿、闪锌矿等，次要矿物由硅钙硼石和斧石等高一中温矿物组成。距接触带较远的围岩中，温度较低，广泛发育有石英、方解石，有时有萤石、重晶石等低温矿物组合。一般情况下从岩浆岩经内矽卡岩到外矽卡岩到围岩，温度逐渐降低，其氧化硅和氧化铝的含量降低，而氧化钙(氧化镁)和氧化铁的含量则逐渐增高。

(2)矿体的产出形态和规模

矿体往往分布于侵入岩与其周围岩石的接触带上或其附近，以产于外接触带的蚀变碳酸盐岩(矽卡岩)中为多，少数产于内接触带的蚀变侵入体中，一般产在距接触面200 m的范围内。当岩性构造有利时，矿体可截穿矽卡岩一直延伸到外缘的大理岩中，远可达千米以上。由于矿床形成明显地受岩浆分异冷凝、围岩性质、接触带构造以及交代作用强度的影响，故矿体的产状、形态均比较复杂，矿体连续性也差。常呈似层状、凸镜状、巢状、柱状、脉状等。矿体规模大小不一，有直径数米的小矿体，也有长数千米、延深达千米以上的巨大矿体；厚10~30 cm，沿走向长200~500 m，一般为中小型、少数可达大型矿床。

(3)矿石组合及结构构造

矿石物质成分复杂，金属矿物以氧化物和硫化物为主，如磁铁矿、赤铁矿、锡石、白钨矿、方铅矿、闪锌矿、黄铜矿、黄铁矿、毒砂等，硼及铍矿物次之，如硼镁铁矿、硼镁石、硅钙硼石、日光榴石、金绿宝石、硅铍石等；非金属矿物主要有石榴子石、辉石及其钙、镁、铁、铝的硅酸盐矿物，如镁橄榄石、硅镁石、符山石、方柱石、蛇纹石、透闪石、阳起石、绿泥石、金云母等，此外还有石英、萤石、黄玉及含镁、铁的碳酸盐矿物等。由于矿物成分复杂，形成的温度范围也广，所以矿石的结构构造也多种多样，有块状、浸染状、条带状、晶洞构造等；又由于成矿温度较高，有挥发组分的参与，因而矿石一般多为粗粒结构。

2. 热液矿床

（1）含矿热液的多源性、成分复杂、严格受构造控制

形成矿床的含矿热液有来自深部的岩浆热液，有的是来自火山—次火山的热液，还有来自于地下水的地下水热液，还有与深构造层变质水有关的变质水热液，以及不同来源的含矿热液在长距离运移过程中经混合而成的混合热液，所以成矿热液的来源是多种多样的。由于含矿热液的来源不同，成矿地质环境不同，因而形成众多的矿床类型，其矿床特征也各不相同。热液的物质成分比较复杂，其主要成分为水，但其中富含多种多样的挥发性组分和多种金属组分，在成矿有利条件下形成相应的矿床，其中的有用组分常常可以综合利用。成矿严格受各类构造裂隙的控制，各种构造裂隙为含矿热液的运移提供通道和为其沉淀聚集成矿提供场所。

（2）成矿温度较低、深度较浅、多期多阶段成矿的后生矿床

热液矿床较其他内生矿床成矿温度低、深度浅，矿床形成的温度一般在 400℃以下，最高 500～600℃，最低在 50℃左右。矿床的形成深度：深－中深为 4.5～1.5 km，浅（1.5 km）到超浅（近地表），甚至就在地表形成。热液矿床的成矿过程往往是长期而复杂的过程，常具有明显的多期多阶段，形成了不同的矿物共生组合。矿床的成矿时间一般晚于围岩，属于后生矿床；同时由于含矿热液作用于围岩，因而常具有不同程度的围岩蚀变，有的还十分强烈。

（3）矿体形态、构造和矿物组合

热液矿床的成矿方式主要为充填作用和交代作用，因而矿体随贮矿构造的变化而变化，常呈脉状、网脉状、似层状、凸镜状等多种形态，矿石构造常呈栉状、对称带状、皮壳状、角砾状、晶洞状、浸染状和块状等。矿石矿物成分复杂，金属矿物以硫化物、氧化物、砷化物和含氧盐等为主，非金属矿物有碳酸盐、硫酸盐、含水硅酸盐、石英等。多数热液矿床中，特别是各种脉状矿床的矿石的物质组分与围岩的基本物质成分有明显的差异。

（二）产出时代及基本特征

1. 接触交代矿床

四川该类型铁矿主要分布在攀西地区，其次在南江—旺苍地区，道孚、芦山一带也有零星分布。与接触交代（矽卡岩）型铁矿成矿有关的岩浆活动可分为印支期、晋宁期、澄江期和中条期。

印支期铁矿主要产于印支期中酸性岩与晚古生代碳酸盐岩接触带中。矿体呈透镜状、不规则状产出；矿石为赤铁矿－磁铁矿－角岩（矽卡岩）组合；矿石呈块状、团块状、条带状构造，变化大，具交代结构。矿石品位 TFe 一般为 40%～50%，现发现最大为小型矿床。以道孚菜子沟铁矿为代表。

澄江期铁矿主要产于登相营群变质岩与澄江期花岗岩外接触带碳酸盐岩中。矿体呈似层状、透镜状、不规则及脉状产出，以前者为主；矿石为赤铁矿－磁铁矿－钙镁质矽卡岩组合、赤铁矿－硅质板岩组合、磁铁矿－锡石－透闪石－石榴子石组合；矿石以交代结构为主，具块状、团块状为主的构造，条带状、斑点状次之，有时见角砾状。TFe 品位 50%～60%，最大为中型矿床。以冕宁泸沽铁矿山、大顶山及喜德拉克的铁矿床为代表。

晋宁期铁矿产于火地垭群、黄水河群富钾碱性—中酸性火山岩—碎屑岩—碳酸盐岩建造中,晋宁期中酸性岩侵入其中。矿体呈似层状、透镜状、囊状产出;矿石为磁铁矿—蛇纹石—透辉石—矽卡岩组合、磁铁矿—锰方解石—方解石—透辉石—透闪石组合;矿石呈自形—半自形粒状结构、交代残余结构,具块状、条带状、浸染状构造。TFe品位一般为27%~64%,平均38%,最大为中型矿床,以南江李子垭、水马门铁矿为代表。

中条期铁矿产于会理群力马河组变泥砂质岩及中基性火山岩、次火山岩中,主要赋存于变基性次火山岩接触带或其中的变质岩捕房体内。矿体主要以层状、透镜状产出,其次为不规则脉状;矿石为赤铁矿—磁铁矿—石英—钠长石、赤铁矿—磁铁矿—黑云母—绿帘石、菱铁矿—赤铁矿—黄铜矿—绿泥石—石英等三种组合;矿石结构以团块状、斑点状为主,角砾状、脉状次之,具交代结构。TFe品位:赤铁矿45%~55%、菱铁矿35%~46%,最大为中型矿床。以会东菜园子、德昌桃园洞铁矿为代表。

2. 热液矿床

四川省的热液型铁矿床主要是与燕山期以来的地下水循环热液、变质热液和天水构成的混合热液活动有关的铁矿床。受混合热液的作用,铁矿产于上二叠统卡尔蛇绿岩组的碳酸盐岩夹少量薄层透镜状泥板岩、凝灰岩建造,基性熔岩、凝灰岩夹砂岩、灰岩建造等多种多样围岩中。

矿体以层状、似层状、透镜状产出为主,次为豆荚状、脉状;矿石为褐铁矿—赤铁矿(含菱铁矿假象)—黄铜矿—石英—绢云母、菱铁矿—黄铁矿—黄铜矿—自然金—石英方解石、菱铁矿—石英—铁白云石、菱铁矿—黄铜矿—石英、褐铁矿—赤铁矿—菱铁矿—石英、磁铁矿—石英—方解石等多种组合;矿石具粒状变晶结构,粒状镶嵌、粒状变晶、交代结构,胶状、结核状、蜂巢状、致密块状、浸染状构造;矿石TFe品位为40%左右。

该类型矿床最大为中型,以木里耳泽、央岛和泸定大矿山等铁矿为代表。

三、火山成因矿床

火山成因是指与火山岩有成因联系的金属和非金属矿床。根据现代火山活动的观察,大陆和海洋火山喷发均伴随着成矿作用进行。火山喷发均有大量的热水、热气喷出,并伴随着不同程度的成矿,如意大利维苏威火山在十多天内就形成近5 km长、近1 m宽的镜铁矿脉,火山口附近还有大量硫磺堆积。除火山气液成矿作用外,喷发碎屑及喷溢熔岩与成矿也有密切的关系,不少古火山凝灰岩中都有似层状的贫铁矿。南太平洋的近代火山灰中夹有断续分布的似层状的由细粒赤铁矿、镜铁矿和火山灰组成的高铁层,说明金属组分同样可以经过喷发时碎屑散落沉积成矿。根据火山成矿作用的不同将火山成因的矿床分为火山岩浆矿床、火山气液矿床和火山沉积矿床三类。

(一)总体特征

1. 矿床形成与火山活动密切相关

矿床位于同构造旋回的火山岩浆—构造活动带中,在矿区内或矿区附近有同期次的火山岩、次火山岩或侵入岩体分布。如矿山梁子铁矿,由于其岩浆在深部经分异作用形成富含铁的矿浆，然后经火山喷发作用将含铁矿浆带至破火山口经矿浆充填冷凝而形成矿床。

在距火山口较远的地方，由于火山喷发时喷出的大量含矿热液，或外压力大于临界压力，亦或温度下降到临界温度以下时，就凝聚成为含矿热液，这些热液与火山岩或围岩产生接触交代作用，有时也直接充填在火山岩的气孔或孔隙孔洞中形成铁矿，如盐源黄草坪铁矿就是与碳酸盐围岩接触交代形成铁矿床。

火山喷出物中含有大量的成矿物质，它们一旦进入水盆地后，即与海水、湖水以及其中的非成矿物质组分发生作用并沉淀下来，产生火山－沉积作用。也就是说其成矿物质来源于火山喷发物，而成矿作用主要是在外生沉积作用发生的。因此，它除具有一般沉积矿产的特点外，还具有自己独特的特点：矿体主要产于火山碎屑岩（以凝灰岩为主）中，部分产于火山岩系的砂岩、泥质岩及碳酸盐岩夹层中；与火山沉积岩往往呈互层产出，沿水平方向矿体有时逐渐过渡为火山岩，矿体中常含有火山碎屑物；矿石常含有较多的低价铁，富含硅质和钠质成分；成矿一般不受海侵层序控制，在空间上一方面与正常海相沉积矿床过渡，另一方面又可以和火山热液矿床过渡。按沉积环境不同可分为陆相和海相火山沉积矿床，前者如盐源苦荞地铁矿，后者如会理石龙铁矿。

2. 含矿介质复杂

含矿介质有岩浆、喷气、热液及火山烤热的海水或湖水等非常复杂。据报道世界上几个著名的火山喷气和火山升华物的化学分析，其中的铜、铅、锌、铝、铁、锰等成矿元素的含量是非常可观的。当火山喷发的晚期或喷发间歇期，大规模的岩浆喷溢已经停止，但喷气和热液仍在继续活动，这些富含矿质的酸性气液，其主要成分为 $SiCl_4$、$FeCl_3$、HCl、HF、H_2S、SO_2、CO_2 以及各种金属的氯化物、氟化物、硫酸盐、络合物等，它们呈真溶液或胶体溶液，沿着裂隙和空隙向上运移，源源不断地喷溢至地表，当这些高温含矿溶液与空气或水接触，由于物理化学条件的改变而生成各种矿物沉淀下来，从而聚集成矿。例如呈氯化铁被搬运的矿质，当与空气或水起作用时，可以形成向高温赤铁矿、镜铁矿、或磁铁矿。铜、铁、锰也可呈重碳酸盐溶液形式被搬运，当它们从深处上升到浅处，由于压力降低，CO_2 迅速逸出水，从而造成以碳酸盐形式沉淀，形成菱铁矿。

3. 成矿浓度、温度

火山成因矿床往往生成于地表（陆面、水下），或地下浅处 $0 \sim 1.5$ km，成矿温度由于成矿阶段的不同，可以是 1000℃至几十摄氏度，如盐源矿山梁子铁矿属矿浆充填型其成矿温度就较高，黄草坪铁矿离火山口较远，与碳酸盐围岩接触交代形成铁矿床，其成矿温度相对较低，盐源苦荞地铁矿、会理石龙铁矿则是离火山口更远的火山沉积（改造）型铁矿，成矿温度就更低一些。

4. 矿石物质成分和结构构造复杂多样

铁矿体主要赋存于火山角砾岩、熔岩、凝灰岩等火山碎屑岩中，呈似层状、透镜状产出；与次火山相有关的玢岩铁矿多赋存于苦橄岩、辉绿辉长岩中。以粒状结构为主，次有胶状、交代残余及似文象，压碎熔蚀等结构；浸染状、块状、角砾状、条带状构造。

矿石矿物有磁铁矿，少量菱铁矿，偶见微量赤铁矿、水针铁矿；脉石矿物有白云石、方解石，偶见绿泥石、次闪石、滑石、榍石、石英、绢云母等。有害杂质主要为黄铁矿、磁黄铁矿、磷灰石。

（二）产出时代及基本特征

四川省火山成因铁矿主要分布在攀西地区。根据该类型铁矿有关的火山活动时期，可分为华力西期、晋宁期的铁矿床。

1. 华力西期

铁矿产于华力西期次火山－浅成相基性岩与中上古生界碳酸盐岩接触带和峨眉山玄武岩底部或中部角砾凝灰岩、层凝灰岩建造中。矿体以似层状、透镜状为主，囊状、脉状次之；矿石为磁铁矿－赤铁矿－镁磁铁矿－矽卡岩、赤铁矿－磁铁矿－硅化绿泥石化碳酸盐、赤(镜)铁矿－火山碎屑等组合；以块状、团块状、粗条带状构造为主，斑点状、角砾状、胶状次之，以交代残余结构为主，次有胶状、粒状及似文象，压碎熔蚀等结构；TFe 品位 45%～55%。华力西期为四川的富铁矿产出产出时期之一，但最大为中型铁矿床，以盐源矿山梁子、苦荞地等为代表。

2. 晋宁期

铁矿产于会理群下部、河口群变质杂岩下部，与钠长片岩关系密切；在基性岩接触带以及会理群下部偏碱性及中基性变火山岩和变质碎屑岩、碳酸盐岩中也有铁矿产出。矿体以似层状、透镜状为主，不规则囊状、脉状次之，有时微切层理。矿石为赤铁矿－磁铁矿－钠长石组合，或赤(镜)铁矿－云母－石英、磁铁矿－黑云母－钠长石、赤(镜)铁矿－绢云母－石英、赤铁矿－磁铁矿－碳酸盐岩组合，以及赤铁矿－磁铁矿－含火山碎屑粉砂岩组合，褐铁矿－磁铁矿－菱铁矿－碳酸盐组合组合。矿石以自形、半自形、他形粒状结构为主，次有交代残余及包含结构；矿石构造在火山岩中以条带状、浸染状、斑点状为主，接触带以团块状为主，除此而外还有角砾状、条带状及网脉状、斑团状、块状、星点浸染状构造。矿石品位：TFe 最高可达 69%，一般为 30%～60%，伴生 Cu 0.6%～2.0%，有害组分 S 较低，P、Si 较高。现已发现大型矿床。以会理石龙、官地、新铺子、玉新村、龙潭箐、香炉山－腰棚子、毛姑坝、小黑箐、坝依头等为代表。

四、沉积矿床

沉积矿床是指陆地表层的岩石在大气、水、生物等营力条件下，发生物理的、化学的和生物化学的变化作用，被破碎、分解的产物如有机残骸和火山喷出物等，被水、风、冰川、生物等营力搬运到有利于沉积的地质环境中，经过沉积分异作用沉积下来，形成各类堆积物。当其中的有用物质富集到质和量都达到工业要求时，便形成了矿床。以此种方式形成的矿床就叫沉积矿床。根据其成矿物质的物理和化学特点，成矿物质来源和成矿作用的地质特征，可分为机械沉积、蒸发沉积、胶体化学沉积、生物－化学沉积矿床四类。

（一）总体特征

1. 属同生矿床

沉积矿床如同沉积岩一样，它们的形成过程是一个复杂的过程，一般分为同生阶段、成岩阶段和后生阶段。铁、锰矿主要是在同生阶段形成的，成岩阶段使其固结成岩，同时也有不同程度的改造。沉积铁矿产于沉积岩系或火山沉积岩系中，矿体和其顶底板岩石同属沉积成因，并且表现出沉积的同时性和连续性，属于同生矿床。

2. 岩性岩相专属性

各种矿层及其沉积岩系剖面具有明显的特殊性，显示一定的矿产与一定的岩性和岩相的专属性，矿床具有特定的地层层位。如河流冲积砂矿多产于河床冲积砾石层中；耐火黏土矿床发育在含矿煤系中，并且产于煤矿底部；又如我省华弹式铁矿产于中奥陶统巧家组层位，碧鸡山式铁矿产于中泥盆统观雾山(缩头山)组地层。

3. 矿体规模形态、结构构造

沉积矿床一般规模较大，矿层沿走向展布很广，可达数千米，面积可达几万平方千米，含矿岩系的厚度数米到数百米不等，最厚可达千余米。矿体多呈层状、似层状和凸镜状，具明显的层理，矿体与围岩产状一致，并常呈整合接触关系。矿石具鲕状结构，块状构造。

4. 成分复杂

由于沉积作用较为复杂，因而沉积矿床的物质组分也较复杂，有氧化物、含水氧化物、含氧盐类、卤化物、自然元素等。在还原环境和生物作用下，可形成硫化物。由生物遗体或其分解产物沉积而形成的则有磷灰岩、硅藻土以及生物灰岩等。

（二）产出层位及基本特征

全省沉积铁矿有七个产出层位，它们是会理群与震旦系观音崖组或澄江组不整合面附近、中奥陶统、中上志留统、中上泥盆统、上下二叠统、上三叠及下侏罗统。形成较大规模矿床并可开发利用的主要集中在中奥陶统的华弹式铁矿和中上泥盆统碧鸡山(宁乡)式铁矿。按照沉积环境可分为滨海-浅海相沉积铁矿、海陆交替相沉积铁矿、陆相沉积铁矿；含铁岩石主要建造有海相碳酸盐岩型、碳酸盐岩-碎屑岩型、海陆交替相及陆相含煤碎屑岩型。全省沉积型铁矿多属贫矿，开发利用取决于选冶技术。

1. 滨海-浅海相沉积铁矿

海相沉积铁矿有中晚泥盆世、中奥陶世、中上志留世、元古代等4个成矿时期，以前两者主要。中晚泥盆世属碳酸盐岩-碎屑岩铁矿建造，中奥陶世为碳酸盐岩铁矿建造。

（1）中、晚泥盆世沉积铁矿(宁乡式)

集中于川西南越西—甘洛、川西北江油等地。在川西南地区，含矿岩系为中泥盆统缩头山组，以甘洛及越西碧鸡山一带发育较全。该组上部为石英砂岩、粉砂岩，中部为杂色斑状白云岩，下部为石英砂岩夹赤铁矿，总厚120~170 m。相变较大，砂泥质增多，厚度迅速变薄或尖灭。铁矿集中分布于甘洛—越西碧鸡山地区，矿体呈层状、似层透镜状产出；矿石为赤铁矿-菱铁矿-鲕绿泥石-石英、褐铁矿-菱铁矿-碳酸盐组合；具鲕状结构,致密块状构造,氧化矿石具多孔状、蜂窝状构造。矿石品位一般为 $35\% \sim 40\%$,平均 37%,还含二氧化硅、硫、磷、锰等组分,属高磷低硫强酸性矿石。最大为中型矿床,以甘洛碧鸡山矿床为代表。

在川西北地区分布于江油、北川、都江堰、大邑及宝兴等地,自北东向南西含矿层位的矿物组分有变化。江油一带矿床最集中含矿层位为中泥盆统养马坝组及观雾山组,由砂页岩-灰岩组成四个大的海进韵律层,以赤铁矿为主,局部见菱铁矿,矿体呈似层状、扁豆状赋存在韵律层下部的碎屑岩中,矿体厚 $0.5 \sim 1.58$ m,TFe $27\% \sim 33\%$;都江堰地区仅见小型矿床,含矿层为观雾山组,由深灰色砂质页岩、铁质砂岩、石英砂岩及薄层状灰岩组成,夹菱铁矿层,矿体呈似层状、凸镜状,单矿体长数百至 2000 余米,厚 $0.5 \sim 1$ m,TFe 为 $20\% \sim 30\%$;宝兴地区中、下泥盆缺失,仅有小型赤铁矿床 1 处(宝兴县紫云),铁矿呈凸镜状产于上泥盆统底部,矿体形态,厚度及品位变化较大,单矿体长 $100 \sim 680$ m,平均厚为 $0.95 \sim 1.70$ m,TFe 平均 $38\% \sim 48\%$。

(2)中上志留世铁矿

铁矿产于中上志留统砾岩或砂页岩中;矿体呈薄层状、透镜状产出,矿石为赤铁矿-碎屑岩组合,具鲕状、豆状、肾状构造;TFe 品位 $20\% \sim 30\%$。最大为小型矿床,以天全沙坪铁矿为代表。

(3)中奥陶世沉积铁矿(华弹式)

主要分布于川西南宁南县境内,甘洛—越西及盐边东巴湾一带也有零星分布。含矿层位为中奥陶统上巧家组。宁南地区是本类铁矿中、小型矿床集中区,含矿岩系为一套浅海相碳酸盐岩建造,厚 $69 \sim 86$ m,与上、下地层均呈整合接触。铁矿赋存于岩系底部,顶、底板多为碳酸盐岩;矿体呈层状、似层状或凸镜状产出;矿石为赤铁矿-鲕绿泥石-燧石-碳酸盐组合;具鲕状、豆状、胶状结构,条带状、块状构造。TFe 品位一般为 $35\% \sim 40\%$,最大为中型,以宁南华弹铁矿为代表。

甘洛—越西地区,上巧家组不发育,厚 $1.35 \sim 28$ m,为一套滨海-浅海相碳酸盐岩夹碎屑岩建造。有铁矿产出,但尚未发现工业矿体。盐边东巴湾地区上巧家组为一套浅-深灰色泥质及硅质条带状灰岩,厚 $3.00 \sim 44.50$ m。岩系底部有铁矿产出,多与锰矿共生且锰优铁劣,多属矿(化)点。

(4)元古代沉积铁矿

在会理地区,铁矿产于会理群与震旦系观音岩组或澄江组不整合面附近。在木里地区,铁矿产于陇山沱组与恰斯群界面上亦有零星分布。矿体呈透镜状、不规则状产出;矿石为褐、赤铁矿-岩屑、赤铁矿-千枚岩组合;矿石具块状、斑块状、角砾状、条带状构造。TFe 品位 $28\% \sim 54\%$,一般 $40\% \sim 50\%$,最大为小型矿床,以会理龙泉大富村和会东新山垭口铁矿为代表。

2. 海陆交替相沉积铁矿

有早二叠世和晚二叠世两个成矿时代。其中早二叠世铁矿分布零散,以重庆涪陵地区的武隆一带较集中,在四川只有米易头滩、二滩及洪雅龙虎函等地有零星分布。铁矿产于下二叠统梁山组黏土页岩中,个别地段被玄武岩再造。矿体呈层状、透层状产出,矿石为磁铁矿-赤铁矿-黏土、赤铁矿-菱铁矿-绿泥石组合;具角砾状、条带状结构,块状、斑块状构造。TFe品位一般为40%～45%。矿点多为贫矿、矿床规模最大为小型，产地分散，工业意义有限。

晚二叠世铁矿主要集中于川南珙县，高县、叙永、古蔺等县，含矿层位为上二叠统龙潭组，于筠连—珙县—叙永一带最发育。该区龙潭组自下而上可分三个段：第一段以页岩、黏土岩为主，下部和上部夹碳质页岩、薄煤层及煤线，产菱铁矿和赤铁矿；第二段以黏土岩为主，其次是泥岩、页岩及粉砂质页岩，夹碳质页岩及多层可采煤、菱铁矿；第三段以粉砂岩、页岩为主，夹碳质、粉砂质岩；局部含煤层及菱铁矿并夹少许生物碎屑灰岩。

据成都地质矿产研究所冯纯江、李兴振等研究(1966)，认为比较稳定的铁矿有两层：第一层产于龙潭组第一段下部或底部，一般厚1 m左右，最厚2.44 m。第二层位于龙潭组第二段中部主煤层之下或夹于煤层中间，一般厚0.6～1.0 m，走向延伸数百至数千米。矿体呈层状、透镜状产出，矿石为菱铁矿－鲕绿泥石－黏土组合，具鲕状、豆状、结核状结构，块状、多孔状、蜂窝状构造；矿石品位一般为25%～30%，平均为27%，最大为中型矿床规模，但因矿层薄、质量差、变化大，暂时难以利用。以珙县白胶芙蓉、峨边新扬为代表。

3. 陆相沉积铁矿

有晚三叠世和早侏罗世两个主要成矿时期。一般来说均可形成独立的矿床(点)，不少矿区两个含矿层位也可同时存在，如万源长石等。

(1)晚三叠世铁矿

铁矿产于上三叠统须家河组，与煤共生，有两个主要集中区，一为川南威远—华蓥山一带；二为川北万源—开县一带。前者多为矿点或矿化点，后者可构成中、小型矿床，但矿层多达不到工业要求。矿体呈结核状、薄层状产出，矿物为褐铁矿－菱铁矿－鲕绿泥石－石英－方解石组合，具鲕状结构，致密状构造，氧化矿呈多孔状、蜂窝状构造；TFe品位一般为25%～30%，平均28%，可达中型矿床规模。以威远连界场和万源庙沟为代表。

(2)早侏罗世铁矿(綦江式)

早侏罗世铁矿集中分布于重庆江津、綦江、长寿、武隆等地，在四川仅分布于川东万源县，可达中型矿床规模。含矿岩系下侏罗统珍珠冲组，有上中下段三个含矿层位，有一定工业意义者是下段綦江式铁矿，含矿岩系(綦江段)为一套滨湖沼泽－浅湖相含煤、铁砂泥岩，在江津、綦江一带自下而上称田坝层、綦江层、岩楞山层。铁矿赋存于綦江层底部或中下部，局部全层为矿，受岩相、古地理环境及水下其底微地貌控制，当綦江段发育完好，岩性复杂且三分明显时矿化优、铁矿与煤关系密切，二者呈正相关。矿体呈似层状、透镜状、串珠状、扁豆状，单个矿体长数米、数百米乃至千余米，平均厚1.48 m。矿石由赤铁矿、菱铁矿、褐铁矿、绿泥石、石英、方解石和泥质组成。矿石分五种类型，赤铁矿为主要类型，TFe 40%～50%；次为菱铁矿型，TFe 34%～38%；褐铁矿型含TFe 43%～45%；含磁铁矿菱铁矿型含TFe 31%～37%；铁质砂岩型属低品位矿石，TFe<20%～34%。

（3）早白垩世铁矿

主要分布于中江县白竹山一带，属河湖相碎屑－化学沉积型铁矿。铁矿产于下白垩统苍溪组长石砂岩、长石石英砂岩中，矿体呈薄层状产出，矿物为赤铁矿－石英－绢云母组合，具致密块状构造，TFe品位一般为25％～30％，为矿化点。

五、变质矿床

变质矿床是指由内生作用或外生作用所形成的岩石或矿石。由于地质环境的改变，随着变质作用的增强，其中所含的水分，受温度和压力的影响，可以形成化学性质活泼的气液——变质热液；以至在深变质的条件下，由于岩石的部分熔融，可以形成一些硅酸盐流体相，并在开放系统中发生广泛的交代作用以及混合岩化作用；它们的矿物成分、化学成分、物理性质以及结构构造等都要发生变化；同时在变化的过程之中，还会使原岩的物质成分发生强烈的改造或活化转移，并在新的条件下富集而形成矿床。其本质上属于内生作用的范畴。以变质矿床形成的地质条件和成矿作用为根据，将变质矿床分为接触变质、区域变质和混合岩化矿床三类。

（一）总体特征

岩石或矿床经受变质作用后所产生的各种变化是变质矿床的基本特点，总体特征如下。

1. 矿物成分和化学成分的变化

变质矿床的物质成分和化学成分与原来岩石或矿石相比较，产生了显著的变化。变质矿床中的矿物成分常可见氧化物类的磁铁矿、赤铁矿、金红石等，含氧盐类的菱铁矿、磷灰石、菱镁矿等，硅酸盐类的红柱石、矽线石、蓝晶石、石榴子石、绿泥石等等。

随着矿物成分的变化，其化学成分也相应地发生显著变化。原岩或矿石中原来含有较多量的水分，当温度和压力升高，就产生脱水作用，就会使它们变成含水少或不含水的矿物，如褐铁矿和铁的氢氧化物脱水变为赤铁矿或磁铁矿、硬锰矿和水锰矿脱水变为褐锰矿和黑锰矿；在高温高压条件下，原来隐晶质的矿物便会产生重结晶作用而逐渐重结晶，如蛋白石和石髓变为石英、碧玉岩变为石英岩、石灰石变为大理岩等；原先沉积的物质，在变质过程中由于重组合作用，可产生一系列新矿物，如黏土矿物在高温中压条件下可形成红柱石，当高压中温时形成蓝晶石，高温高压时可形成矽线石和刚玉；原来高价态的离子，在高温缺氧条件下可还原为低价态离子，致使矿物发生变化，如磁铁矿变为赤铁矿、软锰矿变为褐锰矿等；在区域变质过程中，往往可产生变质热液，尤其当变质强烈时，由于混合岩化作用，可以产生混合岩化热液，它们与原岩产生交代作用，促使原岩中的多种组分进行重新组合，并通过溶液进行迁移和富集，从而发生矿化和蚀变。

2. 矿石的结构构造变化

由于变质作用的影响，岩石和矿石的结构构造也发生一系列的变化。在浅变质时，由于矿物的定向排列，产生千枚状、板状构造，由于矿物的重结晶不明显，结粒晶细小，通常表现为隐晶结构；当变质较深时，特别是动力作用显著时，由于定向压力的影响，产生劈理和破碎现象，常见到片状、片麻状构造，以至片理面发生不褶皱而形成皱纹构造，岩石破碎时则形成角砾状构造，常见各种变晶结构，同时保留各种残余结构。在变质过程中，当变质气水溶液作用显著时，还常见到类似热液作用产生的诸如脉状构造和各种交代结构等。

3. 矿体形状和产状的变化

变质矿床的矿体形状一般比较复杂，如凸镜状、串珠状及不规则囊状，也可出现较规则的板状、似层状矿体。矿体的产状变化也大，常不同程度地褶皱和断裂影响，矿体倾角可以直立甚至倒转。变质矿床矿体的形状和产状，既受原来岩层或矿体的控制，也受变质作用强度和类型的制约。其中尤其是变质作用过程中，成矿组分活化转移的能力和塑性形变的强度，对矿体的改变具有重大影响。成矿组分的活化转移，可使矿体形状发生较大的变化，如似层状矿体可转化为脉状矿体，但这些矿体总的不超出含矿建造的范围。塑性变形强烈时，成矿组分虽无大量活化转移，但矿体的形状产状都可发生巨大的变化。

(二)基本特征

四川省变质铁矿床大体可分为区域变质矿床和混合岩化矿床两种。

1. 区域变质矿床

主要集中分布于川西南会东、会理地区和川西北汶川和平武地区。

(1)会东会理地区

铁矿产于会理群千枚岩－碳酸盐岩建造、碎屑岩－碳酸盐岩建造中。矿体呈层状、似层状、透镜状产出为主，不规则状次之；矿物为赤铁矿－石英－绢云母、赤铁矿－褐铁矿－碳酸盐－石英－绢云母、褐铁矿－菱铁矿－碳酸盐、褐铁矿－菱铁矿－石英－绢云母组合；矿石具条带状、角砾状、层纹状、致密块状、中粗粒斑团状构造，显微叶片－鳞片变晶、交代熔蚀、粒状变晶、鳞片变晶、胶状结构；TFe品位一般氧化矿40%～50%，原生矿25%～30%。铁矿规模可达大型，是四川前震旦纪铁矿重要类型之一，部分为富铁矿。以会东满银沟、雷打牛、小街、会理凤山营等为代表。

(2)汶川平武地区

该类型有价值的铁矿集中于南坪—平武—汶川一带。已发现达中型规模的铁矿床，具一定工业意义。按赋矿层位分为威州式铁矿和平武(虎牙)式铁锰矿。

志留纪沉积变质磁铁矿(威州式)主要位于汶川—小金一带，汶川县茅岭(威州)中型磁铁矿床是该类型的代表性矿床(图2-1)。矿区居茂汶－丹巴背斜中的克姑倒转复背斜东南翼，含矿岩系志留系茂县群为一套次稳定陆源碎屑岩夹少量碳酸盐岩，浅海相，自下而上可分7个岩性段，在汶川、小金一带2、4、6段具磁铁矿化，以2段为优。由北东向南西方向变薄，岩性组合为千枚岩夹灰岩及砂岩或片岩夹大理岩和钙质石英砂岩，在矿区构成一向北倾斜的倒转单斜层。矿体呈多层状产出，有三个含矿层。单个矿体呈似层状、凸镜状、少数为鸡窝状，长150～200 m，厚0.5～1.5 m，延伸数十至百余米，厚度、品位变化较大。矿石矿物以磁铁矿为主，脉石矿物有绿泥石、石英、云母、少量黄铁矿，磷灰石及石榴子石、硬绿泥石。呈鳞片、斑状及显微花岗变晶结构，片状、条带状及块状构造。有绿泥石磁铁矿及石榴子石绿泥石磁铁矿两种矿石类型。品位：TFe平均 46.66％；TiO_2 0.3％，S 0.315％～0.2％，P 1.08％；属高磷低硫酸性矿石。

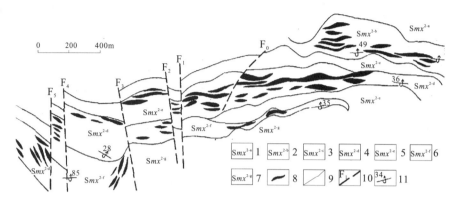

图 2-1　汶川威州茅岭铁矿矿区地质图

1. 石英绿泥片岩；2. 下矿层；3. 大理岩及绿泥片岩；4. 中矿层；5. 钙质绢云绿泥片岩；6. 上矿层；
7. 绿泥石英云母片岩；8. 矿层；9. 地质界线；10. 推测断层及编号；11. 地层产状

三叠纪沉积变质铁锰矿（平武式）主要分布于松潘—平武—南坪一带，最大可达中型。该区居巴颜喀拉-松潘周缘前陆盆地东北部的丹巴-汶川滑脱-逆冲带，含矿岩系为三叠系菠茨沟组下段千枚岩、灰岩。矿体呈透镜状、层状或似层状产出；矿物为磁铁矿-赤铁矿-菱锰矿-绢云母-石英、菱锰矿-磁铁矿-赤铁石-石英-方解石、菱锰矿-磁铁矿-石英-方解石组合，矿石具鳞片变晶、镶嵌变晶结构，层状、条带状、千枚状及块状构造。TFe品位一般为 32％～45％，最高为 47.86％，Mn 一般为 20％～29％。以平武虎牙为代表。该类型铁矿属难选矿石，目前尚未利用。

2. 混合岩化铁矿床

混合岩化铁矿零星分布在米易沙坝、旺苍阴坝子等地。在米易一带，含矿层位为康定群下部混合岩、片麻岩、片岩、变粒岩，铁矿产于其中的角闪片岩中，矿体呈似层状、透镜状产出，产状与围岩一致；矿物为磁铁矿-角闪石、磁赤铁矿-石榴子石-绿帘石-绿泥石组合；矿石具斑点状、浸染状结构，条带状、块状构造；TFe品位一般大于40％。该类型最大规模为小型矿床，以米易沙坝为代表。

六、风化矿床

风化矿床（风化壳矿床）是指陆地表层的岩石在大气、水、生物等营力作用下，发生物理的、化学的和生物化学的地质作用，使硅酸盐类矿物、可溶盐类（碳酸盐等）以及金属硫化物等被分解为：①溶解在溶液中的物质，②原岩中化学性质稳定的矿物，③此过程中形成的新矿物等三种物质。以上三种主要成分，在原地或附近得到充分富集，在质和量上都能满足工业要求的有用矿物堆积而形成风化矿床；也可被搬运较远距离而沉积在水盆地中。根据风化矿床的形成作用和地质特点分为：残积坡积砂矿床、残余矿床、淋积矿床三类。

（一）总体特征

1. 成矿时代

成矿时代大多在新生代，大部分风化矿床是古近纪、新近纪、第四纪的产物，因此其埋藏浅、易于露天开采；矿床规模以中小型为主。

2. 分布特征

矿床分布范围和原生岩石或矿体出露范围基本一致或相距不远，往往呈覆盖层状分布，多为面型矿体。矿体的深度取决于自由氧渗透到地下的深度，一般几米到几十米，也有达一二百米的；个别情况下沿裂隙带风化深度可达 1500 m 以上，呈线型矿体。矿石结构一般疏松多孔，多为土状、多孔状或网格状构造。

3. 矿物组成

矿床中大多是较稳定的元素或矿物。组成风化矿床的物质是在风化条件下比较稳定的元素和矿物。如自然金、被黏土矿物吸附的稀土元素，铁、锰、铝的氢氧化物和氧化物，高岭土，磷酸盐和含镍硅酸盐矿物等。

（二）产出时代及基本特征

四川省风化型铁矿很少，发现近代的风化残积淋积型小型铁矿床，以峨眉万矿山和盐源麦架坪为代表。铁矿多产于含铁岩(矿)石硫化物矿床氧化带或邻近富铁岩石的围岩裂隙中。矿体呈扁豆状、不规则状团块状产出，矿石主要为褐铁矿－菱铁矿－碳酸盐组合；具团块状、角砾状、胶状、皮壳状、蜂巢状构造；TFe 品位一般 45%～55%。

第三节　四川省铁矿典型矿床

某一矿床的成矿地质特征能概括一组相似矿床赋存的地质位置，形成的地质条件和控矿因素、找矿标志的共性和一定理性认识者，称典型矿床。研究典型矿床的目的是为了准确掌握矿床的成矿地质环境、矿床成矿特征、矿床经济技术条件，主要控矿因素和找矿标志，建立矿床成矿模式和找矿模型，综合分析成矿规律，由已知区推向未知区进行类比预测和评价。选择典型矿床需考虑：①代表性；②完整性；③特殊性；④专题性；⑤习惯性(陈毓川、王登红等，2010)。

根据上述典型矿床定义和选择原则，并考虑四川省铁矿的产出特征和研究程度，可以对岩浆型、接触交代型、热液型、火山岩型、沉积型、变质型等 6 个类型铁矿进行典型矿床总结。在本章第一节归纳的全省 33 个广义的"矿床式或代表性产地"(表 2-2)中，选择了岩浆型的攀枝花式和红格式钒钛磁铁矿床，接触交代、热液型的泸沽式、李子垭式铁矿床以及耳泽式铁金矿床，火山岩型的矿山梁子式和石龙式铁矿床，沉积型的华弹式和碧鸡山式铁矿床，变质型的满银沟式和凤山营式铁矿床等 11 个矿床作为典型矿床。这些矿床基本可以概括四川全省主要矿床类型的特征。

第三章 岩浆型铁矿典型矿床

第一节 概 述

一、总体分布

四川省以钒钛磁铁为代表的岩浆型铁矿已探明的矿区(点)共 26 处(表 3-1),是我国最重要的铁矿类型之一。全省岩浆型铁矿主要分布在攀西地区。此外,在米仓山—大巴山一带也有零星中小型铁矿分布。

表 3-1 四川省岩浆型铁矿产地表

序号	矿产地名	主矿种	勘查程度	矿床规模	备注
1	攀枝花市朱家包包	钒钛磁铁矿	勘探	超大型矿床	
2	攀枝花市兰家火山	钒钛磁铁矿	勘探	大型矿床	
3	攀枝花市尖包包	钒钛磁铁矿	勘探	大型矿床	攀枝花矿床
4	攀枝花市倒马坎	钒钛磁铁矿	勘探	大型矿床	6 个矿段
5	攀枝花市公山	钒钛磁铁矿	初勘(详查)	中型矿床	
6	攀枝花市纳拉箐	钒钛磁铁矿	普查	中型矿床	
7	攀枝花红格	钒钛磁铁矿	勘探	超大型矿床	
8	米易白马(即及及坪、田家村和青杠坪)	钒钛磁铁矿	勘探	超大型矿床	
9	米易马槟榔	钒钛磁铁矿	普查	小型矿床	白马矿区 5 个矿段
10	米易夏家坪	钒钛磁铁矿	详查	中型矿床	
11	西昌太和	钒钛磁铁矿	勘探	超大型矿床	
12	会理白草	钒钛磁铁矿	详查	大型矿床	
13	会理秀水河	钒钛磁铁矿	详查	大型矿床	
14	米易安宁村	钒钛磁铁矿	初勘(详查)	大型矿床	
15	攀枝花市中干沟	钒钛磁铁矿	详查	大型矿床	
16	攀枝花市务本	钒钛磁铁矿	普查	大型矿床	
17	德昌县巴硐	钒钛磁铁矿	普查	中型矿床	
18	会理县马鞍山	钒钛磁铁矿	普查	中型矿床	
19	会理县中梁子	钒钛磁铁矿	详查	中型矿床	
20	米易县新街	钒钛磁铁矿	普查	中型矿床	
21	攀枝花市普隆	钒钛磁铁矿	预查	中型矿床	

序号	矿产地名	主矿种	勘查程度	矿床规模	备注
22	攀枝花市湾子田	钒钛磁铁矿	普查	中型矿床	
23	旺苍李家河	磁铁矿	普查	小型矿床	
24	冕宁菜园子一带	磁铁矿	预查	矿点	
25	冕宁桂花村	磁铁矿	预查	矿点	
26	攀枝花市萝卜地	钒钛磁铁矿	预查	矿点	

　　攀西区集中了全省的大型—超大型铁矿床(图 3-1)，探明储量占全省铁矿的 96％以上。攀枝花市以钒钛磁铁矿为主，占全省铁矿资源储量的 73％，是全国著名的铁矿集中区，也是攀钢集团有限公司的钢铁生产基地；凉山彝族自治州铁矿资源储量占全省的 23.12％。此外，区内还有若干矿点、矿化点和航地磁异常均有望找到钒钛磁铁矿隐伏矿床。从勘探程度看，勘探 7 处、详查 7 处、普查 8 处、预查只有 4 处，是四川省铁矿工作程度相对较高的成因类型。

　　根据上述分布特征，本章主要介绍攀西地区的岩浆型铁矿，并根据钒钛磁铁矿的矿床特征，进一步将其分为攀枝花式和红格式岩浆型铁矿。

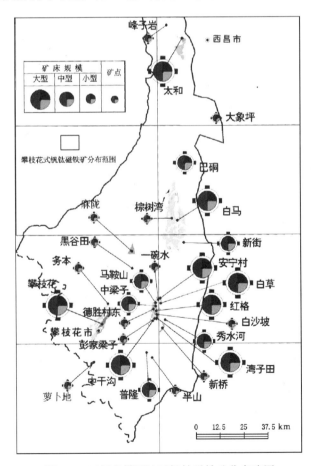

图 3-1　四川省攀西地区钒钛磁铁矿分布略图

二、成矿地质背景

（一）构造位置

攀西地区岩浆型钒钛磁铁矿位于上扬子陆块西南缘，属攀西陆内裂谷带，包括金河－宝鼎裂谷盆地和康滇轴部基底断隆带中南段。成矿母岩为超基性（超镁铁质）岩和基性（镁铁质）岩，其岩浆来源于下地壳或上地幔，受攀西裂谷的影响使其上侵地壳浅部分异结晶成矿。因此它沿深大断裂带在区域上呈线状分布，形成攀西裂谷岩浆岩带，其西以金河－箐河深大断裂带为界，东以小江深大断裂带为界，自西向东分金河－宝鼎裂谷盆地、康定－米易轴部基底断隆带、江舟－米市裂谷盆地。具体的矿体产出则与深大断裂派生的次级断裂密切相关。

（二）侵入岩

攀西裂谷岩浆活动期为华里西期（3.5～2.5亿年），在二叠纪发生了介于碱性玄武岩与拉斑玄武岩之间的过渡型玄武岩浆大规模侵入和喷发，构成了我国著名的西南暗色岩套。攀枝花、红格、白马、太和等层状基性超基性堆积杂岩体（年龄值为265～260 Ma）形成于二叠纪中晚期，此为钒钛磁铁矿的成矿期。在康滇轴部基底断隆带及其两侧盆地中形成了广泛分布的峨眉山玄武岩（255～251 Ma），其时限主要为二叠纪晚期，部分可能延续到早三叠世，出露面积达50万平方千米以上。

三叠纪（印支期）在中轴脊线一带形成太和、白马、攀枝花和红格的正长岩（252～206 Ma），以及攀枝花矿区北务本的碱性粗面岩－碱流岩－熔结凝灰岩的组合，其形成与早期形成的含钒钛磁铁矿层状基性超基性岩的关系尤为密切。

与铁矿有直接关系的华力西期基性—超基性岩以及印支期正长岩、碱性粗面岩－碱流岩－熔结凝灰岩等主要分布在安宁河断裂带两侧，构成醒目的攀西裂谷岩浆岩带。基性—超基性岩、正长岩与峨眉山玄武岩一起为"三位一体"组合。

三、岩石学特征

攀西地区基性超基性岩体包括有辉长岩、辉石岩、橄榄辉长岩、角闪辉长岩、辉绿辉长岩等。由于岩浆的结晶分异作用，其中含钒钛磁铁矿的岩体以具分异层状构造为特点，呈现出清晰的韵律层，故在区域上可分层状和非层状两类；又根据不同岩体的岩石类型、组合及含矿性不尽相同，又可大体分为层状含矿岩体和非层状岩体两种类型。

（一）层状（含矿）岩体

1. 以基性岩为主的含矿层状岩体

如白马岩体和攀枝花岩体，以暗色和浅色辉长岩互层为主，每个韵律近底部均有少量薄层超基性岩，顶部往往有富含磷灰石的辉长及薄层斜长岩，钒钛磁铁矿以熔离矿床形式富集于下部暗色辉长岩层中。

岩体的基本岩石类型为辉长岩，从岩体顶部向下，基性程度增高。底部以暗色辉长岩、橄榄辉长岩、辉长岩和含钛磁铁辉长岩互层为主，含矿岩相带中发育较多致密块状的钛磁铁岩（矿）层。

2. 由超基性基性岩组成的含矿岩体

如红格及新街岩体主要由橄榄岩-橄辉岩-辉长岩的韵律层组成，含矿层以岩浆矿床形式富集于每个韵律的中下部。红格层状基性超基性岩体划分为两个岩相带，由上而下为辉长岩带及超镁铁岩带。

（二）非层状岩体

非层状基性超基性岩在攀西地区虽分布广泛，但都为规模较小，分布零星的浅成侵入体，未经过岩浆结晶分异作用，也就不具备韵律层的特点，一般不含矿，以基性岩为主。常见岩石类型为角闪辉长岩、辉绿岩等。超基性侵入岩较少，如大渡口、夹马槽、田房箐、干坝塘及垭口等岩体。

（三）岩相分带

层状基性超基性岩体具韵律性，不同韵律之间具相接触或过渡接触关系，表明岩体由多次岩浆脉动式侵入和结晶分异形成。

攀枝花岩体以辉长岩为主，层状构造发育，主要矿物成分由斜长石、橄榄石和含钛普通辉石组成，据岩石的矿物组合及含量等变化情况划分为分五个岩相带，即：层状钛磁铁辉长岩相带（Ⅰ）、层状含磷灰石辉长岩相带（Ⅱ）、层状辉长岩相带（Ⅲ）、块状辉长岩相带（Ⅳ）、边缘带（Ⅴ）。

红格及新街岩体主要由橄榄岩-橄辉岩-辉长岩的韵律层组成，划分为两个岩相带，由上而下为辉长岩带和超镁铁岩带。辉长岩带下部以暗色辉长岩为主，具韵律性层状构造，上部为块状浅色辉长岩；岩石组分主要由斜长石及含钛普通辉石组成，次要矿物为钒钛磁铁矿，磷灰石及含钛普通角闪石。超镁铁岩带，岩石类型由单辉岩、橄榄单辉岩、磁铁岩及少量橄榄岩和含长单辉岩组成；矿物组分主要由含钛普通辉石、橄榄石及含钒钛磁铁矿组成，含不定量含钛普通角闪石及少量他形粒状斜长石；据橄榄石与钒钛磁铁矿及含钛普通辉石的含量变化显示出的明显的韵律构造，共划分为10个韵律层。

（四）"三位一体"岩浆岩带

上述含矿基性—超基性岩与峨眉山玄武岩、碱性正长岩构成"三位一体"岩浆岩带。

二叠纪晚期，我国西南地区发生了大面积的火山活动，形成一套基性火山岩系，习称峨眉山玄武岩，分布面积达50万平方千米。区域上，玄武岩自西向东，从早到晚，逐渐变薄由海相转为陆相。玄武岩系由多个喷发旋回组成，具有多期次喷发活动的特征。在攀西地区，峨眉山玄武岩分布于冕宁、西昌、盐源，以及米易、攀枝花等地。

碱性正长岩主要为弱碱性正长岩类，以含碱性铁镁矿物为特征，侵入上述玄武岩及层状基性—超基性岩体中，岩石类型变化较大。常见岩石类型有：霓辉角闪正长岩、碱性角闪正长岩、霓石钠铁闪石石英正长岩、钠铁闪石石英正长岩等。岩石组分主要由条纹正长石及少量更长石或钠长石组成，暗色矿物常见有霓石或霓辉石、钠铁闪石或棕闪石、富铁黑云母等，粗大的钾长石常具较强烈的钠长石化，并含不定量石英。

资料显示碱性正长岩形成时间晚于基性超基性岩、峨眉山玄武岩，可能形成于印支期。碱性正长岩与含钒钛磁铁矿的基性—超基性岩、峨眉山玄武岩空间上密切共生，是"三位一体"的构造岩浆岩带的重要组成部分。

四、围岩及蚀变

基性—超基性岩岩体以三种产出类型分别侵位于前震旦系会理群及盐边群浅变质岩系中：一是以单斜层状杂岩体，一般都沿着围岩的层面顺层贯入或沿着不同时期的接触界面贯入，与围岩的层理及接触界面均呈整合接触，层状岩体与成矿关系密切；二是以岩盆、岩株、岩墙、岩床、岩脉及同心式带状、水滴状、豆荚状、纺锤状、囊状、岩瘤状岩体，它们一般都切穿围岩(沉积岩和岩浆岩)层理，与围岩呈不整合关系；三是包裹于后期的围岩为花岗岩、正长岩、玄武岩等岩浆岩中的，岩体呈俘虏体或残留顶盖的形式保存下来。

围岩主要是震旦系上统灯影组的白云岩、白云质灰岩夹砂页岩、凝灰质岩，还有古生代地层中的砂页岩、页岩及石灰岩等；基性、超基性岩侵位于震旦系上统灯影组的白云岩、白云质灰岩夹砂页岩、凝灰质岩中，常形成含钒钛磁铁矿层状基性超基性岩体，因此震旦系上统灯影组的白云岩、白云质灰岩是找矿的重要标志之一。其次是早期的岩浆岩如花岗岩、石英闪长岩、正长岩、辉长岩、辉石岩、橄辉岩、橄榄岩、玄武岩等，还有的被包裹于后期的岩浆岩中的花岗岩、正长岩、玄武岩等。

含矿辉长岩岩体蚀变不强，常见绿泥石化、次闪石化、绢云母化，其底板围岩形成镁橄榄石大理岩、透辉大理岩、透辉石－硅镁石大理岩及矽卡岩化灰岩等；碱性正长岩中的粗大的钾长石常具较强烈的钠长石化，并含不定量石英。

五、成矿方式

钒钛磁铁矿成矿方式主要为岩浆晚期结晶分异、重力堆晶，还有部分熔离结晶。值得注意的是，基性—超基性岩多与侵入震旦系灯影组接触，碳酸盐岩围岩与成矿是否有关系，值得进一步探讨。

六、类型及其特征

四川省岩浆型铁矿主要为岩浆晚期分异结晶铁矿，其主要分布于攀西地区，成矿时代主要为华力西期。含矿岩体大多分布于古隆起带边缘，受攀西裂谷的控制，分异良好，相带明显，韵律清楚。岩石组合类型分为辉长岩型、辉长岩－苏长岩型、辉长岩－橄榄岩型、辉长岩－橄辉岩型和辉绿岩型等五种。钒钛磁铁矿多呈似层状分布于岩体中下部或下部，与岩体韵律层呈平行的互层。主要矿石矿物有磁铁矿、钛磁铁矿、钛铁矿、钛铁晶石、镁铝尖晶石等；钒钛铁共生，还伴有 Cr、Cu、Co、Ni、Ga、Mn、Se、Sc 及 S、P 等有用元素；矿石一般品位：TFe 20%～45%，TiO_2 3%～16%，V_2O_5 0.15%～0.5%。

第二节　攀枝花式铁矿床成矿模式

攀枝花式岩浆型钒钛磁铁矿主要分布于四川省西南部攀西裂谷岩浆岩带的攀枝花市、西昌一带，含矿岩体主要为华力西期的基性侵入岩体。早在 1940 年，由著名地质学家常隆庆、刘之祥首次发现了攀枝花磁铁矿；1941 年，李善邦、秦馨菱采样、程裕淇等首次发现了钛铁矿；1944 年由程裕淇、李春昱等首次发现其含钒；从此攀枝花铁矿即逐渐以"攀枝花钒钛磁铁矿"之名著称于世。1949 年后，先后经五〇八队、五三一队、三〇二物探队等队开展了从普查到勘探工作，确定为大型钒钛磁铁矿。1964 年中共中央决定建设攀枝花大型钢铁工业基地，使昔日的荒山野岭，成为人口超百万的攀枝花市，成为金沙江畔的一颗璀璨明珠。

一、矿区地质特征

（一）概述

攀枝花钒钛磁铁矿矿区位于四川省攀枝花市，矿区地质图见图 3-2。

攀枝花含矿辉长岩体呈北东—南西展布，出露面积 30 km²，呈北东 30°方向延伸，长约 19 km、宽 2～5 km。含矿岩体规模较大，呈似层状矿体，层位稳定，自东北向西南可分为朱家包包、兰家火山、尖包包、倒马坎、公山、纳拉箐等六个矿段，其中朱家包包、兰家火山、尖包包三个矿段矿层厚，质量好，占全区储量 95%，是主要开采对象之一。

（二）地层

区内出露地层主要为震旦系上统灯影组、三叠系丙南组、新近系昔格达组、第四系。

震旦系上统灯影组含燧石及硅质条带的白云岩、白云质灰岩，在兰家火山其下部为镁橄榄石蛇纹石大理岩、上部为透辉岩与透辉大理岩的互层；外围见有震旦系上统的板状页岩夹白云质灰岩及砂砾岩、砂岩等，其分布于矿区中部，辉长岩体的下盘。

三叠系丙南组陆相紫色砂岩，大荞地组砂岩、砾岩、粉砂岩、泥岩夹煤层。

新近系昔格达组砂泥岩仅在局部不连续的小型盆地中分布，主要分布于南部区段，呈水平或微具角度的不整合覆在各较老地层之上，其底部砾岩层，砾石成分主要为辉长岩、正长岩等。

第四系冲、洪积阶地堆积物多沿河流和构造断陷盆地分布，主要分布于南部区段。

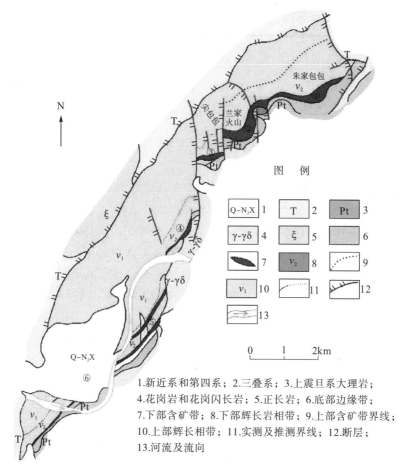

图 3-2　攀枝花矿区地质图(据四川省地矿局 106 队资料修改)

此外，在矿区外围还有前震旦系花岗片麻岩、云母石英片岩、石墨石英片岩、石英云母片岩等；寒武、奥陶系的大麦地组页岩、砂岩和石灰岩；晚二叠世玄武岩等分布。

(三)岩浆岩

攀枝花矿区主要为二叠纪的含矿辉长岩体，其为不对称的岩盆，因其受攀枝花断裂的控制，使其呈现为长 19 km、宽 2 km，走向北东，倾向北东，倾角 40°～50°的形成一个单斜构造。含矿辉长岩体东北端与上三叠统地层及部分正长岩呈断层接触，断层面倾向南东，与南东边缘及南端大理岩呈整合侵入接触。因此，攀枝花含矿辉长岩体实为整合侵入在震旦纪地层中，倾向北西。含矿辉长岩的岩浆分异作用十分清晰，岩体呈似层状、层状产出，其分层韵律相当清晰；其原生层状构造发育，产状与岩体延伸方向和围岩产状一致，各矿带中钒钛磁铁矿产状与岩体层状构造一致。层状构造往往由不同矿物成分或浅色岩与暗色岩相互更替而形成，原生层状构造和岩体分异方向及围岩产状相一致。辉长岩 K-Ar 年龄值值为 352.9 Ma，据《全国成岩成矿年代谱系》(王登红等编著，2014)记载：攀枝花基性—超基性岩体的 Sm-Nd 年龄值值为 283～197 Ma，属华力西中到晚期。

正长岩、角闪正长岩、石英正长岩和正长斑岩构成角闪正长岩体，分布于攀枝花含矿辉长岩体的北西部及西部外围，其展布方向与辉长岩体大致平行，明显地侵穿了玄武岩和辉长岩体。花岗岩的岩石类型有黑云母花岗岩、花岗闪长岩、石英闪长岩等，是矿区内最晚的岩浆岩侵入体，见其侵入所有较老的岩石中，主要分布在矿区的南东侧，并与围岩大理岩、辉长岩发生了普遍的同化混染，相应地产生了各种混合岩。

含矿辉长岩中有一系列岩脉，主要有下列几种：

粗–伟晶辉长岩岩脉：多为不规则脉状，主要穿插在含矿辉长岩体之下部，矿物组成与其他辉长岩相似，只是结晶粗大，最大晶体可达 10 cm，岩脉中硫化物较富集为其主要特征。硫化物主要由磁黄铁矿组成，其形态以斑块状为主，亦有不规则细脉状。

正长岩与伟晶正长岩脉：一般产出于辉长岩体的中下部，脉宽数厘米，长不超过十数米；主要矿物为钾长石、钾微斜长石，含量可达 90%，含少量黑云母、阳起石、榍石和绿帘石等。

斜长岩脉：产出于辉长岩体中上部，分布方向与辉长岩的层状构造基本一致；其矿物组成以酸性斜长石（钠长石、更长石）为主，往往含少量角闪石、黑云母和绿泥石等，有时可见含有少量石英、条纹长石（或微斜长石）。

花岗岩脉：主要见于辉长岩体底部细粒辉长岩边缘带。花岗岩脉类型可分两种：一为细晶花岗岩脉，主要由正长石、石英及多量的酸性斜长石和少量黑云母组成，基本相当于黑云母花岗岩成分；二是粗晶质花岗岩脉，主要为碱性斜长石，往往占 70% 以上，其次为石英。

闪长岩脉：分布较广泛，但主要多集中于底部细粒辉长岩带中。岩脉对层状辉长岩和铁矿层破坏甚剧，在岩脉发育地段常与围岩产生混合岩化作用，形成辉长岩与闪长岩成分之混染岩。

辉绿岩脉：为区内几种岩脉中生成最早的一种基性岩脉，分布较普遍，其分布方向与矿区三组（SN、S30°W、N10°E）主要构造线一致。

（四）构造

攀枝花矿床所处大地构造位置为扬子陆块西缘的康滇轴部基底断隆带中段。成岩成矿前构造主要是矿区北东部的北东向攀枝花断裂、北西向的惠民–务本–通安构造带（断裂、褶皱），两组构造在矿区内均不明显。

成岩成矿后的构造基本为断裂构造，大致可为北东向、北西向、南北向三组。一是北东走向逆断层，主要发育在含矿岩体东、西两侧接触带，造成较老岩石或下部岩石逆掩在较新的上部岩石之上，以及含矿岩体与围岩接触多以断层接触关系；二是南北向平移断层，是矿区内最发育、对矿床影响最大的一组断层，其特点是平行排列，断面倾角很陡，东部层位都逐级地向北推移，强烈地割断矿层，金沙江北各矿段的划分，皆以此组断层分割而成，同时在平面上造成明显的牵引现象，使矿体的产状产生很大的变化；三是北西向横切断层，此组断层大体上与辉长岩体层状走向垂直，其共同特点是东西岩石一律向北推移，老的或下部岩石直接与新的或上部岩石接触。北东向走向逆层属于边缘断层，而北西向横断层及南北平段断层，它们都切割了北东向逆断层。

二、主要含矿层及矿体

（一）岩相分带

攀枝花辉长岩体的岩浆分异作用十分清晰，自上而下可分为五个岩带：

1. 顶部辉长岩带

为浅色层状辉长岩带，偶见铁、钛氧化物矿条。

2. 上部含矿层

位于岩体中部，以含铁辉长岩为主，夹稀疏浸染状矿石，本层富含磷灰石。

3. 下部辉长岩带

为暗色层状辉长岩，层状构造清晰，夹含铁辉长岩薄层及钒钛磁铁矿条，与底部含矿层过渡关系。

4. 底部含矿层

为主要赋矿层位，厚 60～500 m，夹有暗色辉长岩条带，自下而上暗色辉长岩增多，逐步过渡为暗色辉长岩带。

5. 边缘带

以暗色细粒辉长岩为主，具一定层状构造，其顶部有厚数米橄榄岩、橄辉岩层，最底部与大理石接触，常为角闪片岩，实为辉长岩内变质带。

（二）韵律特征

按攀枝花含矿岩体的硅酸盐矿物、铁、钛氧化物及岩石组合伴生组分的韵律性变化特点划分韵律层，其一级韵律层由岩体上部的辉长岩、中部暗色层状辉长岩、下部中粗粒暗色辉长岩夹橄辉岩和橄榄型矿层组成。在一级韵律层内，岩性变化具有旋回性的韵律式变化，将整个含矿辉长岩体（除底部边缘相外）自下而上划分为Ⅰ、Ⅱ、Ⅲ三个二级韵律层，从上到下部共分为八个矿层：第Ⅰ韵律层，即底部含矿层，包括Ⅶ、Ⅷ矿层；第Ⅱ韵律层，即中、下部层状辉长岩，包括Ⅲ、Ⅳ、Ⅴ、Ⅵ矿层；第Ⅲ韵律层，即上部浅色层状辉长岩，包括Ⅰ、Ⅱ矿层。

韵律层结构在矿物成分和含量上的韵律式变化，其一般规律是：从上到下斜长石成分基性程度逐渐增高，含量逐渐降低，橄榄石、辉石含量则逐渐增加，从而导致岩石基性程度逐渐升高的韵律式变化，并显示出多级性的特征。

攀枝花含矿岩体的一级韵律层由岩体上部的辉长岩、中部的暗色层状辉长岩及下部的中粗粒暗色辉长岩夹橄辉岩和橄榄型的矿层组成，厚 2000～3000 m。在该韵律层内，可明显地看到自上而下，铁镁硅酸盐矿物含量（辉石、橄榄石）逐渐增高，斜长石逐渐降低的韵律式变化。同时，在矿物成分上亦存在着韵律式变化，从上部到底部镁橄榄石含量增加。

第Ⅰ韵律层，厚仅数十米至百余米，上部为浅色辉长岩，下部为暗色辉长岩及粗粒辉长岩，夹橄榄岩及橄辉岩；第Ⅱ韵律层比第Ⅲ韵律层稍薄，主要为暗色层状辉长岩，顶部有厚 3 m 的斜长岩，上部夹橄榄辉长岩；第Ⅲ韵律层厚数百米至千余米，主要为浅色层状辉长岩，夹稀疏的暗色矿物条带，偶夹矿条。由此可见，组成岩体的两组韵律层的每个韵律层中，自上而下辉石和少量橄榄石相对含量（即以脉石矿物为 100％计算）均逐渐增高。

化学元素在矿体和韵律层中的分布是有规律的。Si、Al、Ca、Mg、Na、P 等元素在韵律层的上部富集，而 Fe、Ti、V、Co、Ni 元素等则在韵律层的下部富集。就整个岩体而言，从上到下含矿性递增，下部韵律层内常较上部韵律层含矿性好。在二级韵律层内，铁钛氧化物的富集部位都在第二级各韵律层的下部和底部富集形成攀枝花矿床主要矿层 Ⅷ、Ⅵ 矿层，因此韵律层的上部通常为岩石或贫矿，而下部的则常常为富矿聚集的部位。

（三）主要含矿层及矿石品位

整个辉长岩体中均可见矿化，但具矿床意义的主要有三个层位，即辉长岩下部的底部含矿层、辉长岩的中下部含矿层、粗粒暗色辉长岩中的透镜状（上部）矿层。其中最主要是下部含矿层，是攀枝花铁矿的主矿层，也是主要开采对象。

1. 下部含矿带

本层是攀枝花矿床的主体部分，位于暗色层状辉长岩的下部与边缘带之上；呈似层状，矿层与岩体层状构造一致，矿层稳定，规模很大，在整个辉长岩体下部都有其连续分布；可见露头长达 15 千米，在矿层倾斜延深亦较稳定。勘探证实延深 850 m 矿层厚度，质量均未多大变化。

底部含矿层最厚（朱家包包）可达 500 m，累计厚度为 230 m；公山矿段最薄达 70 m，累计厚度达 20 m。整个含矿层平均厚度为 210 m，平均累计厚度达 130 m，含矿率为 65％，平均品位 TFe 33.23％，TiO_2 11.63％，V_2O_5 0.30％。

底部含矿层自下而上可分七个矿体：

浸染状矿层（Ⅸ矿体）：产于岩体底部与边缘带之间的粗粒辉长岩内。但聚集在粗粒辉长岩上部，矿石品位厚度变化较大，呈透镜状矿体仅发育在朱家包包和兰家火山，其他矿段不发育或不存在。

底部致密块状矿层（Ⅷ矿体）：矿层以致密块状矿石为主，夹浸染状矿石，夹石很少，矿石品位高，兰家火山平均品位 TFe 43.09％，TiO_2 13.3％，V_2O_5 0.40％。整个矿层，一般沿走向从南西往北东逐渐变厚、变富。如兰家火山矿层厚达 40 m 而在公山厚仅 3 m。沿倾斜延深自西而东，由浅部向深部，致密块状矿层渐薄，而浸染状矿石变厚。

条带状矿层（Ⅶ矿体）：以暗色（中－粗粒）层状辉长岩为主，夹有若干条带状及薄层稠密浸染状矿石。代表从底部致密状矿层向上部浸染状矿层的过渡带，总厚达 60 m，含矿率约 30％。该矿层在金沙江以南矿段和兰家火山矿段因矿层过薄，均未划分；在尖包包最厚。

稠密浸染状矿层（Ⅵ矿体）：主要由稠密浸染状矿石组成，夹有部分稀疏浸染状矿层和薄层暗色层状辉长岩；矿体厚 6～60 m。其中朱家包包最厚，公山最薄。

稀疏浸染状矿层（Ⅴ矿体）：由稀疏浸染状矿石、星散浸染状矿石和层状辉长岩之互层。含矿层自北东向南西渐薄，朱家包包矿段最厚达 110 m，倒马坎仅为 20 m。但矿体本身较稳定。

　　星散浸染状低品位矿层(Ⅳ矿体)：主要由星散浸染状矿石及层状辉长岩之互层组成低品位矿石层，有时夹少许稠密浸染矿条。走向变化稍有起伏，朱家包包最厚达240 m，尖包包、倒马坎厚20～30 m，纳拉箐又加厚至60 m。在朱家包包矿段外矿层又可明显划分为四层：下部为厚层状辉长岩夹中厚层低品位矿石石，偶夹稠密浸染状矿条，厚约50 m；中部为一厚层的低品位矿石石，夹有薄层浸染状矿条及层状辉长岩，厚86 m；上部则主要为厚层状辉长岩，厚达88 m；顶部为一层8 m厚浸染状矿石。

　　表外条带状矿层(Ⅲ矿体)：为流状辉长岩，中间偶平少数几条稀疏浸染状小矿体。该矿层主要与星散浸染状矿层呈过渡关系。尖包包和倒马坎矿段较发育，厚2～3 m，最厚达7 m，其中尖包包矿段TFe平均品位22.04%，TiO_2 10.24%，V_2O_5 0.17%。

2. 上部含矿带

　　位于暗色层状辉长岩中部，分布稳定。长达15 km，呈层或似层状产出，平均厚度69 m，矿石累计平均厚度18 m。大部分为低品位矿石和稀疏浸染状矿石(贫矿)。倒马坎矿段平均品位：TFe 24.82%，TiO_2 7.20%，V_2O_5 0.08%。

　　该含矿带标准剖面见于倒马坎(自上而下)：上覆岩石为顶部层状辉长岩，上矿层(Ⅰ矿体)包括富辉石型稀疏浸染状矿层1.75 m、含疏浸染状矿条带辉长岩6.82 m、层状辉长岩30.00 m；下矿层(Ⅱ矿体)包括富辉石型稀疏浸染状矿层5.07 m、层状辉长岩2.10 m、含铁层状辉长岩(低品位矿石)5.75 m、富辉石型稀疏浸染状矿层7.5 m；下伏岩石为暗色层状辉长岩。

　　上部含矿层在朱家包包矿段合并为一层，并向北东方向尖灭；南西至公山矿段，其中下部层变厚达43 m。上部含矿层总的变化特点是：Ⅱ矿体均较Ⅰ矿体好，在同一含矿层中，下部的矿比上部矿好。

　　攀枝花钒钛磁铁矿中除含铁、钒、钛外，其他有用组分还有：镓、锰、钴、镍、铜、钪和铂族等元素。

(四)矿石结构构造特征

　　矿石结构主要有填隙结构、嵌晶结构至韵律层下部海绵陨铁结构；构造主要有稀疏浸染状或条带状构造，至下部为稠密浸染状、条带状直至块状构造。

　　致密块状构造矿石中金属矿物含量达75%以上，由钛磁铁矿、钛铁矿组成集合体的矿块，多见于Ⅵ、Ⅷ矿层，属于高品位矿石，靠近韵律底部或矿层底部分布；致密浸染状构造矿石中金属矿物含量75%～45%，形成海绵韵铁结构矿石，属中品位矿石，分布于韵律层中、下部；稀疏浸染状构造矿石中的金属矿物占45%～25%，属低品位矿石，多在韵律层中、上部分布；条带状构造矿石由具不同构造矿条或矿条与岩石交互成层，出现于矿体或韵律层中、上部。

　　矿石构造在空间变化的一般特点，即如前所述，岩体含矿性具韵律式变化。因此，在各韵律层内垂直走向上愈近底部矿石质量愈好，愈向上则相对地变差。矿石构造的空间变化规律亦大致与此情况相适应，即靠近韵律底部或含矿层底部以致密状构造为主，间或有致密浸染状构造，中部则变为致密浸染状构造或稀疏浸染状构造。上部则多以稀疏浸染状构造为主。

条带状构造为一种辅助的形式，间或出现于矿体或韵律层的中上部，特别是韵律层或矿层之上部。

（五）矿石特征

1. 矿物组合

矿床已知矿物有数十种，主要为铁、钛氧化物和各种硅酸盐矿物，按照矿物的共生组合及产出特点，可分为以下 5 种自然组合。①钒钛磁铁矿物组合，包括钛磁铁矿、钛铁晶石、钛铁矿、尖晶石；②硫化物矿物组合，包括磁黄铁矿、黄铜矿、黄铁矿、镍黄铁矿、毒砂、白铁矿、镍黄铁矿、紫硫镍矿、硫钴矿、硫镍钴矿、砷铂矿、硫锇钌矿、辉钼矿、方铅矿、闪锌矿等；③氧化带矿物组合，包括磁铁矿、赤铁矿、假象赤铁矿、褐铁矿；④主要造岩矿物，包括拉长石、辉石、橄榄石、异剥辉石、角闪石、磷灰石；⑤次生硅酸矿物组合，包括次闪石（透闪石）、绿泥石、蛇纹石等。

2. 主要矿物产出特征

在岩浆早期，钛磁铁矿为嵌晶包铁结构，具自形晶作为辉石矿物产出；在岩浆晚期结晶分异阶段，钛磁铁矿以粒状集合体与钛铁矿同时充填于硅酸盐矿物颗粒间，形成典型的海绵陨铁结构，此为攀枝花矿床的主要矿物；呈斑点状晶体，与橄榄石或少数辉石之蛇纹石化相关。

钛磁铁矿的主要产出形式：作为与磁铁矿呈固熔体分解结构而分布于钛磁铁矿（111）解理中的钛铁矿片晶，钛磁铁矿中包含细小的尖晶石以自形细小晶体不均匀分布和形体更小的片状尖晶石沿钛磁铁矿（100）面分布，沿钛磁铁矿（111）面和（100）面分布有微片晶状钛铁晶石。

钛铁矿与钛磁铁矿密切共生。其产出状态有下列两种情况：一是与钛磁铁矿呈完全不混熔的粒状连晶结构，此种产出的钛铁矿占钛铁矿总量的 95％；二是与钛磁铁矿呈固熔体分离的格状结构，分布于钛磁铁矿（111）解理面。

钛铁晶石以微片晶状分布于钛磁铁矿的（100）面中，片晶的厚度通常在 1 μm 以下，平均 0.4 μm，长数十微米，这是影响钛磁铁矿中 TiO_2 含量变化的主要矿物。钛铁晶石是攀枝花矿石中在含量上是占第二位的金属矿物，其含量一般为钛磁铁矿的 15％～30％，平均含量为 21.6％。

尖晶石作为细小的包裹体普遍存在于钛磁铁矿中，其含量约占钛磁铁矿体积的 6.4％，尖晶石产出状态有下述四种情况：一是呈自形晶不均匀散布于钛磁铁矿晶粒中，晶粒大小不等，常见为 0.04 mm±；二是呈细小板状或针楔出现于钛磁铁矿（100）解理面中，晶片厚一般为 0.007 mm；三是呈结状结构的粒状集合体产于钛磁铁矿晶粒的边缘，分布极不均匀；四是呈微小粒状散布于钛铁矿板晶中；以前两者为主。

磁黄铁矿占整个硫化矿物的 90％以上，其他硫化矿物如黄铜矿、黄铁矿和少量镍黄铁矿都与磁黄铁矿紧密共生。因此，磁黄铁矿产出形态，基本代表所有硫化物的状况。攀枝花矿石中硫化物是 Co、Ni、Cu 及 Se、Te 和铂族元素的主要赋存矿物之一。

磁黄铁矿分布极不均匀，通常呈星散浸染状出现于钛磁铁矿颗粒间，但在朱家包包底部含矿带的底部及矿化粗粒辉长岩（Ⅸ矿体）顶部往往发生富集现象。根据产出状态不同可将磁黄铁矿分为三个生成时代：一是岩浆早期阶段，其呈细小粒状被裹于辉石、斜长石或钛磁铁矿中，含量有限，分布不均匀；二是岩浆晚期阶段，其呈星散浸染状或粒状集合体的斑块状，分布于其他矿物集合体之间，并伴生有黄铜矿、黄铁矿少数镍黄铁矿，这是磁黄铁矿的主要赋存形式；三是岩浆期后的热液阶段，其呈细小的脉状贯穿所有岩浆期结晶矿物，有时交代钛磁铁矿，同时有较多量的绿泥石－蛇纹石与之伴生。

辉石与铁钛氧化物共生的密切性较斜长石为明显，并与钛铁氧化物一起组成暗色岩相和暗色条带，从整个岩体规模到各个韵律层内的含量变化，均以自上而下逐渐增高的韵律变化。辉石一般都早于铁钛氧化物晶出，因此都不同程度地受铁钛氧化物的熔蚀和交代并具有相应的结构。辉石中主要化学成分 CaO 19.10%～21.85%，MgO 13.01%～14.80%，$FeO+Fe_2O_3$ 5.61%～10.99%，TiO_2 1.12%～1.76%，应属于单斜辉石系列之含钛普通辉石，无斜方辉石。这是攀枝花含矿岩体的又一重要特征。

斜长石的产出特征与辉石相似，它是浅色岩相和浅色条带的主要脉石矿物。在含矿岩体和韵律层内的含量变化与辉石相反。从成分上，其 An 值 41～67，主要属中－拉长石，其变化特点，自上而下斜长石的基性程度增高的变化趋势，具环带构造特点。

磷灰石分布不普遍，数量亦稀少，但于上部含矿带中却有较多的磷灰石富集，含量可达 5%～10%，故划为"富磷灰石层"。该层之上即未再出现有价值的含矿层，因此"富磷灰石层"可作为含矿岩体主要矿带与非矿带划分的标志层。

橄榄石为分布极不均匀的脉石矿物，其平均含量达 5%±。但在岩体底部和韵律层底部则出现橄辉岩，在橄榄岩型透镜状矿体中高度富集，橄榄石成分均属贵橄榄石。

棕色角闪石作为辉石的反应边产出，非常普遍。在辉石的边缘，特别是在铁钛氧化物与之接触的地方总是无例外地可以见到棕色角闪石的"镶边"。

（六）有用组分的分配规律及其赋存状态

攀枝花钒钛磁铁矿石中有用组分计有铁、钛、钒、镓、锰、钴、镍、铜、钪和铂族元素等。虽其种类繁多，但其主要矿物组成却并不复杂，它们几乎都富集在钛磁铁矿（铁精矿）、钛铁矿（钛精矿）、硫化物（硫精矿）三种矿物或精矿中。故利用人工重砂法将矿石分选成三种精矿和脉石矿物共四个部分，对矿石中有用组分进行配分，便可确定各种组分在这四部分矿物中的分配关系和变化规律，并考察它们的赋存状态。

1. 铁的分配规律

钛磁铁矿的 TFe 的分配率均随矿石品级的增高而增高。其分配率：Fe_1[①] 89.94%～94.37%，Fe_2 77.24%～91.74%，Fe_3 46.65%～82.46%，Fe_4 29.90%～73.21%。钛铁矿和脉石矿物中的 TFe 分配规律与钛磁铁矿相反，即随矿石品级增高而降低；钛铁矿的 TFe 分配率 Fe_1 0.46%～5.65%，Fe_2 3.48%～12.92%，Fe_3 7.68%～19.86%，Fe_4 4.31%～47.44%；脉石矿物中 TFe 的分配率均随矿石品级的增高而增高：Fe_1 0.91%～3.98%，Fe_2 2.26%～13.50%，Fe_3 5.96%～17.92%，Fe_4 9.06%～24.87%。硫化物中 TFe 分配率均小于 15%，亦大致随矿石品级增高而降低的变化趋势，但变化幅度较小。

---

① Fe_1：1 级铁矿；Fe_2：2 级铁矿；Fe_3：3 级铁矿；Fe_4：4 级铁矿。

2. 钛的分配规律

矿石中的 TiO_2 无疑是集中在钛磁铁矿和钛铁矿中，其分配率达 $90\%\sim99\%$。钛磁铁矿 TiO_2 分配率：Fe_1 $71.12\%\sim79.60\%$，Fe_2 $48.52\%\sim77.78\%$，Fe_3 $14.64\%\sim57.07\%$，Fe_4 $8.89\%\sim26.5\%$，其分配规律大致是随矿石品级增高而增高。钛铁矿的 TiO_2 分配率：Fe_1 $19.46\%\sim28.38\%$，Fe_2 $19.28\%\sim48.45\%$，Fe_3 $38.73\%\sim74.32\%$，Fe_4 $47.02\%\sim88.33\%$，其分配规律大致是随矿石品级增高而降低；分配在脉石矿物中的 TiO_2 为 $0.56\%\sim12.98\%$，其分配规律与钛铁矿相同。由于钛铁晶石和钛铁矿的含量变化是随矿石品级增高而增高，而造成钛磁铁矿 TiO_2 亦随矿石品级增高而增高。

此外，关于钛磁铁矿中 TiO_2 的赋存状态，主要取决于钛磁铁矿中含钛出熔矿物钛铁晶石和钛铁矿的含量变化。根据对钛磁矿中磁铁矿、尖晶石、钛铁晶石和钛铁矿组分的计算结果：攀矿的钛磁铁中磁铁矿+尖晶石组分为 $58.8\%\sim77.4\%$，平均为 67.8%；钛铁晶石为 $0\%\sim39.5\%$，平均值 7.5%；钛铁矿为钛铁矿为 $2.73\%\sim90.5\%$，平均值为 20%。

3. 钒的分配规律

矿石中的 V_2O_5 分配情况与 TFe 完全相似，即分配在钛磁铁矿中的 V_2O_5 与矿石品级同增减，但较 TFe 来讲变化幅度较小，说明 V_2O_5 与钛磁铁矿极为密切。钛磁铁矿的 V_2O_5 分配率：$Fe_1>98\%$，$Fe_2>95\%$，Fe_3 $92\%\sim95\%$，$Fe_4<90\%$。

钛铁矿中 V_2O_5 的分配率一般小于 5%，脉石矿物为 $5\%\sim10\%$。其变化随矿石品级反消长。

4. 钴、镍、铜的分配规律

除以硫化物形式存在外，尚有相当数量分布在钛磁铁矿和脉石矿物中，并且还有少量混入到钛铁矿中。钛磁铁矿中钴、镍、铜的分配率，在低品级矿石（Fe_{3+4}）中平均为 $20\%\pm$，高品位矿石中（Fe_{2+1}）平均为 $35\%\pm$。这部分钴、镍、铜除呈类质同象存在外，尚有被包于钛磁铁矿中之极细微的含 Co、Ni、Cu 的硫化物矿物所置。据矿相观察钛磁铁矿中极细微硫化物含量是随矿石品级增高而增高的。同样，脉石矿中 Co、Ni、Cu 的赋存状态同钛磁铁矿相似，平均分配率为 $12\%\pm$。

根据兰家火山、尖包包矿段的平衡计算结果表明，硫化物相 Co、Ni、Cu 的平均分配率随矿石品级增高而降低的趋势十分明显，而且高中品位矿石与低品位矿石之间的区别亦比较截然，这可能因矿石自然类型之差异所致。平均分配率的变化如下所示：Cu：Fe_1 23%，Fe_2 26%，Fe_3 73%，Fe_4 76%；Ni：Fe_1 13%，Fe_2 43%，Fe_3 71%，Fe_4 91%；Co：Fe_1 21%，Fe_2 47%，Fe_3 55%，Fe_4 73%。

5. 硒、碲和铂族族元素的分配规律

硒、碲和铂族族元素的分配规律的研究工作做得很少，根据部分样品分析，硫化物中含 Se 一般为 $0.005\%\sim0.008\%$，Te 为 $0.0001\%\sim0.0002\%$。从它们的地球化学特点考虑，认为 Se、Te 呈类质同象存在于硫化物中。攀矿中的铂族元素分布取决于 Cu、Ni 硫化物的富集趋势。根据硫化物精矿铂族元素分析结果，其含量较红格式铁矿床的低，可能与含矿岩体类型有关。

三、岩石化学特征

攀枝花钒钛磁铁矿基性岩化学成分见表3-2,说明铁矿成矿物质主要来源于地幔的铁镁质岩浆(幔源),在华力西期的陆块内构造岩浆活化阶段拉张作用形成的内陆裂隙型铁镁质岩浆,沿攀西裂谷侵入形成基性—超基性火山-侵入岩系列。

从表3-2可见:在辉长岩类岩石中,与全国均值比较,SiO_2、Al_2O_3、Fe_2O_3、FeO、MnO、MgO、CaO、Na_2O、K_2O的含量基本相当,只有Fe_2O_3、Na_2O稍高于全国均值;P_2O_5、TiO_2高出全国均值近3倍,H_2O^+低于全国均值的二分之一。与世界均值比较,SiO_2、Al_2O_3、FeO、MnO、MgO、CaO、Na_2O、K_2O、H_2O^+的含量基本相当,只有FeO、K_2O、Na_2O稍高于世界均值;SiO_2、MgO稍低于世界均值;TiO_2、P_2O_5高世界均值4倍多,Fe_2O_3高出世界均值2倍多。

在橄榄岩中,与全国均值比较,SiO_2、Al_2O_3、MgO、CaO的含量基本相当,其中MgO高于全国均值,SiO_2、Al_2O_3、CaO低于全国均值;Fe_2O_3高出全国均值近3倍。与世界均值比较,SiO_2、Al_2O_3、FeO、MgO、CaO的含量基本相当,其中Al_2O_3稍高于世界均值;SiO_2、FeO、MgO、CaO均低于世界均值;Fe_2O_3高于世界均值近5倍、K_2O低于世界均值的六分之一、TiO_2低于世界均值的三分之一、Na_2O低于世界均值的二分之一。

总体而言:攀枝花含矿岩体岩石及矿石中Fe_2O_3、FeO、TiO_2、V_2O_5、Co、MgO含量在岩体中从上到下呈递增的趋势;Fe_2O_3、FeO、TiO_2、V_2O_5含量在第Ⅱ韵律层中均自上而下逐渐递增;进入第Ⅰ韵律层先是迅速降低,然后又向下递增。Co含量也有类似变化;MgO变化比较明显,其含量在第Ⅱ韵律层上部为2.9%,向下递增至6.8%;进入第Ⅰ韵律层上部先迅速降至1.7%,然后向下递增至4.5%~5.8%。SiO_2、Al_2O_3、CaO、Na_2O、P_2O_5等则存在着相反的变化趋势。岩体中岩石及矿石中化学成分的变化都有这样的规律:在同一韵律层中,各种化学成分含量的变化一般是逐渐递变;当一韵律层更换另一韵律层时,常为变化趋势相反的突变,从而使岩体中各种化学成分显示出韵律式的变化规律。

根据里特曼岩浆岩碱度及类型划分表,应用里特曼指数(σ)来确定岩石的碱性程度和岩系类型,$\sigma = (K_2O + Na_2O)^2 / (SiO_2 - 43)$(式中氧化物为质量百分数)。攀枝花矿区的岩浆岩的里特曼指数σ值为35.74,属碱性岩系,钠质(大西洋型)基性—超基性侵入岩,为极强岩系类型。

四、物化探异常特征

(一)物探特征

1. 区域地球物理特征

攀枝花-西昌地区Ⅰ级构造单元属扬子陆块,由西向东包括盐源-丽江前陆逆冲-推覆带和攀西陆内裂谷带两个Ⅱ级构造单元;结合区域地质构造资料,本区地层、岩浆岩和

表 3-2　攀枝花钒钛磁铁矿基性岩化学成分

岩石名称	氧化物质量/%																
	SiO_2	TiO_2	Al_2O_3	Fe_2O_3	FeO	MnO	MgO	CaO	Na_2O	K_2O	H_2O^+	P_2O_5	Cr_2O_3	NiO	V_2O_5	SO_3	灼减
辉长岩	37.2	8	11.61	10.02	9.4	0.16	6.3	9.48	2.15	0.24	1.31	0.02		0.16	0.16		
	43.81	4.8	18.4	7.24	6.68	0.12	4.48	8	4.15	0.48	0.92	0.13		0.17	0.016		1.62
	43.55	5.44	13.52	9.68	8.46	0.26	5.59	8.98	4.05	0.44	0.67	2.4			0.08		2.91
	41.02	6	14.27	17.76	25.35	0.26	6.12	8.03	3.2	0.24	0.94	1.81	0.01		0.09	0.52	0.57
	43.26	5.64	13.94	3.21	9.34	0.2	6.27	13.33	2.65	2.65	1	0.09	0.01		0.04	0.32	
浅色辉长岩	46.34	2.5	18.11	2.81	5.56	0.16	3.22	10.05	4.55	4.55	2.16	1.23	0.01		0.06	0.57	
暗色辉长岩	40.82	4.73	13.44	4.04	14.4	0.56	4.49	10	3.6	3.6	0.52	2.4	0.01		0.04		
斜长辉长岩	42.85	4.24	19.66	6.64	4.66	0.16	5.48	10.51	3.75	0.24	0.76	1.4			0.04		
	53.76	1.84	16.69	4.8	3.98	0.06	2.06	6.11	5.81	0.41	0.61	0.5			0.12		
角闪辉长岩	43.72	4.72	12.83	6.62	8.75	0.18	7.24	10.1	2.5	0.5	1.17				0.07	0.54	
橄榄辉长岩	43.81	0.12	15.7	7.22	7.72		6.6	11.2	2.75	0.5	0.74	0.23	0.02				
平均值	43.65	4.37	15.29	7.28	9.48	0.19	5.26	9.62	3.56	1.26	0.98	1.02					
中国辉长岩均值	47.62	1.67	14.52	4.09	9.37	0.22	6.47	8.75	2.97	1.18	2.02	0.46					
世界辉长岩均值	50.14	1.12	15.48	3.01	7.62	0.12	7.59	9.58	2.39	0.93	0.75	0.24					
橄榄岩	33.88	0.22	4.97	14.72	4.73		29.5	4.2	0.2	0.05							
中国橄榄岩均值	40.3	1.15	6.21	5.76	8.64	0.2	25.5	6.06	0.69	0.34	4.97	0.07					
世界橄榄岩均值	42.26	0.63	4.23	3.61	6.58	0.41	31.2	5.05	0.49	0.34	3.91	0.1					
角闪片岩	41.4	3.5	7.55	3.67	9.07	0.17	13.5	11.86	1.86	1.03	3.62	0.31	0.26		0.01		4.03

铁矿区为主的矿(岩)石地球物理特征综述如下。

(1)沉积岩和褶皱基底地球物理特征

盖层中除震旦系苏雄组和前震旦系河口群、大田组,及二叠系峨眉山玄武岩和乐平组的磁性较高外,其余的都为弱磁性。

地层剩磁偏角 φ 大部分为北东或北西、近南北向;元古代地层的剩磁倾角 θ,除开建桥组和苏雄组为负外,其余为正;古生代地层除泥盆系、上二叠统乐平组为正外,包括峨眉山玄武岩 θ 都为负;中生代地层有正有负,三叠系中下统、中侏罗牛滚凼组、白垩系为正,其余地层为负;新生代地层则全为正。上述剩磁方向因未经退磁虽不能进行古地磁极的计算,但可定性地看到古地磁极的反向期。

从震旦纪直到古生代末,地层密度都比较稳定,自中生代开始直到第四纪,地层密度值有逐渐降低的趋势。地层密度随岩性而变化。在同一岩性中,一般是新地层到老地层密度值逐渐增加,比如砂岩中的 1.93 和页岩中的 1.78 都是古近系和新近系的砂、页岩密度值,同时,一般说来变质岩的密度也稍大一些,只是变质砂岩的密度值偏低,这是因为所采标本为风化壳中较疏松的团块所致。

褶皱基底有河口群、盐边群、会理群、登相营群,这四群中各有一层高磁性层,依次为蛇绿岩套、河口群、朝王坪组和则姑组。攀西陆内裂谷带可划出三个高磁性层,即河口群、苏雄组、峨眉山玄武岩,另外作为陆壳的结晶基底也是高磁性层。

(2)岩浆岩磁性密度特征

各类岩浆岩密度随岩性的变化而变化,除酸性岩和碱性岩的密度值相同外,其余几种岩性的密度随着岩石基性程度的增加而增加。

超基性岩经蛇纹石化之后,岩石密度较原岩变小而磁性变化不大或略有增加,如会理下村蛇纹岩的密度明显低于一般超基性岩。这是由于辉石在蛇纹石化的过程中可能生成一些磁铁矿,蛇纹石的生成使岩石密度变小,而生成的磁铁矿则使岩石磁性增加。岩浆岩的磁性随岩性变化,基性超基性岩类的磁性一般都高于酸性岩类。

形成时代不同的同种岩性,其岩体的磁性也不同。沿安宁河两岸的花岗岩有晋宁期的和印支(燕山)期的,后者的磁性都较前者强一个级次;基性岩有晋宁期和华力西期的,它们的磁性差异就更大了。因为岩石磁性的强弱与岩石中的铁质含量是呈显著正相关关系,因而磁性的差异反映了成岩的岩浆不同的铁质含量,即晋宁期成岩的岩浆的铁质含量低于华力西期—印支(燕山)期成岩的岩浆的铁质含量,由此可以推论成后者岩浆源深于前者。

不同构造单元中峨眉山玄武岩的磁性和密度都不同。攀西裂谷研究成果认为玄武岩由西到东可分为三个带:西带—盐源丽江、中带—康滇陆内裂谷带、东带—凉山昆明。西带和中带两个不同的构造单元上,峨眉山玄武岩的物理性质是不相同的,西带的岩石密度较大而磁性较低,中带的岩石磁性较强而密度较小,形成这种差异的原因是与岩石的物质组分和成岩的固结程度有关。总体上看:由西向东岩石中铁含量增加,所以中带上的玄武岩磁性高于西带的磁性,但由西到东固结指数是逐渐降低的,所以中带玄武岩的密度便低于西带上玄武岩的密度。

岩石磁性和密度的分布与构造有一定的关系。裂谷带上岩石磁性从北到南有增强的趋势，特别是在攀枝花附近是整个带上磁性最强的。另外，在断裂构造线的交叉处或两条断裂之间（冕宁附近以及攀枝花昔格达断裂之间）的狭长带上，岩石密度都高一些，表明岩石的磁性密度除受岩性控制外，还受构造控制，由于这些深大断裂使幔源物质沿断裂上涌成岩或上涌改造了原来的岩石，这样生成的或被改造了的岩石便存在着幔源物质成分，因而导致岩石磁性和密度都较高。

（3）攀西裂谷带主要铁矿区矿（岩）石磁性特征

矿（岩）石磁性由强变弱总体趋势：钒钛磁铁矿、磁铁矿具强磁性，玄武岩、基性超基性岩次之，再次是变质岩、中性岩，最低磁性是酸性岩；同一种矿石、岩石，在不同构造地段，因磁性矿物含量变化较大，导致磁性变化也较大。钒钛磁铁矿、磁铁矿与玄武岩、基性超基性岩磁参数相比，数量级相差 10 倍以上，为区分矿致与非矿致异常提供了物性依据。但是，由于铁矿体与相共（伴）生的基性超基性岩体规模相比相差较大，因此，就需要将矿致异常从磁性岩体产生的较大磁异常中分离出来。

（4）磁性矿致异常特征

包括攀枝花、红格、白马、太和四大矿床矿致异常在内的 15 处航磁矿致异常的共同特征是：异常范围大、强度大、梯度大、形态规则，一侧或周围伴生负异常；异常主要由基性岩体引起，矿致异常叠加在岩体异常之上。钒钛磁铁矿往往与区域地质构造和深大断裂密切相关，由南至北有两条异常带：一条位于东西两侧南北走向的安宁河和磨盘山深大断裂带中间地段并与之平行分布，总体走向为南北向；另一条位于北北东向攀枝花大断裂带东侧。此两条异常带和之间的区域是基性超基性岩体出露的主要区域，钒钛磁铁矿则产出于其中。

地磁矿致异常强度一般均为 $2000\sim10000$ nT，叠加在基性岩高背景磁场之上，梯度大、变化大；而岩体的地磁异常强度仅为矿体异常的 $1/3\sim1/2$ 强度，矿致异常可以从叠加的综合异常中分离出来。

2. 矿区物探异常特征

（1）重力异常特征

攀枝花矿区重力异常以攀枝花市为中心，出现一个北北西向椭圆形剩余重力正异常区，以 5×10^{-5} m/s² 等值线圈闭异常，长 8 km、宽 5 km，异常极大值为 6×10^{-5} m/s²。正异常区北部显示为东西向负异常带。剩余重力异常由基性岩、含矿基性岩、深变质杂岩和中性岩综合引起。北东走向的钒钛磁铁矿带与剩余重力正异常走向不一致，且矿带南东段分布在正异常中，北东段却分布于负异常中。

（2）磁法异常特征

攀枝花矿区航磁、地磁异常走向均为北东向，吻合较好，磁异常强度大，范围大。地磁剖面正异常曲线南东陡、北西缓，近于对称特征，矿体倾向北西 $40°\sim50°$，沿倾向延深 $700\sim1000$ m，矿层相对稳定。

实测 ΔZ 异常图显示出两条北东走向的伴生有负异常的正异常带：东边一条正异常带强度大、连续性好，并有多个局部高值异常带，经勘探工作证实为钒钛磁铁矿区的矿体和基性岩综合引起；西边一条正异常带虽然连续性较好、但强度较小，未出现局部高值异常区，经勘查证实主要为基性岩引起。

地磁异常上延后与航磁异常特征基本对应。且东边异常带上延后强度大于西边异常带，表明矿异常特征明显，矿体向下有较大延深。从正负异常带对应特征(南东侧出现负异常)推断矿体倾向北东。

(3)矿异常和非矿异常特征

已知钒钛磁铁矿磁异常强度大，范围大，梯度变化大，形态较为规则，呈现三度和二度磁场特征，正异常北侧和周围伴生有明显负异常。由于异常由矿体和磁性岩体引起并共生，故航磁异常显示为以岩体为主范围较大的综合性磁场，但地磁异常显示为由岩体引起的高磁背景磁场和由矿体引起的局部更高磁异常相叠加的综合性异常特征。

从矿区岩(矿)石磁性特征可见，除钒钛磁铁矿具强磁性外，基性和超基性岩具较强磁性，是矿区的主要非矿异常。与矿异常相比，非矿异常的主要特征是：异常强度相对较小，变化较大，异常连续性较差，主要是由区内的基性和超基性岩所致。

(4)航磁与地磁异常的关系

为了解航磁与地磁异常的对应关系，经攀枝花和白马两个矿床的地磁异常进行向上拓展试验，上延高度与航磁飞行高度基本一致。结果表明：地磁异常上延后，其异常形态和强度基本一致，说明引起航磁异常的地质成因与地磁异常是一致的，与地面出露的岩体(矿体)位置对应较好。

航磁、地磁异常强度大，梯度大、形态规则，一侧或周围伴生负异常是钒钛磁铁矿典型磁异常特征。与铁矿共生的岩体地磁异常强度仅为矿异常强度的 $1/3 \sim 1/2$，可以从叠加的综合异常中分离出来。

(二)化探特征

1. 区域地球化学特征

根据 1：20 万水系沉积物测量资料，攀西裂谷带区域和矿床区地球化学特征有所不同。

攀西攀枝花、白马、红格、太和四大矿区同处攀枝花地球化学分区内，该区内化探异常呈南北向展布，共有综合异常 36 个，其中 45 号、46 号异常分别为攀枝花钒钛磁铁矿和红格钒钛磁铁矿的位置，30 号、31 号异常为白马铁矿床。综合异常图中的异常外带与已知矿床的含矿体展布较一致，中带和内带区域多为基性、超基性岩体、岩脉，或地层。由此推断，在本区寻找铁矿资源，应在有化探综合异常外带、地质背景有益的区域。

2. 矿区地球化学特征

攀枝花矿床出现有 Au、Ag、Sb、Pb、Nb、Ca、Bi、Zr、Zn 等元素的低缓小异常，Sr、Na 的低缓成片异常，P、Hg 为高强度异常。其中 P 异常的展布与攀枝花矿田的展布基本一致，Hg 异常分布在矿田的南部。铁异常出现在含矿岩体——攀枝花辉长岩体北东部，为低缓异常，Fe_2O_3 含量为 $9.7 \sim 12\%$，岩体处含量低于 7.6%。钛异常较为明显，具有 3 个二级浓度分带，异常展布与攀枝花辉长岩体基本一致，异常略向北东偏移，异常区钛含量 $10000 \sim 15000$ μg/g，异常面积 40 km²。Fe、V、Ti、Co、Ni、Cr 等元素有局部异常显现。

五、矿床成因及成矿模式

攀枝花钒钛磁铁矿，成岩成矿基本同步进行，由于幔源岩浆脉式贯入，形成多旋回的岩浆堆积产生分异成矿。含矿辉长岩、玄武岩和碱性岩是同期岩浆活动的产物，共同形成"三位一体"的岩石组合，此岩石组合是成矿的标志。其成矿模式见图3-3。

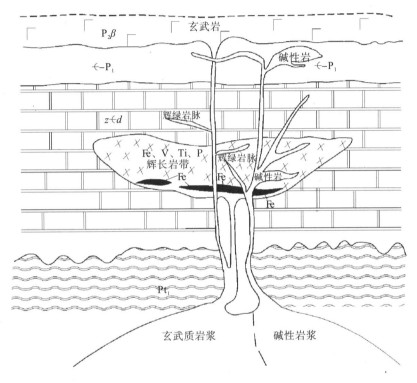

图3-3　攀枝花式钒钛磁铁矿成矿模式图(据四川省铁矿潜力评价成果报告，2010)

由于攀枝花地处地幔隆起地区(莫氏面隆起1~2 km)，为北东向攀枝花断裂与北西向惠民—务本—通安断裂带的交汇地带；攀枝花断裂据重力异常资料推断其为深部断裂，其成为上地幔岩浆上涌通道。攀枝花式岩浆型钒钛磁铁矿的成矿成因主要是在华力西期，来自地幔的玄武(铁镁)质岩浆(幔源)沿攀枝花深大断裂向上运动，当上侵到震旦系到寒武系地层中时，受到碳酸盐岩的混染，岩浆发生分异作用，于岩体的底部形成钒钛磁铁矿富集成矿；当岩浆喷出地表时，其中的铁质已来不及分异富集，形成的玄武岩中磁铁矿呈浸染状分布于火山岩中，稍晚有碱性岩脉侵入。

第三节　红格式铁矿床成矿模式

红格式岩浆型钒钛磁铁矿主要分布于四川省西南部盐边县红格、会理新街一带，含矿岩体主要为加里东晚期至华力西期的基性—超基性侵入岩体。1956年，由三〇二物探队首次发现磁铁矿露头。先后经五三一队、一〇六队等地勘单位的系列工作，一〇六队经1966年到1976年10年的勘查工作，查明红格铁矿为超大型钒钛磁铁矿，为攀枝花钢铁工业基地提供了资源保证，为国民经济建设做出的又一重大贡献。

一、矿区地质特征

（一）概况

红格钒钛磁铁矿床位于四川省米易县红格。钒钛磁铁矿床赋存于加里东晚期至华里西期形成的红格基性—超基性岩体（下称红格岩体）的中、下部，属晚期岩浆矿床。含矿岩体规模较大，矿体呈似层状，层位稳定，矿层厚，质量好，是攀西钒钛磁铁矿的主要开采对象之一。矿区地质图见图3-4。

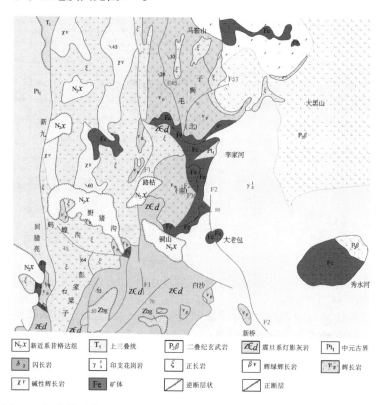

图3-4　红格铁矿床矿区地质略图（根据四川省矿产资源潜力评价资料修改）

红格岩体北起米易县潘家田，南至盐边县中干沟，西起盐边县新九—猛新一带，东至凉山彝族自治州会理县小黑箐乡白草及矮郎河乡秀水沟一带，长约16 km、宽5～10 km，面积约100平方千米。在红格矿区及外围已查明有大型矿床4处（红格、安宁村、白草、中干沟），中型矿床4处（马鞍山、中梁子、弯子田、秀水河）。红格矿区的工作程度为勘探，其余矿区为初勘、详查、普查。

(二)地层

矿区内地层不太发育,出露地层主要为元古界会理群,震旦系上统灯影组、上二叠统峨眉山玄武岩、三叠侏罗系白果湾组、新近系昔格达组和第四系地层,第四系残坡积和冲洪积物零星出露。在北部和北西部出露的早元古界的变质岩系,主要为变质火山岩、绿片岩、混合岩等;在南部铜山、中干沟一带出露震旦系上统灯影组白云质结晶灰岩;在东侧出露上二叠统峨眉山玄武岩,为一套玄武岩、辉绿辉长岩;在西侧北部出露三叠侏罗系白果湾组砂岩、砾岩、页岩;在南部路枯、弯子田一带出露有新近系昔格达组黏土砂岩、页岩。

(三)岩浆岩

矿区内岩浆岩特别发育,有华力西期红格岩体,上二叠统峨眉山玄武岩,华力西晚期碱性正长岩、印支期花岗岩及岩脉。

1. 红格岩体

含矿岩体为一走向北北东或近南北向的单斜层状侵入体,除局部受构造、岩浆活动破坏外,总体倾向西或北西,倾角较缓(10°~20°)。岩体在南东部岩相保存较全,岩相齐全、厚大及含矿层较多。底板各地不完全一样,在南部红格、弯子田、中干沟矿区为震旦系上统灯影组白云质灰岩,普遍具角岩化、蛇纹石化、透闪石化,局部见有石榴子石化,厚度大于 400 m;在北部安宁村矿区为前震旦系会理群变质岩系,主要为白云质大理岩、绿片岩等。底板不平整,总的趋势由西向东、由南向北埋深加大,随着底板的起伏,成岩成矿也有一定影响,底板相应下陷地段,岩相发育完整且厚度大,矿体(层)厚大且矿层多;底板相应抬高地段,岩相发育不完全且厚度较小,矿体(层)厚度相应变小。岩体底板起伏也影响到局部岩(矿)层产状,因此曾经认为岩体是一些岩盆,不是一个南北延长 16 km 的单斜层状侵入体。据《全国成岩成矿年代谱系》(王登红,2014)记载:红格基性—超基性岩体的 Sm-Nd 年龄值为 197±60 Ma,属华力西晚期。

北西部安宁村矿区的潘家田矿段已揭露到岩体底板,揭露情况是只有辉长岩和辉石岩为含矿层,岩相较薄。白草矿区揭露的是辉长岩和辉石岩相带的一部分,其"底板"为上二叠统峨眉山玄武岩,因在其北东侧见有大片中粗辉石岩,类似于红格矿区橄辉岩相带的部分岩相,说明下部岩相被玄武岩吞蚀。红格、弯子田、中干沟三个矿区,因未被后期玄武岩、花岗岩破坏或破坏作用不强,保存了辉长岩、辉石岩、橄辉岩相带,仅部分地段岩浆房底板抬高,岩相变薄,矿体变小变薄。

岩体顶板大都被剥蚀,仅在蚂蟥沟东侧山头局部见到辉长岩之上覆盖着震旦系灯影组白云质结晶灰岩,灰岩层面与辉长岩层面基本平行。白草矿区南部的马屎坡、大村一带见有部分橄辉岩相带的残留顶盖,面积可达数千平方米甚至上万平方米。红格矿区东部(中间被玄武岩隔开)秀水河矿区仅见少许辉长岩相带,主要为辉石岩相带及部分橄辉岩相带,为印支期花岗岩残留顶盖。

分布于红格岩体西侧部分辉长岩矿化不好,经地质研究及已施工 8 个(其中猛粮坝 2 孔、黑谷田 5 孔、小米地 1 孔)钻孔,孔深 483.34~746.85 m,均未见矿(其中黑谷田 1

孔全孔取样化验结果 TFe 为 7.67%~12.42%，未达工业品位）。对这个地带出露的辉长岩，张光弟（1980 年）研究结果提出，其晚于红格含矿岩体形成。

近期开展的铁矿整装勘查，在红格矿区西部施工少量深孔，大部分钻孔中见到工业矿体，其中个别钻孔中见矿较厚大，且矿石质量较好，矿体埋深较大且受后期岩浆活动破坏严重。

2. 玄武岩

在红格岩体东侧大里山、大村、白草、板房箐等一带有大片上二叠统峨眉山玄武岩，呈南北带状分布，具喷发相和次火山相，主要为沿裂隙喷出的溢洪玄武岩。在龙舟山地区出露厚度最大达 2732 m，由喷出的中心部位向四周逐渐变薄。由七个喷发旋回组成，各旋回底部大都有中酸性火山岩和凝灰岩夹层。玄武岩呈整合关系覆于早二叠世茅口灰岩之上，唯在米易雷打石见到覆于早二叠世梁山煤系地层之上。玄武岩与其上三叠侏罗系的白果湾组多为假整合接触。红格矿区东侧出露玄武岩中、下段，下段以块状玄武岩为主，中段为致密状玄武岩与菊花状玄武岩互层。

在玄武岩西侧地表出露一套次火山相—超浅成相的辉绿辉长岩－辉长辉绿岩－脉状辉长细晶岩，辉绿辉长岩向东与玄武岩为渐变关系，向西侧侵入含矿岩层及矿层，对矿体产生强烈破坏。

3. 碱性正长岩

红格岩体西侧猛粮坝、黑谷田、马家村、小米地一带，出露规模较大的碱性正长岩墙和侵入红格岩体中的碱性正长岩脉。岩墙南北长约 16 km，宽 2~3 km，与红格基性—超基性岩体平行展布。在距碱性正长岩体（墙）0.5~2 km 范围内，有大量的碱性岩脉穿插于红格岩体中，集中分布在岩体上部辉长岩相带中，对红格岩体、矿层有较大的破坏作用。其中部分岩脉具铌钽矿化，在红格、白草矿区矿化较好，其中红格矿区一条岩脉经勘查达中型规模的铌钽矿床；具矿化的岩脉主要为花岗伟晶岩脉、正长伟晶岩脉、钠长岩脉等。

碱性岩形成时代问题：有人认为是华力西末期，也有人认为印支期。认为是华里西末期形成者指出：正长岩墙在红格体岩体东南侧被印支期矮郎河花岗岩吞蚀；认为是印支期形成者提示：矮郎河花岗岩与碱性岩脉为过渡关系。根据碱性岩不仅侵位于红格岩体中，也侵位于玄武岩中，其形成时代应晚于玄武岩形成时间，又据《全国成岩成矿年代谱系》记载：红格碱性岩的黑云母 K-Ar 法年龄值为 251 Ma；路枯碱性正长岩的黑云母 K-Ar 法年龄值为 263 Ma、碱性花岗岩的黑云母 K-Ar 法年龄值为 235 Ma，应属华力西晚期。

4. 花岗岩

红格岩体东侧及南东侧马松林、白沙坡一带出露有大片花岗岩，对红格岩体及矿层有一定的破坏作用。该花岗岩体为矮郎河花岗岩，规模大，属印支期形成。

5. 岩脉

红格岩体内还有规模较小的辉绿岩、辉绿辉长岩、辉绿玢岩、辉长伟晶岩等岩脉。部分被碱性正长岩脉穿插，亦有极少数（主要为辉绿岩）穿插于碱性正长岩体及碱性正长岩脉中。玄武岩、辉绿辉长岩与含矿体之间的接触关系见图 3-5。

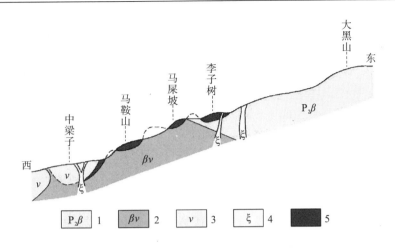

图 3-5　红格矿区玄武岩、辉绿辉长岩与含矿岩体接触关系草图

1. 玄武岩；2. 辉绿辉长岩；3. 辉长岩；4. 碱性正长岩；5. 钒钛磁铁矿

(四)构造

区域上，晋宁运动发生初期，安宁河断裂造成东侧会理群与西侧盐边群很大差异；第二期在奥陶纪之后，东侧和西侧的深大断裂形成；第三期在二叠纪中期，在断裂带内形成一系列平行断裂，如龙舟山断裂和金河、箐河断裂等的发生；第四期为新生代中期，各方向断裂全面发生和扭动。元古代和古生代的断裂以张性为主，是大量岩浆注入的通道；中生代和新生代的断裂以压性为主，本区断裂一般是逆断层就是这个原因。安宁河断裂形成后，经历多期的岩浆活动，加之中新生代沉积物掩盖，早已面目全非。

红格岩体位于昔格达深断裂与安宁河深断裂所挟持的部分康滇轴部基底断隆带南段，岩体走向南北，与断裂一致。按与矿体形成先后时间分为成岩成矿前构造和成岩成矿后构造。

1. 成矿前构造

成矿前的构造为安宁河断裂。安宁河断裂北起石棉，南沿安宁河、雅砻江，越过金沙江与绿汁江断裂相连，延长约 300 km。主干断裂隐伏于数千米宽的安宁河河谷，据物探资料推断分析，主干断裂有两条，东部一条倾向东，西部一条倾向西。与南北向主干断裂相伴的有北西向、北东向压扭性断裂，东西向张性断裂。

从区域构造判断，红格岩体岩浆通道应是东侧安宁河断裂。在红格岩体西部，三叠系覆于前震旦系变质岩系之上，未见红格岩体的岩层及二叠纪玄武岩；大量资料显示，红格岩体东侧岩体板较深，岩相发育齐全且厚度大，矿体多且厚大；而西侧岩相发育不全，往往只有岩体上部浅色辉长岩相带，矿化不好或不具矿化，所以岩浆通道不可能在西侧。岩层产状除岩体南、北端缘外，总体走向南北，一般倾向西，倾角较缓，表明岩浆从东向西注入在一个南北向延伸的扁平的岩浆房内。资料还显示岩体在南北方向不同地段岩相发育不一致，部分地段底板抬高，岩相不全，仅有辉长岩、辉石岩相带，且厚度一般较薄；部分地段当岩体底板较深时岩相发育齐全，具有辉长岩、辉石岩、橄辉岩相带，且厚度大、矿体也厚大。据此可以认为成岩成矿不仅受南北向断裂控制，也应受东西向(岩体底板)构造(褶皱、断裂)控制。南北向断裂对岩浆注入起控制作用,东西向构造对成矿起控制作用,甚至后者对成矿的作用更为重要。

2. 成岩成矿后构造

成岩成矿后构造十分发育,主要为断裂构造。仅红格矿区就查明断层70余条,大致可分为北东向、北西向、南北向三组。

北东向断裂:倾向北西、南东均有,倾角50°~70°,个别直立。断裂以压性、压扭性为主,少量张性。断裂数量多,一般规模不大,长一般数百米至1000余米,最长者达2000 m以上;其破碎带宽一般1~5 m,最大达20 m以上;垂直断距一般数十米至100 m,最大可达300 m以上。断裂对矿破坏一般不显著,仅个别断裂对矿体有明显的破坏作用。该组断裂是路枯矿段与铜山矿段的分界线断层,规模较大,延长大于1400 m,延深大于700 m,垂直断距最大达310 m,倾向南东、倾角70°~82°,断层北西盘下降,南东盘上升,属压扭性断层。

北西向断裂:延长一般数百米至3000 m,延深均较大,200 m至大于710 m。断裂主要倾向北东,倾角40°~76°,一般50°~65°。该组断裂一般都属压性,断裂破碎带一般3~5 m,最大可达10 m;延深一般数十米至150 m,最大的断层断距可达500 m。

南北向断裂:为矿区内最发育的一组断裂,为一系列南北向或近于南北向断裂。断裂延长数百米至3000 m(矿区内);延深一般较大,最深可达770 m以上,一般都可达500~600 m。断层倾向西为主,倾向东者较少,倾角一般50°~70°,少数大于80°,个别直立。该组断裂主要为张性,有少数为压性或压扭性断裂。断裂面一般数米,最宽可达20 m。断距较小,一般数十米至100余米,最大达300 m。

二、主要含矿层和矿体

红格矿区分为北矿区和南矿区。按断层及地貌特征划分矿段,北矿区划分为东矿段、西矿段;南矿区划分为马松林、路枯、铜山矿段。红格矿区分为六个含矿层,即橄辉岩下含矿层、橄辉岩上含矿层、辉石岩中下含矿层、辉石岩上含矿层、辉长岩下含矿层、辉长岩中含矿层。其中辉石岩上含矿层、辉石岩中下含矿层矿化最好。

(一)岩相分带和韵律特征

1. 岩相分带

红格含矿岩体具明显相带特征,自上而下分为辉长岩、辉石岩、橄榄辉石岩三个堆积旋回。根据岩体不同层位的岩石组合、结构构造、矿化特征及矿体的形态产状等,自下而上划分为:橄辉岩相带($\sigma\varphi$)、辉石岩相带(φ)、辉长岩相带(ν)三个岩相带六个含矿层,即橄辉岩下含矿层($\sigma\varphi_2$)、橄辉岩上含矿层($\sigma\varphi_1$)、辉石岩中下含矿层(φ_{2+3})、辉石岩上含矿层(φ_1)、辉长岩下含矿层(ν_3)、辉长岩中含矿层(ν_2)。

(1)橄辉岩相带($\sigma\varphi$)

橄辉岩相带分布于岩体底部,红格矿区厚度42.00~602.33 m,分为两个含矿层。橄辉岩下含矿层($\sigma\varphi_2$)以似斑状粗粒包橄角闪橄辉岩为主,向下为粗伟晶角闪辉石岩或角闪含橄辉石岩；橄辉岩上含矿层($\sigma\varphi_1$)由不等粒辉石岩、细粒橄辉岩夹橄榄岩，局部少量斜长石，底部有的为含角闪辉石岩，往往夹有粗粒包橄角闪橄辉岩夹层，向上过渡为辉石岩中下含矿层。该岩相带在红格矿分布面广、发育较完整，尤其矿区东部(北矿区东部、马松林、铜山矿段)发育更好；路枯矿段西侧、北矿区西部相应较薄，矿化也相应差些。

该岩相带在白草矿区北东侧板房箐、油房沟及马鞍山矿区东侧马屎坡、李子树一带有较大面积出露，均被玄武岩包围，为玄武岩中捕房体或残留顶盖。中干沟、弯子田矿区也发育较好，可与红格矿层对比。

(2)辉石岩相带(φ)

辉石岩相带分布广泛，在红格矿田的八个矿区都有出露，仅出露岩层厚度及完整性不一致，红格及其南部的中干沟和弯子田矿区出露最完整，厚度大且矿化好。该相带在红格矿区的北矿区东部及路枯矿段厚度较大，北矿区西部及铜山矿段相应变薄，马松林矿段被断层和花岗岩破坏，出露不全。其他矿区均有出露，仅出露层位不完全齐全或厚度也相应有所变薄，但与红格等矿区是可以对比的。

红格矿区划分为辉石岩中下含矿层(φ_{2+3})、辉石岩上含矿层(φ_1)，厚 76.00～262.23 m。辉石岩中下含矿层(φ_{2+3})为下、上两段，下段自下而上大致为纯橄岩、橄辉岩、橄榄岩、辉石岩或辉橄岩夹薄层或条带辉石岩；上段以中细粒、等粒辉石岩为主，局部为细粒橄辉岩夹少量橄榄岩、辉石岩。辉石岩上含矿层(φ_1)自下而上为包橄橄辉岩、橄辉岩、辉石岩、含长辉石岩组成。

(3)辉长岩相带(ν)

辉长岩相带分布较广泛，不同地段出露岩层和保存厚度不一致。红格矿区出露较完整，厚度较大且矿化较好；红格矿区划分为辉长岩下含矿层(ν_3)、辉长岩中含矿层(ν_2)(上含矿层被剥蚀)，厚度 94.5～618.00 m。

辉长岩下含矿层(ν_3)以暗色流状辉长岩为主，中下部有暗色条带状辉长岩，底部往往有一薄层斜长岩，有多个岩层中富含磷灰石；在路枯矿段西侧有一层厚 100 m 左右辉橄岩－橄榄岩－含长辉石岩层。

辉长岩中含矿层(ν_2)以浅色辉长岩为主，在北矿区底部有一层厚度较小且不稳定的辉石岩、橄辉岩，最大厚度可达 40 m。中下部含有较多的磷灰石。其他矿区安宁村、白草、中干沟、弯子田保存尚好，马鞍山、中梁子、秀水河矿区仅保留很少部分。

2. 韵律特征

红格岩体分异良好，韵律式结构层发育(图 3-6)。岩体自下而上显示出四个Ⅱ级韵律旋回，每个韵律旋回自下而上显示以下特征：①色率由深变浅；②岩石基性程度降低；③含矿性由强变弱，铁钛含量逐渐减少；④斜长石含量增多，橄榄石、辉石含量减少；⑤矿物粒度减小，橄榄石和金属氧化物自形度减弱；⑥岩石结构由包含结构变为粒状镶嵌结构，矿石由海绵陨铁结构至填隙结构；⑦镍、钴、钴递减；⑧ MgO 含量递减，SiO_2、Al_2O_3、CaO、及 K_2O、Na_2O 含量递增。

韵律层	岩相带	岩层	厚度/m	柱状图	主要岩石类型	矿石有用元素平均含量/%							
						TFe	TiO₂	V₂O₅	Cr₂O₅	Cu	Co	Ni	S
第Ⅳ韵律韵律层	辉长岩岩相带	上部岩层	200		块状辉长岩,层状辉长岩,上部夹薄层闪长岩。								
		中部岩层	350		角闪层状辉长岩,底部夹有薄层辉石岩、橄榄岩。	16.40~26.47	7.96~10.83	0.14~0.24	0.036~0.091	0.010~0.028	0.006~0.014	0.010~0.037	0.298~0.416
		下部岩层	108~367		含橄或橄榄暗色层状辉长岩为主。下部有一层厚度不等辉石岩,橄榄岩底有一层厚度不大,且不稳定的斜长岩。	15.79~25.17	7.79~11.20	0.13~0.22	0.025~0.160	0.006~0.016	0.008~0.015	0.008~0.034	0.382~0.465
第Ⅲ韵律层	辉石岩岩相带	上部岩层	20~106		含长辉岩、橄辉岩、橄榄岩	16.23~28.83	7.32~11.82	0.14~0.26	0.135~0.244	0.015~0.028	0.011~0.018	0.030~0.052	0.274~0.429
第Ⅱ韵律层		中部岩层	50~160		辉石岩、橄辉岩、辉橄岩。	16.50~27.85	8.09~10.44	0.14~0.25	0.075~0.354	0.020~0.029	0.012~0.019	0.029~0.065	0.417~0.443
		下部岩层	30~80		含长辉石岩、辉石岩、辉橄岩、橄榄岩。								
第Ⅰ韵律层	橄辉岩岩相带	上部岩层	26~334		不等粒辉石岩,细粒橄辉岩夹橄榄岩为主,下部往往有包橄角闪橄辉岩夹层,底部时见角闪辉石岩。	16.60~25.89	7.07~9.78	0.14~0.23	0.161~0.320	0.021~0.030	0.012~0.017	0.039~0.061	0.352~0.106
		下部岩层	30~305		似斑状粗粒包橄角闪橄辉岩为主,下部粗伟晶角闪辉石岩或角闪含橄辉石岩增多。	16.77~26.53	6.49~9.60	0.14~0.24	0.195~0.450	0.024~0.030	0.012~0.017	0.047~0.068	0.354~0.440

图 3-6　红格岩体韵律结构略图

1. 闪长岩；2. 斜长岩；3. 辉长岩；4. 辉石岩；5. 橄辉岩；6. 橄榄岩；7. 包橄角闪橄榄岩；8. 矿体(层)

(二)主要含矿层特征

1. 橄辉岩下含矿层

位于红格岩体底部,属于第Ⅰ韵律旋回下部。主要分布在北矿区东部,南矿区马松林、铜山、路枯矿段局部可见。厚100~250 m,全矿区平均厚度170.42 m,北矿区东部最厚,平均177.87 m;南矿区马松林矿段平均厚173.44 m,铜山矿段平均厚155.75 m。岩石组成较复杂,主要为似斑状、粗粒包橄角闪橄辉石,夹包橄角闪橄榄岩、角闪辉石岩及中粒角闪橄辉岩夹层。顶部有少量斜长石构成含长角闪橄辉岩薄层,往下为粗粒或不等粒包橄角闪橄辉岩夹角闪辉石岩薄层，底部有一层不稳定的富含硫化物的粗晶—伟晶不等粒角闪辉石岩或包橄角闪含橄辉石岩、橄榄岩互层。

该含矿层矿化不均，下部较上部好。上部多为夹石及低品位矿石，下部以工业矿石为主，工业矿石、低品位矿石、夹石互层。含矿层与底板为侵入关系接触，底板接触凹凸不平，底板凹陷处含矿层厚度大、矿化好、含矿率高，底板凸起处含矿层变薄、矿化差、含矿率低。

2. 橄辉岩上含矿层

上含矿层位于橄辉岩下含矿层之上，辉石岩中下含矿层之下，属第Ⅰ韵律旋回上部，主要分布在南矿区铜山、路枯矿段及北矿区东部，其余矿段局部缺失。含矿层厚 42～205.53 m，平均厚 124.63 m；铜山厚度最大，平均为 154.54 m；其次是北矿区，平均为 112.02 m；马松林最薄，平均为 73.64 m。含矿层可分三个岩性段：下部为细粒角闪橄辉岩夹辉石岩、橄辉岩和橄榄岩薄层；中部为含长橄辉岩、橄辉岩和橄榄岩；上部为中细或不等粒辉石岩，与辉石岩中下含矿层接触处常有一层粗伟晶辉石岩。该含矿层矿化不均匀，含矿率可达 57.76%，其中工业矿石 21.95%、低品位矿石 35.81%。

3. 辉石岩中下含矿层

下含矿层位于红格岩体中下部，属第Ⅱ韵律旋回。该含矿层在全矿区均有分布，南矿区较北矿区更发育。厚度 40～173.83 m，一般厚 50～150 m，平均为 109.01 m。路枯矿段最厚，平均为 135.76 m；其次是铜山矿段（平均为 123.56 m）和北矿区（平均为 85.81 m）；马松林最薄（平均为 59.20 m）。该含矿层岩性可分为三段：下段为辉石岩、橄榄岩、辉橄岩和纯橄岩；中段以细粒辉石岩为主，夹有细粒橄辉岩、橄榄岩薄层，向下逐渐过渡为细粒橄榄岩为主夹有少量辉石岩和橄榄岩薄层；上段为中细粒等粒状辉石岩，层位稳定。该含矿层矿化好，是矿区主要勘查和利用对象之一。平均含矿率为 62.94%（工业矿石 32.54%，低品位矿石 30.39%），尤以铜山矿段含矿率最高平均达 92.45%（工业矿石 45.24%、低品位矿石 47.21%），其次是马松林矿段（平均为 85.11%），北矿区东部含矿率最低（45.27%）。

4. 辉石岩上含矿层

辉石岩上含矿层位于红格岩体中部，属第Ⅲ韵律旋回下部，呈稳定层状产出。该含矿层厚为 31～88.4 m（平均为 50.83 m），一般厚 30～80 m；其中北矿区平均厚 58.99 m、马松林平均厚为 63 m、铜山平均厚 59.38 m、路枯平均厚 39.59 m。该含矿层自下而上为橄榄岩、橄辉岩、辉石岩、含长辉石岩组成；下部常出现辉石岩、辉橄岩、纯橄岩互层，而以辉石岩为主，总体趋势自下而上橄榄石、铁钛氧化物递减，基性斜长石、辉石递增。该含矿层矿化好，是全矿区矿化率最高的一个含矿层，其平均矿化率为 74.90%，工业矿石占整个矿层矿石的 84.24%。南矿区矿化又比北矿区好，含矿率达 89.16%，北矿区含矿率为 65.71%。

5. 辉长岩下含矿层

位于岩体上部，其底部暗色流状辉长岩、斜长岩，属第Ⅲ韵律旋回上部，主要属第Ⅳ韵律旋回下部。含矿层厚 44.5～318.0 m，一般 100～250 m，平均 156.23 m；其以南矿区路枯矿段发育最好，厚度最大（平均厚 215.77 m），其次为北矿区（平均厚

113.50 m)、铜山矿段(平均厚 95.71 m),马松林矿段最薄(平均厚 74.67 m)。

含矿层主要由暗色流状辉长岩、条带状辉长岩组成,其间常夹有含长辉石岩、辉橄岩薄层。该含矿层下部局部地段(如路枯矿段)有一套超基性岩层,岩性为橄榄岩、橄辉岩、辉石岩、含长辉石岩,呈似层状、透镜状产出;厚度变化大,十几米到几十米,最厚层可达 140 m,含矿层底部局部地段可见 10~20 m 的一层斜长岩。

含矿层矿化不太好,主要为低品位矿石,全矿区平均含矿率为 47.01%,(工业矿石区占 41.34%、低品位矿石占 58.66%)。其中南矿区路枯矿段矿化最好,含矿率 57.94%(工业矿石占 47.75%、低品位矿石占 52.25%);其次为铜山矿段含矿率达 53.08%(工业矿石占 28.70%、低品位矿石占 71.30%);再次是马松林矿段(含矿率 44.80%);北矿区矿化最差,含矿率仅为 28.99%(工业矿石占 23.16%、低品位矿石占 76.84%)。

6. 辉长岩中上含矿层

辉长岩中上含矿层位于岩体上部,属第Ⅳ韵律旋回上部。含矿层由于遭受剥蚀,保存厚度 50~303 m,一般厚度 100~200 m,平均厚 164.73 m;北矿区最大厚度 233.33 m,最小 50 m;路枯厚度最大达 303 m,平均厚 172.81 m。

含矿层基性程度最低,上部为浅色—中色、细粒—中粒辉长岩,流层构造不明显,基本不含矿;向下为浅色细粒含铁流状辉长岩,流状构造自上而下逐渐清晰。局部夹有含长辉石岩、辉石岩型星散浸染状薄层矿石,路枯矿段局部夹有含橄辉长岩条带。含矿层矿化不好,平均含矿率仅 9.77%,主要为低品位矿石(占 68.96%)。

(三)矿体特征

矿体是指红格岩体形成过程中,由于岩浆演化和结晶分异等作用所形成,并赋存于岩体内、具有各种几何形态及产状的矿石自然聚集体。由于岩体形成过程是一个连续的、不可分割的有机过程,岩层和矿体岩石和矿石之间没有截然界线,矿体本身也是岩体的组成部分,它的圈定受工业指标的限定,因此矿体又是根据工业指标利用化学分析成果在岩体中圈定的具有一定规模、形态、产状的地质体。

1. 橄辉岩下含矿层的矿体

该含矿层中有数个矿体,主要分布在含矿层中下部,产状与含矿岩层一致,岩体边部由于岩体底部隆起常缺失。矿体形态、产状和规模受底板形态影响,隆起处矿体变薄或尖灭,底陷处矿体数量增多、增大。单个矿体呈透镜状、似层状产出,小者厚一般为 4~15 m,延长延伸达 300~500 m;大者厚一般为 30~80 m,最厚可达 120 m,延伸可达 1000 m 以上;矿体内有 1~3 层橄辉岩夹石使矿体分支复合。矿体平均厚度为 73.50 m,其中工业矿石为 40.07 m、低品位矿石为 33.43 m。北矿区东部矿体最厚达 90.37 m(其中工业矿石为 50.71 m、低品位矿石为 39.66 m),北矿区西部厚度最小仅为 50.69 m(工业矿石为 26.28 m、低品位矿石为 24.41 m),南矿区各矿段厚度介于二岩之间。矿石以填隙状海绵陨铁结构及星散—稀疏浸染状构造为主。矿石品位工业矿石 TFe 平均为 27.34%、低品位矿石为 17.18%,平均品位马松林矿段最高(TFe 平均为 28.01%),其次是北矿区东部(TFe 平均为 27.80%),路枯矿段最低(24.06%)。

2. 橄辉岩上含矿层的矿体

有数个矿体，产状与含矿岩层一致。由于该含矿层在矿区南、西侧边缘地段及岩体底板隆起处常缺失或发育不全，北矿区东部和南矿区马松林至铜山一带发育齐全，矿体在各地段的产状形态及发育程度差别很大。单个矿体呈透镜状或由不同品级的透镜状首尾相连呈似层、层状产出。矿体常有 1~3 层透镜状夹石使矿体分支复合、膨胀收缩，且不同品级矿石间、矿石与夹石间常产生侧变，其界线犬牙交错，使矿体复杂化。

矿体厚 2~15 m，沿走向和倾向延伸 300~500 m，呈透镜状尖灭；大者厚 20~80 m，最厚可达 134 m，呈似层状、层状产出，沿走向延伸 1000 m 以上，矿体累计平均厚度 59.43 m（工业矿石 26.51 m、低品位矿石 32.92 m）。矿石结构以填隙状海绵陨铁结构为主，海绵陨铁结构和包含结构次之，矿石构造以星散至稀浸染状为主，条带状次之，偶见中等至稠密浸染状构造。矿石以低品位矿石为主（工业矿石占 44.61%、低品位矿石占 55.38%），且矿石品位低，工业矿石 TFe 平均品位为 26.99%；马松林品位较高（28.09%），其次北矿区（27.41%），路枯品位最低（24.94%）。

3. 辉石岩中下含矿层的矿体

由一个厚大的层状矿体及数个小透镜状矿体组成，矿体产状与含矿岩层产状一致。厚大层状矿体下部为工业矿石，上部为低品位矿石，铜山矿段较为明显；北矿区变化较大，矿体内常出现 2~4 层辉石岩或橄榄岩夹石。矿体南北延长 3500 m 以上，东西延伸 2500 m 以上。单矿体最小厚度 8 m，最大厚度 164 m，一般为 30~100 m，平均厚度 58.37 m；铜山最厚（平均厚 88.82 m），其次路枯（平均厚 68.41 m），马松林主要由于出露不全，厚度仅 36.80 m。

矿石以工业矿石为主，占 51.72%，低品位矿石占 48.28%；铜山含矿率最高（92.45%），其次为马松林达（81.55%），含矿最低为北矿区东部仅（45.27%）。矿石结构上部以填隙状陨铁结构为主，下部以海绵陨铁矿结构和粒状嵌晶结构为主；矿石以稀疏一稠密浸染状构造为主，条带状和块状构造次之，局部见流斑状构造。矿石平均品位：全矿区 TFe 平均为 28.87%，马松最高（31.94%），其次是铜山（29.91%），北矿区东部最低（27.85%）。总体从南向北矿石 TFe 品位逐渐降低，矿体厚度逐渐变薄。

4. 辉石岩上含矿层的矿体

该含矿层中有一个厚大的稳定层状矿体，矿体中有 1~3 层透镜状或薄层状辉石岩夹石，呈平行排列断续分布，使矿体分支复合、膨胀收缩。矿体产状与含矿岩层产状一致。矿层南延长 3500 m 以上，东西宽或延深 2500 m 以上。单矿体厚度 8~100 m，一般 20~70 m，平均 36.90 m（其中工业矿石 27.85 m、低品位矿石 9.05 m）；铜山厚度最大（平均 52.38 m），其次是北矿及东部（平均 39.23 m），其他段矿体平均厚度接近。

矿石主要结构以海绵陨铁结构和粒状嵌晶结构为主，次为似斑状海绵陨铁结构，偶见填隙状陨铁结构。矿石构造以稀疏至稠密浸染状构造为主，次为条带状、块状构造，偶见流状或流斑状构造。含矿层的矿体以工业矿石为主，占矿石的 75.47%，矿石最富，全矿区矿石 TFe 平均品位 31.23%。各矿段矿石 TFe 品位最高为马松林（平均 32.83%），其次是铜山（平均 31.66%），最低为北矿区西部（平均 30.61%）。

5. 辉长岩下含矿层的矿体

辉长岩下含矿层由数十个矿体组成，矿体多数集中分布在含矿层中下部，尤其路枯最为突出。分布在含矿层上部的矿体常呈透镜状产出，规模较小，一般厚 5~20 m，沿走向倾斜延伸一般在 500 m 以内；分布在含矿层中下部的矿体常呈较稳定的似层状和层状产出，厚一般 30~80 m，最厚可达 150 m 以上；沿走向倾向延伸 1300 m 以上，但有分支点复合现象，矿体产状与含矿岩层产状一致。

矿体平均厚度 57.09 m(其中工业矿石 26.66 m、低品位矿石 30.43 m)，以低品位矿石为主。矿体厚度以南矿区路枯矿段最厚，平均 76.40 m(其中工业矿 37.92 m、38.48 m)；北矿西部厚度最小，为 31.72 m(其中工业矿石 15.80 m、低品位矿石 15.92 m)。

矿石结构以填隙状陨铁结构为主，海绵陨铁结构次之，偶见似斑状海绵陨铁结构。矿石以星散浸染状和流状构造为主，次为条带状构造、稀疏至中等浸染状构造，偶见稠密浸染状构造。矿石 TFe 平均为 27.94%，马松林最高 29.90%，其次为路枯 28.70%，其余各矿段介于它们之间。

6. 辉长岩中含矿层的矿体

该含矿层由数十个矿体组成，单个矿体呈透镜状，似层状产出，产状与岩层产状一致。矿体规模小、分布零星，厚 4~62 m，一般 8~20 m；沿走向倾向延伸多在 200~300 m，个别可达 350 m 以上。矿体平均厚度 27.64 m(工业矿石 14.03 m、低品位矿石 13.61 m)，其中北矿区工业矿石平均厚 15.40 m，南矿区工业矿石平均厚仅 8.22 m。

矿石以填隙结构为主，填隙状陨铁结构次之，少数海绵陨铁结构。矿石以星散浸染状及流斑状构造为主，稀疏浸染状次之，偶见中等浸染状构造。矿石 TFe 平均品位最低(25.51%)，而北矿西部矿石品位较高(28.27%)，南矿区路枯品位最低(22.58%)。

(四)矿石特征

1. 结构构造

矿石结构构造较为复杂。从成因看，可分为早期岩浆阶段、晚期岩浆阶段、岩浆期后阶段三个时期形成，以前两个段的结构构造为主。岩浆早期有嵌晶状团粒结构、嵌晶(包含)结构、假斑状嵌晶结构；岩浆晚期有填隙状陨铁结构、海绵状陨铁结构、假斑状陨铁结构、粒状镶嵌结构、网络结构、反应边结构、似文象结构、结状结构、固熔体分离结构；气成热液阶段有交代结构和交代残余结构，动力破坏及脉岩期有碎裂结构，胶结期的压碎结构、碎斑结构、胶结结构，表生作用期的交代结构、充填结构。

由于成因不同，铁钛氧化物与脉石矿物的形态、粒度及其相互排列关系和各种不同结构类型矿石中排列组合也不相同，因而形成各式各样的结构构造，按铁钛氧化物分布均匀与否分为均匀和不均匀。均匀浸染状构造按铁钛氧化物含量分为以下五种：星散浸染状构造(10%~20%)、稀疏浸染状构造(20%~35%)、中等浸染状构造(35%~60%)、稠密浸染状构造(60%~85%)、致密块状构造(>85%)；不均匀的为条带状构造：稀疏条带状构造(条带<30%)、密集条带状构造(条带>30%)、薄层状构造、流状构造、流斑状(流索状)构造、条带状构造(稀疏、密集)、细脉状构造、块状构造、片状构造、角砾状构造、网脉状构造、蜂窝状构造、疙瘩状构造、土状粉末状构造。

2. 矿物组合特征

红格矿床中已知矿物近百种，主要为铁钛氧化物和硅酸盐矿物，其次为少量硫砷锑化物和磷酸盐矿物。

金属氧化物矿物组合有四种：一是钛磁铁矿－铬钛磁铁矿－钛铬铁矿组合，主晶为磁铁矿、铬铁矿，晶粒内部固熔体分离物镁铝尖晶石、镁铁尖晶石、铬尖晶石、钛铁矿、钛铁晶石。次生和表生矿物为钛磁赤铁矿、褐铁矿、赤铁矿、钙钛矿、榍石、白钛矿。二是镁铝尖晶石－镁铁尖晶石－铁尖晶石组合。三是粒状钛铁矿，主晶钛铁矿，晶粒内部固熔体分离物钛磁铁矿、磁铁矿、赤铁矿－钛铁矿－钛赤铁矿、镁铝尖晶石，次生和表生矿物为金红石、钙钛矿、板钛矿、锐钛矿、榍石、白钛矿。四是磁铁矿、磁赤铁矿、褐铁矿。

硫、砷化物和锑化物组合有五种：一是铁矿物组合，磁黄铁矿、黄铁矿、毒砂、白

表 3-3　红格矿床主要矿物相对生成时间顺序表

矿物名称	生成时期					
	岩浆作用阶段		伟晶作用阶段	岩浆期后阶段		
	早期岩浆	晚期岩浆		高温热液期	中温热液期	低温热液期
钛磁铁矿		╱╱╱╱				
钛铁矿	╱╱╱╱	╱╱╱╱	╱╱╱╱			
钛铬铁矿	╱╱╱╱	╱╱				
铬尖晶石	╱╱					
镁铁尖晶石	╱╱╱╱	╱╱				
橄榄石	╱╱╱╱	╱╱				
含钛普通辉石	╱╱╱╱	╱╱╱				
磷灰石	╱╱╱╱	╱╱╱╱	╱╱			
棕色角闪石		╱╱╱╱	╱╱╱			
棕色黑云母		╱╱╱╱	╱╱╱			
基性斜长石		╱╱╱				
透辉石、次透辉石			╱╱╱╱	╱╱╱		
磁黄铁矿			╱╱╱╱	╱╱╱╱		
镍黄铁矿			╱╱╱	╱╱		
黄铁矿			╱╱╱╱	╱╱╱╱	╱╱	
黄铜矿				╱╱╱	╱╱	
角闪石				╱╱╱╱	╱╱	
黑云母				╱╱╱	╱╱	
滑石				╱╱		
蛇纹石				╱╱╱		
绿帘石、黝帘石					╱╱╱	╱
绿泥石						╱╱

铁矿；二是铜矿物组合，黄铜矿、方黄铜矿和等轴方黄铜矿、墨铜矿、辉铜矿、铜蓝、哈帕莱矿；三是钴镍矿物组合，镍黄铁矿和钴镍黄铁矿、紫硫镍矿和钴紫硫镍矿、硫钴矿和硫镍钴矿、方硫铁镍矿（辉铁镍矿）、针镍矿、辉钴矿和镍辉钴矿、砷镍矿（假红镍矿）、红砷镍矿、斜方砷钴矿、方钴矿、锑硫镍矿、红锑镍矿；四是铂族矿物组合，砷铂矿、硫锇钌矿；五是其他硫化物组合，如辉钼矿、方铅矿和闪锌矿、自然铅等。

造岩矿物及副矿物有两种：一是原生的如贵橄榄石、斜长石、含钛普通辉石、异剥石、透辉石、次透辉石、黑云母、金云母等，副矿物有磷灰石、榍石；二是蛇纹石、绿泥石、次闪石、透闪石—阳起石、假象纤闪石、滑石、水镁石、方解石、伊丁石、包林皂石、绿帘石、黝帘石、绢云母、葡萄石、高岭石、沸石、榍石、白钛矿、黑柱石、石榴子石。

各主要矿物生成时间序列见表3-3。

三、岩石化学特征

据中国香港大学地球科学系 J. Gregory Shellnutt 及成都理工学院地质系 Yuxiao Ma 对米易县白马岩体研究结果，认为"辉长岩为典型的碱性辉长岩，在地球化学特征上不同于白马辉长岩，它的微量元素和稀土元素形式不相同，而且相对白马辉长岩较富含 PGE 元素"。并指出"碱性辉长岩可能代表一种分异岩浆，它没经历形成白马辉长岩的同样过程"；"在地球化学特征上，正长岩与白马辉长岩是有关联的，它们源自同一岩浆源，后经分异作用至少演变为两种不同的岩浆，其一为富 Fe-Ti-V 辉长岩，其二为正长岩"；"碱性辉长岩或可能源自同期的另一独立岩浆系统"。上述结果与张光弟（1980）对红格岩体西侧辉长岩研究结果认识相似，红格岩体西侧辉长岩属红格岩体同源不同期产物。

红格钒钛磁铁矿基性超基性岩化学成分见表3-4。从表可见，红格矿区辉长岩与全国均值比较，SiO_2、Al_2O_3、MnO、MgO、CaO、K_2O、H_2O^+ 含量相当，其中 MnO、MgO 的含量与全国均值最接近，CaO 稍高，SiO_2、Al_2O_3、H_2O^+ 稍低；P_2O_5 高于全国均值 5 倍多，TiO_2 高 2 倍多，Fe_2O_3、FeO 明显高，Na_2O 低于全国均值的二分之一。与世界均值比较，SiO_2、Al_2O_3、MgO、CaO、Na_2O、K_2O 含量相当，其中 MgO、K_2O 的含量与世界均值最接近，CaO 稍高于世界均值，SiO_2、Al_2O_3、FeO 稍低于世界均值；P_2O_5 高于世界均值达 10 倍多、TiO_2 高达近 7 倍，Fe_2O_3 和 MnO、H_2O^+ 达 2 倍，Na_2O 低于世界均值的二分之一。

辉石岩与全国比较，SiO_2、Al_2O_3、FeO、MnO、CaO、Na_2O、K_2O 含量相当，其中 Al_2O_3、MnO、K_2O 的含量与全国均值最接近，FeO、CaO 稍高，SiO_2、Al_2O_3 稍低；TiO_2 高于全国均值达 9 倍多，P_2O_5 达 6 倍，Fe_2O_3 达 2 倍多；MgO 和 H_2O^+ 低于全国均值的二分之一。与世界均值比较，SiO_2、Al_2O_3、MnO、MgO、CaO、Na_2O、K_2O、H_2O^+ 含量相当，其中 CaO、H_2O^+ 的含量与世界均值最接近，只有 MnO 稍高，SiO_2、Al_2O_3、MgO、Na_2O、K_2O 明显低；TiO_2 高于世界均值达 6 倍多，Fe_2O_3 和 FeO、P_2O_5 高达 2 倍。

表3-4　红格钒钛磁铁矿基性超基性岩化学成分（据四川省铁矿资源潜力评价资料重新计算）

岩石名称	SiO₂	TiO₂	Al₂O₃	Fe₂O₃	FeO	MnO	MgO	CaO	Na₂O	K₂O	H₂O⁺	P₂O₅	Cr₂O₃	NiO	CoO	CuO	V₂O₅	SO₃	灼减
辉长岩	34.42	6.73	11.69	7.26	11.81	0.20	6.44	14.10	1.31	0.68	1.17	2.55	0.01	0.01	0.01	0.01	0.11	0.37	2.26
辉长岩	28.33	9.13	10.93	7.48	15.47	0.21	5.74	14.44	0.92	0.46	1.90	3.70	0.02	0.01	0.01	0.01	0.14	0.33	3.01
辉长岩	32.34	7.42	13.23	6.59	11.80	0.20	5.73	15.00	1.07	0.56	1.48	2.80	0.02	0.01	0.01	0.01	0.10	0.37	2.65
辉长岩	30.20	8.76	8.63	8.40	14.06	0.21	7.00	14.56	1.06	0.40	1.90	3.43	0.00	0.00	0.01	0.00	0.16	0.74	2.58
辉长岩	46.06	2.98	13.66	5.04	9.62	0.25	6.50	10.22	2.92	0.72	0.38	0.31	0.01	0.01	0.01	0.04	0.09	0.14	0.83
辉长岩	38.43	6.50	12.79	6.87	10.33	0.20	5.99	10.89	1.82	2.01	1.48	1.73	0.02	0.07	0.01	0.02	0.08	0.30	2.36
辉长岩	30.67	8.20	7.35	7.44	15.71	0.38	9.58	12.02	1.20	0.95	1.52	3.12	0.01	0.00	0.00	0.00	0.08	0.26	3.16
平均值	34.35	7.10	11.18	7.01	12.69	0.24	6.71	13.03	1.47	0.83	1.40	2.52	0.01	0.02	0.01	0.01	0.11	0.36	2.41
中国辉长岩均值	47.62	1.67	14.52	4.09	9.37	0.22	6.47	8.75	2.97	1.18	2.02	0.46							
世界辉长岩均值	50.14	1.12	15.48	3.01	7.62	0.12	7.59	9.58	2.39	0.93	0.75	0.24							
辉石岩	32.12	8.76	6.50	12.47	12.58	0.21	9.75	13.64	0.66	0.42	1.08	0.50	0.00	0.00	0.01	0.01	0.17	0.55	1.77
辉石岩	37.68	5.60	6.16	6.65	11.90	0.21	10.80	15.89	0.86	0.40	0.96	0.29	0.05	0.02	0.01	0.01	0.15	0.42	2.85
辉石岩	31.92	11.95	3.91	5.38	15.71	0.32	11.20	13.47	0.36	0.62	1.26	0.10	0.03	0.01	0.11	0.01	0.16	0.13	3.99
辉石岩	26.59	11.13	5.50	15.13	17.42	0.25	9.02	11.48	0.57	0.19	1.16	0.42	0.01	0.01	0.02	0.01	0.20	0.81	1.99
辉石岩	27.14	10.26	8.02	8.81	15.72	0.23	7.09	14.95	0.63	0.46	1.48	3.59	0.01	0.00	0.01	0.00	0.14	0.64	2.89
辉石岩	31.45	13.02	4.03	8.93	15.27	0.21	11.10	14.11	0.46	0.69	0.42	0.21	0.01	0.03	0.04	0.02	0.15	0.39	1.22
辉石岩	32.65	7.65	4.02	12.73	14.19	0.20	11.53	15.10	0.34	0.09	0.60	0.22	0.05	0.07	0.02	0.06	0.19	0.48	1.46
辉石岩	33.59	6.73	5.89	11.05	13.57	0.18	11.07	15.31	0.64	0.19	0.65	0.13	0.06	0.06	0.02	0.57	0.17	0.78	2.16
平均值	31.34	9.39	5.50	10.14	14.55	0.23	10.20	14.24	0.57	0.38	0.95	0.68	0.03	0.03	0.03	0.09	0.17	0.52	2.29
中国辉石岩均值	45.05	1.00	4.79	4.28	8.14	0.31	21.61	10.78	0.97	0.37	2.28	0.10							
世界辉石岩均值	46.27	1.47	7.16	4.27	7.18	0.16	16.04	14.08	0.92	0.64	0.99	0.38							
橄辉岩	42.34	3.73	4.07	5.11	10.25	0.20	15.58	16.50	0.40	0.08	0.56	0.08	0.20	0.04	0.01	0.01	0.01	0.13	1.34

续表

氧化物重量/%

岩石名称	SiO$_2$	TiO$_2$	Al$_2$O$_3$	Fe$_2$O$_3$	FeO	MnO	MgO	CaO	Na$_2$O	K$_2$O	H$_2$O$^+$	P$_2$O$_5$	Cr$_2$O$_3$	NiO	CoO	CuO	V$_2$O$_5$	SO$_3$	灼减
橄辉岩	35.81	5.25	3.07	9.25	14.32	0.19	17.07	13.01	0.32	0.09	0.71	0.08	0.26	0.08	0.02	0.04	0.14	0.21	1.43
橄辉岩	31.82	5.30	3.34	9.83	16.12	0.27	22.55	5.38	0.36	0.16	2.86	0.14	0.63	0.11	0.02	0.05	0.16	0.63	3.55
橄辉岩	31.18	5.75	3.49	12.13	15.55	0.27	19.20	8.45	0.23	0.08	2.17	0.08	0.64	0.11	0.02	0.04	0.16	0.37	2.96
橄辉岩	36.26	3.78	2.96	8.09	13.94	0.26	21.45	10.16	0.30	0.05	1.55	0.08	0.41	0.11	0.02	0.07	0.09	0.31	2.22
橄辉岩	25.89	7.65	5.10	15.26	17.17	0.27	15.40	7.37	0.28	0.11	3.85	0.18	0.41	0.08	0.02	0.02	0.20	0.40	4.91
平均值	33.88	5.24	3.67	9.95	14.56	0.24	18.54	10.15	0.32	0.10	1.95	0.11	0.43	0.09	0.02	0.04	0.13	0.34	2.74
橄榄岩	36.21	7.00	2.35	5.52	14.54	0.23	20.80	10.37	0.39	0.12	1.22	0.08	0.18	0.09	0.07	0.02	0.09	0.30	2.03
橄榄岩	24.51	7.00	3.18	16.35	19.44	0.32	18.47	5.12	0.23	0.08	2.83	0.08	0.46	0.17	0.03	0.13	0.20	0.61	3.91
平均值	30.36	7.00	2.77	10.94	16.99	0.28	19.64	7.75	0.31	0.10	2.03	0.08	0.32	0.13	0.05	0.08	0.15	0.46	2.97
中国橄榄岩均值	40.30	1.15	6.21	5.76	8.64	0.20	25.50	6.06	0.69	0.34	4.97	0.07							
世界橄榄岩均值	42.26	0.63	4.23	3.61	6.58	0.41	31.20	5.05	0.49	0.34	3.91	0.10							

橄榄岩与全国比较，SiO_2、MnO、MgO、CaO、P_2O_5 与全国均值相当，其中 MnO、CaO、P_2O_5 最接近全国均值，SiO_2、MgO 明显低于全国均值；TiO_2 高于全国均值达 6 倍多，Fe_2O_3 和 FeO 高近 2 倍；K_2O 低于全国均值的三分之一，Al_2O_3 和 Na_2O、H_2O^+ 低于全国均值的二分之一。与世界均值比较，SiO_2、Al_2O_3、MnO、MgO、CaO、Na_2O、H_2O^+、P_2O_5 与世界均值基本相当，其中 P_2O_5 最接近世界均值，只有 CaO 稍高，SiO_2、Al_2O_3、MnO、MgO、Na_2O、H_2O^+ 都明显低于世界均值；TiO_2 高于世界均值近 20 倍，Fe_2O_3、FeO 高近 3 倍，而 K_2O 则低于世界均值的三分之一。

红格岩体主要组分分为两组：一组为造岩元素，包括 SiO_2、Al_2O_3、CaO、Na_2O、K_2O、P_2O_3 等；另一组为成矿元素，包括 Fe_2O_3、FeO、TiO_2、V_2O_5、Cr_2O_3、Co、Ni、Cu、P 等。各组元素在岩体中（$\sigma\varphi_1$ 以上）自下而上分布趋势不同，第一组元素含量递增，第二组元素递减。各组元素有明显的韵律分布特征，含量跳跃式变化频繁，在一个韵律层内部两组元素具有同样的分布递变规律。当其中一个韵律层进入另一个韵律层时，往往是突变的，之后便又重新开始递变。在Ⅰ、Ⅱ级韵律层中较Ⅲ级以下韵律层变化更为明晰。岩体 $\sigma\varphi_2$ 相带下部岩石组分有些反常现象，如硅、碱、磷等含量向下增大，特别 $K_2O>Na_2O$ 反映了晚期残浆、碱质及挥发分干扰，出现似伟晶辉石岩和钛角闪石大量交代辉石、橄榄石的现象。整个岩体的岩浆属硅不饱和、富铁钛、贫镁钙铝、偏碱性的岩浆。

红格岩体岩石化学成分是以贫硅、镁、富铁、铝，含碱和钙质较高为特征。镁铁比值（m/f）0.2~2.70，其中基性岩部分为 0.20~1.50，一般为 0.50~0.80；超基性岩部分为 0.62~2.70，一般为 1.50~2.00。基性度（Mg+<FeO>)/SiO_2 为 0.36~1.37，基性岩部分为 0.36~0.78，一般为 0.4~0.7；超基性岩部分为 0.44~1.37，一般为 0.8~1.0。在 m/f 对（Mg+<FeO>)/Si 的变异图上，100% 的点投影在铁质区和铁镁质区，其中 84% 的点投影在铁质区，属铁质基性岩和富铁质超基性岩。在 FMC 图解中，组成岩石的镁（Mg）、铁（Fe）、钙（Ca）三种原子较接近，几乎全部点都投影在亚钙区，且点子较集中地分布在三角图的中心部位，仅有个别点投影在钙质区。

岩石硅质含量特别低，SiO_2 为 31.81%~50.31%，其中辉长岩平均为 39.43%。辉石岩平均为 39.31%，橄辉岩平均为 38.81%，三种岩石的平均值很相近，自辉长岩－辉石岩－橄辉岩略微降低。铝质含量较高，Al_2O_3 为 2.80%~18.20%，但变化较大，平均为 5.01%~14.26%，其中辉长岩平均 14.26%、辉石岩平均 8.32%、橄辉岩为 5.01%，随着岩石的基性程度增强 Al_2O_3 明显下降。在 SiO_2 对 Al_2O_3 变异图中，投影点较分散，但辉长岩基本在高铝质区，辉石岩多在铝质区、橄辉岩多在低铝质区、碱质含量较高，变化大，随着岩石基性程度增强显著下降。K_2O+Na_2O 平均含量辉长岩为 3.14%，辉石岩为 1.85%，橄辉岩为 0.99%。在（K_2O+Na_2O）对 SiO_2 的变异图中，投影点不集中，辉长岩基本投影在强碱质区，辉石岩和橄辉岩基本投影在碱质区和弱碱质区。

红格矿区的岩浆岩的里特曼组合指数 σ 值为 -0.14，属钙碱性岩系列，极强太平洋型基性－超基性侵入岩。

综上所述：红格岩体的铁矿成矿物质主要来源于地幔的铁镁质岩浆（幔源），在华力西期的陆块内构造岩浆活化阶段拉张作用形成的内陆裂隙型铁镁质岩浆，沿攀西裂谷侵入的基性－超基性火山－侵入岩系列。

四、物化探异常特征

区域物化探异常特征，见前本章第二节攀枝花式铁矿床成矿模式的有关章节，这里不再赘述，只叙述红格矿区的有关物化探异常特征。

（一）物探异常特征

1. 重力异常特征

红格铁矿区以白草为中心，出现一个近东西走向椭圆形剩余重力正异常区，以 6×10^{-5} m/s^2 等值线圈闭异常，长 13 km，宽 7 km，异常极大值 10×10^{-5} m/s^2。正异常南、北均为局部负异常区。根据异常区内出露的地层、岩石情况，剩余重力正异常由震旦系、二叠系（P$_2\beta$）、中性岩、基性超基性岩综合引起。安宁村、白草、中梁子、马鞍山矿区位于正异常中，红格、湾子田、中干沟、秀水河矿区位于靠近正异常南部的负异常中。

引起异常的地质因素以结晶基底（Ar-Pt）和岩体（基性岩、中性岩、碱性岩）为主，矿异常仅叠加其中，一般不能形成明显局部铁矿异常。其原因是重力资料比例尺太小（以150万为主），铁矿床上很少有重力观测点，显示的都是老地层和岩体、火山岩异常特征。铁矿体和老地层、岩体、火山岩相比，其质量、规模均小，不能单独形成局部异常。若要将铁矿重力异常从中分离，应该开展大比例尺的重力工作。

2. 磁异常特征

航磁异常显示为等轴状正异常，周围为负异常；地磁异常显示为多中心，多走向、多形态异常特征，说明矿体具多形态、多产状特征。

矿区由南向北包括秀水河、中干沟、湾子田、红格、马鞍山、中梁子、白草、安宁村等 8 个矿区，南北长 21 km，宽 6～12 km，总面积约 174 km^2。涉及 M99、M109、M110 三个航磁异常，总体显示为负磁场背景中局部正异常区（伴生负异常），以近似等轴状异常形态为主，异常极大值为 150～300 nT（三个异常中心）。

地磁异常以多个大片正异常区为特征（周围伴生负异常区）。每个正异常区中出现多个形态如长条状、等轴状、椭圆状等，走向北东、南北、东西、北西等多方向的局部异常中心。磁异常总体特征显示出在岩体磁场背景中赋存的矿体向下有一定延深。同时，地磁异常形态复杂也表明，本区地质构造复杂，特别是断裂构造，致使矿体遭受破坏，导致连续性差的特征。

总体而言，航磁、地磁异常强度大，梯度大、形态规则，一侧或周围伴生负异常是钒钛磁铁矿典型磁异常特征。与铁矿共生的岩体地磁异常强度仅为矿异常强度的 1/3～1/2，可以从叠加的综合异常中分离出来。

（二）化探特征

红格矿床与攀枝花矿床的矿床地球化学特征有显著的差异。从地球化学图上可以清晰地识别出有 Ba、Be、Co、Cr、Fe、La、Mn、Na、Nb、Ni、P、Sr、Ti、V、Y、Zn、Zr 等元素的正异常，以及 Hg、Li、Si 等三个元素的负异常；其中 P、Ti、Fe、Co、Zr

等 5 个元素的异常强度较高，异常位置和已知铁矿的套合较好；Fe、V、Ti 等元素的异常位置、浓集带均吻合较好，异常位置即是含矿岩体(矿区)的位置，浓集带指示矿床位置。可将 P、Ti、V、Fe、Co、Cr 元素作为寻找红格式钒钛磁铁矿的指示元素。

五、矿床成因及成矿模式

红格式岩浆型钒钛磁铁矿的成矿成因是在加里东晚期到华力西期，来自地幔的玄武(铁镁)质岩浆沿攀西大裂谷向上运动，当上侵到震旦系到寒武系中时，受到碳酸盐岩的混染，岩浆发生分异作用在岩体底部钒钛磁铁矿富集成矿；当岩浆喷出地表时，其中的铁质已来不及分异富集，所形成的玄武岩中磁铁矿呈浸染状分布于火山岩中，稍晚有碱性岩脉侵入。含矿基性超基性岩(橄辉岩、辉石岩、辉长岩)、玄武岩和碱性岩是同期岩浆活动的产物，共同形成"三位一体"的岩石组合。其成矿模式见图 3-7。

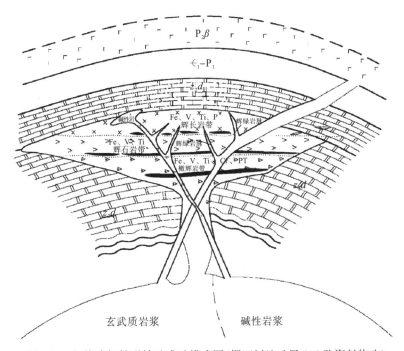

图 3-7　红格式钒钛磁铁矿成矿模式图(据四川地矿局 106 队资料修改)

第四章 接触交代(矽卡岩)和热液型铁矿典型矿床

第一节 概 述

接触交代(矽卡岩)主要指与岩浆热液有关的矿床,热液型铁矿主要指与多种气水热液有关的矿床,这两种类型的铁矿均与热液有关,因此将合并在本章描述。矽卡岩型铁矿是四川富铁矿之一,其典型矿床为泸沽式和李子垭式铁矿,这两个矿床式具有代表性,本章主要围绕此两种矿床式展开。热液型铁矿在四川省内有一定的分布,有的是共(伴)生铁矿,以耳泽式铁金矿为代表介绍,但对其成因主要有地下热液—溶洞充填成矿、沉积改造—热液贯入成矿和岩浆热液—构造控矿等不同认识,本书简单介绍了三种观点,重点介绍热液成矿的基本特征。

一、总体分布

四川省接触交代(矽卡岩)型、热液型铁矿主要分布在攀西地区的冕宁县、喜德县和川北地区南江县、旺苍县,其次是盐源、会理、木里等县,在道孚、芦山、雷波、石棉等地也有零星分布。

全省有接触交代(矽卡岩)型铁矿查明资源量只占全省的0.72%,规模均为中型及以下,热液型铁矿查明资源量很少。全省共有矿点以上矿产地85处(表4-1),占全省的28.91%;其中矽卡岩型59处(小型以上矿23处),占全省矿产地的20.07%;热液型26处(小型以上矿床9处),占全省的8.84%。按照工作程度统计:接触交代(矽卡岩)型铁矿勘探6处、详查7处、普查12处、预查34处(包括仅经过踏勘工作的);热液型铁矿勘探1处、详查2处、普查5处、预查18处。总体工作程度较低。

表4-1 四川省接触交代(矽卡岩)型、热液型铁矿产地一览表

序号	矿产地名	主矿种	勘查程度	成矿类型	矿床规模	备注
1	冕宁泸沽大顶山	赤铁矿、磁铁矿	勘探	接触交代(矽卡岩)型	中型矿床	
2	冕宁铁矿山	赤铁矿、磁铁矿	勘探	接触交代(矽卡岩)型	中型矿床	
3	南江县李子垭	磁铁矿	勘探	接触交代(矽卡岩)型	中型矿床	
4	南江县沙坝红山	磁铁矿	详查	接触交代(矽卡岩)型	中型矿床	
5	南江汇滩	磁铁矿	普查	接触交代(矽卡岩)型	中型矿床	同属汇滩矿床
6	南江县五铜包	磁铁矿	普查	接触交代(矽卡岩)型	矿点	
7	南江蒋家湾	磁铁矿	详查	接触交代(矽卡岩)型	小型矿床	

续表 1

序号	矿产地名	主矿种	勘查程度	成矿类型	矿床规模	备注
8	南江县草坝场	磁铁矿	预查	接触交代(矽卡岩)型	小型矿床	
9	南江县贾家寨	磁铁矿	预查	接触交代(矽卡岩)型	小型矿床	
10	南江县水马门	磁铁矿	勘探	接触交代(矽卡岩)型	小型矿床	
11	南江县土墙坪	磁铁矿	详查	接触交代(矽卡岩)型	小型矿床	
12	南江竹坝宪家湾	磁铁矿	详查	接触交代(矽卡岩)型	小型矿床	
13	喜德朝王坪	磁铁矿	勘探	接触交代(矽卡岩)型	小型矿床	
14	喜德登相营	磁铁矿	预查	接触交代(矽卡岩)型	小型矿床	
15	喜德基打古	磁铁矿	预查	接触交代(矽卡岩)型	小型矿床	
16	喜德九盘营	磁铁矿	预查	接触交代(矽卡岩)型	小型矿床	
17	喜德开荒沟	磁铁矿	普查	接触交代(矽卡岩)型	小型矿床	
18	喜德拉克	磁铁矿	勘探	接触交代(矽卡岩)型	小型矿床	
19	道孚菜子沟	赤铁矿	普查	接触交代(矽卡岩)型	小型矿床	
20	喜德深沟米子	磁铁矿	普查	接触交代(矽卡岩)型	小型矿床	
21	喜德深沟谢家山	磁铁矿	普查	接触交代(矽卡岩)型	小型矿床	
22	喜德石梯子	磁铁矿	普查	接触交代(矽卡岩)型	小型矿床	
23	喜德松林坪	磁铁矿	普查	接触交代(矽卡岩)型	小型矿床	
24	喜德新桥包谷地	磁铁矿	普查	接触交代(矽卡岩)型	小型矿床	
25	会理仓房	磁铁矿	预查	接触交代(矽卡岩)型	矿点	
26	会理岔河铁矿	磁铁矿	预查	接触交代(矽卡岩)型	矿点	
27	会理大营山	磁铁矿	预查	接触交代(矽卡岩)型	矿点	
28	会理六华兴隆沟	磁铁矿	预查	接触交代(矽卡岩)型	矿点	
29	雷波三窝坡	磁铁矿	预查	接触交代(矽卡岩)型	矿点	
30	芦山大川乡	磁铁矿	预查	接触交代(矽卡岩)型	矿点	
31	米易断岩山	钛磁铁矿	预查	接触交代(矽卡岩)型	矿点	
32	冕宁半边山	钛磁铁矿	预查	接触交代(矽卡岩)型	矿点	
33	冕宁大坪坝	磁铁矿	预查	接触交代(矽卡岩)型	矿点	
34	冕宁何家铺子	磁铁矿	普查	接触交代(矽卡岩)型	矿点	
35	冕宁黑林子	磁铁矿	预查	接触交代(矽卡岩)型	矿点	
36	冕宁后山大热渣	磁铁矿	预查	接触交代(矽卡岩)型	矿点	
37	冕宁龙王潭	磁铁矿	预查	接触交代(矽卡岩)型	矿点	
38	冕宁桃园擦岩	磁铁矿	预查	接触交代(矽卡岩)型	矿点	
39	冕宁新民石头沟	磁铁矿	预查	接触交代(矽卡岩)型	矿点	
40	木里尔帮利布	磁铁矿	预查	接触交代(矽卡岩)型	矿点	
41	木里吉东	磁铁矿	预查	接触交代(矽卡岩)型	矿点	
42	木里宁郎乡进拉	磁铁矿	预查	接触交代(矽卡岩)型	矿点	
43	木里水洛乡牛毕	磁铁矿	预查	接触交代(矽卡岩)型	矿点	

续表 2

序号	矿产地名	主矿种	勘查程度	成矿类型	矿床规模	备注
44	南江县黄马寨	磁铁矿	预查	接触交代(矽卡岩)型	矿点	
45	南江县金场坝	磁铁矿	预查	接触交代(矽卡岩)型	矿点	
46	南江县马家垭	磁铁矿	预查	接触交代(矽卡岩)型	矿点	
47	南江县牡丹园	磁铁矿	预查	接触交代(矽卡岩)型	矿点	
48	南江县上两	磁铁矿	普查	接触交代(矽卡岩)型	矿点	
49	南江县汪家湾	磁铁矿	预查	接触交代(矽卡岩)型	矿点	
50	南江县玉石崖	磁铁矿	预查	接触交代(矽卡岩)型	矿点	
51	石棉鹿子坪	磁铁矿	普查	接触交代(矽卡岩)型	矿点	
52	旺苍县合儿山	磁铁矿	预查	接触交代(矽卡岩)型	矿点	
53	盐源草坪子	磁铁矿	详查	接触交代(矽卡岩)型	矿点	
54	盐源大板厂南	磁铁矿	预查	接触交代(矽卡岩)型	矿点	
55	盐源黄草坪东	磁铁矿	预查	接触交代(矽卡岩)型	矿点	
56	盐源黄草坪西	磁铁矿	详查	接触交代(矽卡岩)型	矿点	
57	盐源平川糖房沟	磁铁矿	详查	接触交代(矽卡岩)型	矿点	
58	盐源树河河坪子	磁铁矿	预查	接触交代(矽卡岩)型	矿点	
59	冕宁尤黑木多	赤铁矿	预查	接触交代(矽卡岩)型	矿点	
60	木里耳泽	菱(褐)铁矿、自然金	详查	热液型、风化淋滤型	中型矿床	
61	木里宁朗乡央岛	菱(褐)铁矿	普查	热液型	中型矿床	
62	会理红泥坡	磁铁矿、黄铜矿	普查	热液型	小型矿床	
63	平武平驿乡楼房沟	磁铁矿	详查	热液型	小型矿床	
64	天全思经乡姜家湾	赤铁矿	预查	热液型	小型矿床	
65	盐源树河干沟	磁铁矿	普查	热液型	小型矿床	
66	盐源树河小沟	磁铁矿	普查	热液型	小型矿床	
67	泸定大矿山	磁铁矿	普查	热液型	小型矿床	
68	会理顺河	磁铁矿	勘探	热液型	小型矿床	
69	巴塘白松乡普鲁贡	磁铁矿	预查	热液型	矿点	
70	巴塘措拉德达	磁铁矿	预查	热液型	矿点	
71	巴塘夏邛镇夏散莫	磁铁矿	预查	热液型	矿点	
72	白玉查龙西	褐铁矿	预查	热液型	矿点	
73	白玉盖玉乡乾海子	磁铁矿	预查	热液型	矿点	
74	白玉拿它乡	磁铁矿	预查	热液型	矿点	
75	白玉伊科附近	磁铁矿	预查	热液型	矿点	
76	稻城荥自乡且则代	磁铁矿	预查	热液型	矿点	
77	德格日念达	磁铁矿	预查	热液型	矿点	
78	甘洛海棠区马基岗	磁铁矿	预查	热液型	矿点	
79	汉源料林乡	赤铁矿	预查	热液型	矿点	

序号	矿产地名	主矿种	勘查程度	成矿类型	矿床规模	备注
80	黑水徐古	磁铁矿	预查	热液型	矿点	
81	会东鲁南	赤铁矿	预查	热液型	矿点	
82	盐源核桃乡大杉树	磁铁矿	预查	热液型	矿点	
83	盐源平川马道子	磁铁矿	预查	热液型	矿点	
84	盐源树河麦地沟	磁铁矿	预查	热液型	矿点	
85	盐源树河寨子梁子	磁铁矿	预查	热液型	矿点	

二、控矿条件

四川省接触交代(矽卡岩)型、热液型铁矿主要产于扬子陆块西缘南部的攀西陆内裂谷带和北部米仓山-南大巴山前缘逆冲-推覆带;在盐源-丽江前陆逆冲-推覆和西部西藏-三江造山系的水洛-恰斯陆壳残片和鲜水河裂谷带也有少量零星分布。矿床规模达到中型并有开采利用价值的铁矿分布于扬子陆块西缘南部和北部。南部以泸沽式铁矿为代表,北部以李子垭式铁矿为代表。

(一)接触交代(矽卡岩)型

1. 侵入岩体

接触交代(矽卡岩)型铁矿主要与中性、中酸性或酸性中浅成侵入体密切相关。如泸沽式铁矿就明显受晋宁期-澄江期酸性岩侵入岩(下称泸沽岩体)的成矿作用控制;李子垭式铁矿明显受晋宁期基-中性岩浆岩侵入形成米苍山中酸性侵入岩带控制;道孚菜子沟铁矿则受制于印支期中酸性岩控制;其他铁矿也多与中酸性侵入岩体有关。

2. 围岩及蚀变

与接触交代(矽卡岩)型铁矿有关的侵入体围岩主要为碳酸盐岩。四川省的泸沽式、李子垭式铁矿,以及道孚县菜子沟、南江县水马门式等铁矿的围岩均为碳酸盐岩,唯有会东县菜园子铁矿的围岩主要为变基性次火山岩接触带或其中的变质岩捕房体内。

不同类型铁矿碳酸盐围岩的时代不同。泸沽式铁矿的近矿围岩为前震旦系登相营群,主要为一套赋存铁矿的碳酸盐岩建造(由含藻白云大理岩组成);李子垭式和南江县水马门铁矿的近矿围岩为中元古代火地垭群(米仓山)及黄水河群(九顶山)不纯大理岩,该组以变质碳酸盐岩(大理岩、白云岩)为主,间夹少量变质碎屑岩和火山碎屑岩;道孚县菜子沟铁矿的围岩则为古生界的碳酸盐岩。

中-酸性岩体与碳酸盐岩接触带中,普具交代现象和相应的围岩蚀变现象。近矿围岩具强烈矽卡岩化、磁铁矿化、蛇纹石化、钠长石化、大理岩化、角岩化、绿泥石化、黑云母化、硅化、阳起石化等蚀变现象。

3. 构造控矿

接触交代(矽卡岩)型铁矿主要受复杂的接触构造带控制,包括接触带及其附近的矽卡岩带、接触面、不同岩性接触面、褶皱核部虚脱空间、层间破碎带、断裂破碎带等。如泸沽式铁矿床（点）主要分布于泸沽复背斜翼部，北北东向的泸沽倒转复背斜不仅控制了泸沽岩体沿背斜轴部的上侵及其形态和产状，而且也是主要的控矿和容矿构造。泸沽铁矿区的主要容矿构造为北北东向泸沽倒转复背斜中轴向北北东与近东西向两组褶皱横跨、叠加的虚脱空间。此容矿空间是由于褶皱变动时软硬岩层不协调而产生的剥离、脱顶现象，有利于矿流乘虚而入形成膨大厚富的矿体。此种虚脱空间和层间剥离现象亦见于单个褶曲、挠曲或褶曲翼部因压扭作用而产生的拉张部位。李子垭式铁矿明显受官坝-水磨大断裂及其次级分支断裂、受层间裂隙、矽卡岩带的控制，平面展布受接触带制约。

4. 成矿温度

接触交代（矽卡岩）型铁矿形成范围很广，从简单矽卡岩化开始到矿化结束，温度不断下降；一般认为矽卡岩矿物的形成温度在 800～300℃，而金属矿物的形成温度约在 500～200℃。近年来大量矿物包裹体的测温资料说明，接触交代矿床中的金属氧化物（如磁铁矿）形成了温度一般在 600～350℃（主要在 500～400℃），金属硫化物如黄铁矿、闪锌矿等一般形成于 450～100℃，主要在 300℃左右。总的来说，硅酸盐结晶温度较高，而金属氧化物和硫化物形成的温度较低。

5. 成矿方式及时代

接触交代（矽卡岩）型铁矿，主要是中-酸性侵入岩类与新元古代和晚古生代的碳酸盐类岩石的接触带上或附近，由于矿源层顶底板钙镁碳酸盐岩的化学活泼性与岩浆期后含矿热液作用时，能促使金属物质从矿液中析出沉淀并发生交代作用而形成铁矿床。主要成矿时代为晋宁期、澄江期，其次还有印支期、中条期。

（二）热液型（以耳泽—央岛地区为例）

1. 地质构造背景

耳泽—央岛地区位于西藏-三江造山系，歇武-甘孜-理塘-三江口结合相南端水洛-恰斯陆壳残片相的水洛（恰斯）穿隆。区内恰斯、瓦厂、唐央、亚丁等地分布较大规模的陆壳残片，包括基底残块及其古生代盖层组成的外来岩块，各岩块间呈构造接触。区内褶皱断裂复杂，热液活动频繁，铁、铜、金等矿床（点）较多。耳泽铁金矿床即赋存在二叠系上统大理岩中。在央岛地区岩浆活动以喷发作用为主，具多期次喷出特点。火山岩以上二叠统下部及上三叠统基性火山岩最为发育，超基性岩及各类岩脉亦广泛分布，这些大量的岩浆活动直接或间接对各种金属矿产的形成提供了热液和热源。促进围岩中矿化元素（包括金）发生程度不同的活化、转移，或补充提供了矿质来源。

2. 构造控矿

耳泽—央岛地区曾经多次构造活动，一系列构造对于成矿十分有利。在长期的构造运动中，机械能将会转化成热能、化学能，使地层、岩石中分散成矿的有用物质通过地下热（气）液、变质水、热卤水等介质迁移到有利的构造部位聚集成矿。特别是晚古生代以来甘孜-理塘混杂岩带经过板块的分裂、聚合、俯冲碰撞及强烈滑脱，推覆剪切作用，不仅使水洛地区不断上升隆起，并于地壳表层产生一系列以北西、北东向为主的褶皱及韧脆性断裂，为铁金-多金属成矿作用提供了导矿通道和储矿空间，由强烈构造剪切所引起的动热变质作用，同时也为成矿作用补充了部分矿化剂，并对含矿溶液起到了热加工作用。耳泽—央岛地区矿床(点)空间上分布在水洛(恰斯)穹隆的核部，边缘及区内规模较大的几条北西向压扭性断层旁或北西、北东向两组断层的交汇部位，矿体多产于次级断裂或褶皱中，如耳泽金矿床，矿体受北东向次级耳泽背斜与近东西向此唤背斜叠加部分的近轴部东西向断裂带及部分南北向次级断裂控制。如红土坡至葵里沟一带矿化体赋存于北东或北北西向断裂中，立彤欢—欢漫一带含金褐铁矿化点分布于恰斯断裂西盘、矿化体产于北西、北东向两组断裂中。

3. 控矿热液

热液具双重作用，一方面本身携带矿质，另一方面是萃取围岩中呈分散状态的成矿元素，使之活化、迁移和富集。热液产生于构造作用的变质水、结晶水、下渗循环水及岩浆火山作用的岩浆水。区域上岩浆-火山活动频繁，岩浆侵入形成长达上千千米的雀儿山-沙鲁里山印支期—燕山期中酸性侵入岩带，其边缘邻近本区，超基性岩及各类岩脉广泛分布，火山岩出露几乎遍及各系地层，尤以上二叠统下部及上三叠统基性火山岩为最为发育，堆积厚度达数千米。大量的岩浆活动直接或间接对铁金矿的形成提供了热液和热源。促进围岩中矿化元素(包括金)发生程度不同的活化、转移，或补充提供了矿质来源。

4. 表生作用控矿

耳泽地区的矿床(点)，均遭受不同程度的表生作用改造，菱铁矿在表生作用下形成褐铁矿铁帽，金在氧化带中有明显的次生富集趋势，对其中一些主要矿床、矿点(耳泽、红土坡等)，是形成工业矿体的重要因素。

第二节　泸沽式铁矿床成矿模式

泸沽式接触交代(矽卡岩)型铁矿分布于泸沽—喜德和会理益门一带。泸沽铁矿早在东汉时就已发现并开采利用；1949年前先后有谭锡畴、李春昱、常隆庆、殷学忠、程裕淇、崔克信、周德忠、刘之祥等地质学家到泸沽铁矿山磁铁矿做调查，对矿山开采、矿床成因、地质构造及矿体特征，做了概述。先后经五四六队、三〇九物探队、三〇四物探队、一〇九队开展地质工作，最后由一〇九队勘探评价为中型富铁矿，改变了本省平炉富矿完全依靠外省的被动局面。

铁矿产于康滇轴部基底断隆带之安宁河断裂带的黑云母花岗岩与新元古代碳酸盐岩接触交代形成的矽卡岩带的内外接触带。区域上已经发现的矿床主要集中分布于泸沽背斜的南东翼，而泸沽岩体在背斜的北西翼接触面产状内倾，显示与登相营地层呈"超伏"接触关系，矿化线索比较少。已发现的矿产地23处(表4-2)。

表4-2　泸沽式铁矿及外围已知铁矿矿产地简要地质特征表

编号	产地名称		矿体		
		形态	产状、围岩	大致规模	
1	泸沽 大顶山	似层状、透镜状	顺层产出，产于白云石大理岩的顶底面上及其中，或大理岩尖灭的层位面上	主要矿体有3个。长400～1300 m，厚7～30 m，一般15 m。倾向延伸300～700 m	

编号	产地名称	矿体		
		形态	产状、围岩	大致规模
2	泸沽 铁矿山	似层状、透镜状	顺层产出，产于含叠层石白云石大理岩与上覆变质石英砂岩接触面上	10个矿体，长一般400～500 m，最长800 m，厚5～15 m，最厚38 m，倾向延伸达600 m
3	拉克	透镜状、豆荚状、脉状	上矿层为赤铁矿，基本顺层产于紫灰色千枚岩中；中矿层为磁铁矿，产于千枚岩夹角岩、矽卡岩中；下矿层为磁铁矿，产于钾长透辉角岩，矽卡岩中	上矿层：3个矿体，最大长662 m，厚5～9.6 m，延深60～90 m；中矿层8号矿体长70 m，延深50 m，平均厚15 m；下矿层最大者长510 m，延深173 m，厚10 m
4	松林坪	不规则、透镜状	产于大理岩夹层中	5个矿体，大者长200 m，倾向延伸130 m，厚5.5 m
5	朝王坪	似层状、透镜状	产于含叠层石白云石大理岩的下界面与其下伏变质石英砂岩或千枚岩接触面上或白云石大理岩中	较大的矿体有3个，长80～300 m，厚1.7～20.2 m
6	黑林子	扁豆状似层状	顺层产于绢云石英粉砂岩中	10个矿体长50 m，厚1～3.4 m
7	登相营南	脉状透镜状	产于含叠层石白云石大理岩中	10个矿体，大者长50 m，宽20 m
8	龙王潭	似层状、透镜状	顺层产于含叠层石白云石大理岩之下的变质砂岩和千枚岩中	5个矿体，最大长50 m，倾向延深190 m，厚1.2～2.4 m
9	何家铺子	扁豆状、脉状	顺层产于含砂质条带绢云千枚岩中	长10～20 m，厚0.52m
10	大坪坝	小透镜体	产于千枚岩中	4 m×0.5 m
11	凌冰湾	小透镜体	产于千枚岩中	6 m×9 m
12	大热渣	似层状、透镜状	顺层产于含叠层石白云石大理岩与下伏的变质砂岩和千枚岩之间	5个矿体，长10～50 m，厚0.2～1.4m
13	石头沟	脉状	产于大理岩底部与千枚岩接触界面上	长50 m，厚0.5m
14	擦岩	脉状透镜状	顺层产于变质砂岩中	5个矿体，一般长12～54 m，厚1～2.42m
15	新桥包谷地	透镜状	顺层产于变质砂岩中	30 m×5 m
16	开荒沟	脉状	大理岩夹层中	厚2 m，长深不明
17	谢家山		可能产于大理岩中	只见转石
18	米子书得		可能产于大理岩中	只见转石
19	登相营北	透镜状	产于白云石大理岩中	矿化带长250 m，4个小矿体
20	石梯子	透镜状	顺层产于变质砂岩中	长30 m，厚2m
21	九盘营	脉状	顺层产于变质砂岩中	2个矿体，长、深不明
22	基打古	透镜状	产于大理岩中	2个矿体，长25～30 m，宽10～15m
23	猴子崖	似层状透镜状	顺层产于含叠层石白云石大理岩与下伏的变质砂岩间的矽卡岩带中	矿体长250 m，厚1～3.6 m，平均2 m。

一、矿区地质特征

(一)概况

泸沽式铁矿位于四川省西南部,安宁河断裂带东侧,由前震旦系变质岩中的矿源层在晋宁期—澄江期岩浆热液作用下形成的矿床,多为优质富铁矿。含矿围岩因地而异,自南而北有会理群、登相营群等。与铁矿关系密切的岩浆岩以产于元古代登相营群与澄江期泸沽花岗岩接触带铁矿最重要。表 4-2 矿产地中泸沽铁矿山、大顶山最为典型,多数是富铁矿,规模达中型。泸沽铁矿矿区地质图见图 4-1。

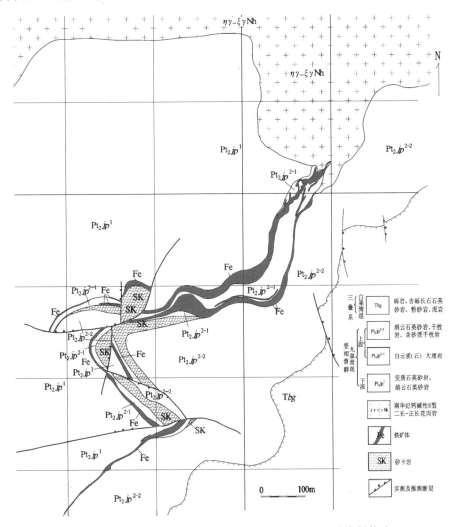

图 4-1　泸沽铁矿矿区地质图(据四川省地矿局 109 队资料修改)

（二）地层

泸沽岩体的围岩，即出露的地层主要是中元古代（登相营群 Pt_2D），其各组岩性及分布如下。

松林坪组：以灰色条纹状绢云（黑云）千枚岩为主，夹变质粉砂岩－砾岩及大理岩，厚 1100 m，上与深沟组整合接触，下未见底。本组分布于喜德县深沟乡、喜眉窝一带。

深沟组：石英岩、千枚岩夹大理岩组成，常见韵律层及小型交错层理。厚 1010～1408 m，上与则姑组变质火山碎屑岩、下与松林坪组千枚岩整合接触。分布于喜德县登相营一带。

则姑组：杂色厚层状变质火山砾岩、流纹岩、凝灰质砂岩夹变质凝灰岩及千枚岩、灰紫色变质流纹岩凝灰岩及杏仁状英安岩。厚 452～707 m，与上覆朝王坪组下伏深沟组整合接触。主要分布于喜德县深沟乡至朝王坪。

朝王坪组：灰色变质杂砂岩夹细砾岩、灰色粉砂质千枚岩和条带状粉砂岩组成粒序层，常见小型交错层理、冲刷面，厚 1864 m，与上覆大热渣组、下伏则姑组整合接触。主要出露于喜德县朝王坪拉克一带。

大热渣组：灰白、白色厚层至块状白云岩和灰色薄至中厚层状白云质灰岩，厚 1117～1437 m，与上覆九盘营组、下伏朝王坪组整合接触。主要分布于喜德县登相营及冕宁县大热渣一带，冕宁县桃园、铁矿山有零星出露，为铁矿山铁矿含矿层位。

九盘营组：从下到上为绿色千枚岩、变质砂岩、大理岩透镜体、灰色千枚岩，厚 675～1075 m，与上覆观音崖组不整合接触，与下伏大热渣组整合接触。本组地层是本区泸沽式铁矿的唯一含矿岩系，主要分布于喜德县九盘营至东山一带，冕宁县大顶山一带亦有出露，是"泸沽花岗岩体"的围岩，为大顶山铁矿和拉克铁矿含矿层。

另外，区内还有三叠系至侏罗系出露。

在矿区内出露地层九盘营组主要为一套变质岩建造。该组下段主要为变质石英砂岩、绢云石英砂岩；其上段下部主要为白云质（石）大理岩，上部主要为绢云石英砂岩、千枚岩、含砂质千枚岩。九盘营组岩石为区域动力变质岩，属低绿片岩相，单相变质，变质温度 400～470℃，低压－中压变质。变质矿物组合为绢云母＋绿泥石＋石英＋雏晶黑云母。

（三）岩浆岩

矿区北面出露的是所谓的"泸沽岩体"为南华纪（澄江期 687～669 Ma 前）被动侵入形成的钙碱性 S 型黑云二长－正长花岗岩，是大型岩体，为泸沽铁矿的控矿岩浆岩体。该岩体延长方向为北东 30°，基本与泸沽复背斜轴向一致，长约 30 km，宽约 2～14 km，面积为 187 km²。岩体主要侵入新元古界登相营群地层中，与围岩接触面呈波状起伏，产状变化较大。总体来看，岩体东南侧为正常外倾，但倾角变化大，一般是浅部缓，深部陡；北西侧为内倾，与登相营群呈"超覆"关系。

泸沽岩体可清楚地分为中心相、过渡相和边缘相三个相带。其中以过渡相最发育，约占岩体出露面积的 1/2；中心相仅在泸沽至冕山一带孙水河谷两侧出露，约占 1/3；边缘相发育较差，且各地不一，在岩体西部的桃园、南部的铁矿山至拉克一带边缘相宽数米至百余米；在北部的马鞍山、风箱口谢家山等地宽0.5~2 km。

岩体从中心相到边缘相钠长石、电气石、石英、白云母增加，黑云母、Fe_2O_3、FeO、TiO_2、MnO、MgO、CaO减少，这种物质成分上的变化，很可能与含铁岩浆热液的迁移和沉淀作用存在着内在联系。

矿体位于泸沽岩体外接触带，部分矿体直接与岩体接触，富厚矿体位于花岗岩外接触带附近。如拉克矿区：北矿段离岩体较近，矿化强烈，矿体TFe品位和规模大大超过中、南段；由于岩体呈舌状突出或呈脉状、枝叉状伸入围岩，与其伴生的磁铁矿化、矽卡岩化和角岩化现象十分明显。又如铁矿山矿区，富厚矿体位于北西—南东向倾没向斜的转折端，矿体底板直接与岩体接触。这说明花岗岩热力迁移富集作用，即岩浆热液在迁移中，不断吸取围岩中铁质，逐渐富化，在有利空间形成矿床。

花岗岩与拉克北矿段矽卡岩型矿床的关系表现为磁铁矿生成于岩浆期后的热液阶段，即由于花岗岩的侵入带来的含矿热液与围岩产生接触交代作用形成矽卡岩带和矿体。而拉克中矿段产于赤铁矿化绿泥石化绢云千枚岩中的假象赤铁矿，比铁矿山、大顶山的富磁铁矿可能更复杂些，也许在花岗岩侵入之前，围岩本身就是矿源层，后经岩浆热液的进一步活化转移富集成矿。

基性浅成侵入岩广泛分布于前震旦系变质岩及泸沽岩体中，主要为辉绿岩脉，多沿北北东—南南西及北西西—南东东两组裂隙侵入，而以侵入于泸沽岩体之前的后一组变辉绿岩更常见，与成矿更密切。这期辉绿岩已变质为变质辉绿岩或绿泥石片岩，常在围岩中呈整合式顺层侵入，在铁矿山矿区所见，岩脉与矿体亦是整合关系，形影不离，或为矿体之顶、底板，或平行产于矿体之中，而从不切穿矿体。晚期辉绿岩脉多系不整合侵入，穿切围岩、花岗岩、早期绿泥石化辉绿岩及铁矿体，与成矿关系不大。早期辉绿岩同矿体一样顺层产出，主要占据褶皱变形带中形成的层间剥离空间(裂隙)；特别是当两组轴向近垂直的褶皱横跨时，在软硬岩层之间，如铁矿山北段西部的白云大理岩与变质含砾石英砂岩或石英绢云千枚岩间所产生的规模较大的虚脱空间更为活跃，在这些地方变质辉绿岩似乎充当了"矿液载体"的角色。

(四)构造

矿区位于上扬子陆块西缘，康滇轴部基底断隆带北部中段与峨眉—昭觉断陷盆地的结合部位，安宁河断裂带东侧，米市裂谷盆地的西缘。区内断裂构造和褶皱构造发育，由南北向安宁河断裂带、北东向次级断裂和基底的褶皱—泸沽复背斜，以及东西向断裂构组成本区的基本构造格局。

铁矿受区域构造控制极为明显，泸沽岩体沿东西向基底断裂侵位于北东向泸沽复背斜及两翼的次级褶皱内，泸沽复背斜控制着铁锡矿床的分布，次级褶皱和断裂构造不仅提供了容矿空间，而且，褶曲强烈地段的上下层虚脱部位，往往有金属矿物的富集，形成富而厚的矿体。

二、矿体及矿石

（一）矿体产状形态

铁矿主要赋存于岩体外(矽卡岩内外)接触带的登相营变质岩中，矿体受褶皱、层间剥离、滑动带及断裂破碎带控制；呈似层状、凸镜状及囊状、瘤状、团块状。单矿长数百至千余米，厚数米至数十米。

矿区由大小 10 余个矿体组成，主矿体(Ⅰ、Ⅳ号矿体)呈似层状、凸镜状产于大热槽组大理岩与九盘营组变砂岩之间。总长度达 1500 m，厚 0.76～38.42 m，平均 3.24～8.24 m，延深 68～356 m，其形态、产状及厚度均随围岩的扭曲而有所变化。

（二）矿石类型及矿物组合

1. 矿石类型

铁矿山矿区矿石、矿物成分单一，且变化较小。根据金属矿物成分及含量，划分为两种矿石类型，即假象赤铁矿矿石和磁铁矿矿石。假象赤铁矿石主要分布于矿区北段，矿石为钢灰色，致密块状。大顶山矿区的矿石类型，根据矿物共生组合分为六个类型，即蛇纹石磁铁矿、碳酸盐磁铁矿、闪石或滑石磁铁矿、含锡石矽卡岩磁铁矿、石英赤铁矿以及黑色粉状磁铁矿，以前两者主。

2. 矿物组合

金属矿物主要为假象半假象赤铁矿，次为磁铁矿、赤铁矿，三者共占 90％～95％。脉石矿物有石英、黑云母、绿色云母、绿泥石、磷灰石以及微量的黄铁矿、闪锌矿、黑钨矿等。矿区南西猴子岩一带，见有含锡贫磁铁矿体，规模不大，其主要金属矿物为磁铁矿，次有闪锌矿、锡石、黄锡矿；非金属矿物有透闪石、透辉石、金云母、镁橄榄石、石榴子石等。

（三）磁铁矿矿物特征

1. 大顶山矿区

磁铁矿主要以三种产出形态：一是自形－半自形粒状磁铁矿，呈镶嵌状产出，粒度细小，约为 0.01～0.085 mm；二是磁铁矿呈不规则团块状、脉状、网脉状产于蛇纹石化大理岩中；三是磁铁矿呈放射状产出。

磁铁矿穿插交代碳酸盐围岩及早期形成的透闪石、蛇纹石等矿物，并保留了这些矿物的外形。如磁铁矿交代透闪石后，就具有透闪石的放射状外形；黄铜矿、黄铁矿呈极细的星点状产于磁铁矿中，或呈细脉状穿插磁铁矿；也见碳酸盐细脉及蛇纹石细脉穿插磁铁矿。磁铁矿的这些特点说明，它为多期热液交代形成。

在部分磁铁矿晶粒内部，也分布有细小包含物，并主要沿磁铁矿解理方向分布；少数呈环带状排列。包含物形态主要为透镜状及圆粒状，粒度一般为 0.5～1 um，最小者仅 0.1 um。包含物成分主要为硅、镁、钾，次为钙。包含物的这些成分与被磁铁矿交代的白云质大理岩以及蛇纹石、黑云母等成分基本一致，因而它们可能是被交代岩石、矿物的细小残留物或残留成分。

磁铁矿的单矿物化学分析结果见表 4-3。

表 4-3　冕宁泸沽大顶山矿区磁铁矿单矿物化学分析结果

	样　号	D采-9	D采-8	DIV-6	DIV-5
分析项目	Fe_2O_3	68.12	68.25	69.29	69.04
	FeO	24.75	23.63	23.86	23.39
	SiO_2	1.3	1.7	1.14	1.44
	Al_2O_3	0.25	0.25	0.3	0.35
	CaO	0.22	0.09	0.04	0.04
	MgO	2.16	2.88	2.36	2.68
	MnO	1.84	2.4	2.55	2.46
	TiO_2	0.01	0.02	0.01	0.02
	V_2O_5	0	0	0.012	0.005
	Co	0.00079	0.00079	0.00086	0.0011
	Ni	0.0027	0.0042	0.0048	0.0047
	Cu	0.0007	0.0002	0.0052	0.0002
	Pb	0.001	0.001	0.001	0
	Zn	0	0.006	0.004	0.004
	总计	98.65	99.23	99.58	99.44
矿物组分	$Fe^{2+}Fe^{3+}O_4$		76	77.3	75.9
	$MgFe_2^{3+}O_4$		16.5	13.8	15.6
	$MgFe_2^{3+}O_4$		7.5	8.6	8.3
	$Fe^{2+}TiO_3$			0.3	0.2

注：摘自《西昌—滇中地区磁铁矿特征及其矿床成因》

从表可见：磁铁矿 Fe_2O_3 含量与磁铁矿的标准含量（68.96%）大体一致；但 FeO 含量仅 23.39%～24.79%，较一般磁铁矿低 6%～7%；而 MgO、MnO 的含量较高，一般 MgO 为 2.16%～2.88%，MnO 为 1.84%～2.550%，十分明显 Mg^{2+}、Mn^{2+} 已进入磁铁矿晶格取代了 Fe^{2+}；TiO_2、V_2O_5 含量较低，为 0.01%～0.02%。磁铁矿含有微量 Co、Ni、Cu、Pb、Zn 等元素。

2. 铁矿山矿区

矿北段由于遭受风化及表生淋滤作用，多已生成假象赤铁矿。磁铁矿及假象赤铁矿呈自形-半自形粒状，以及他形粒状产出，粒度较细小，一般为 0.017～0.04 mm，往往组成致密块状，有时也呈脉状及不规则团块状产出。磁铁矿穿捕交代石英，并沿变粉砂岩粒间分布。磁铁矿也交代黑云母、磷灰石，以及碳酸盐矿物。磁铁矿交代角砾状变质石英砂岩，并保留了原岩的角砾状构造特征。磁铁矿晶粒内常常可以见到呈规则状排列的细小包含物,它们主要沿磁铁矿的三组解理密集分布,也有呈环带状排列的细小包含物。这些包含物主要为透镜状、圆粒状,以及不规则状,少数为长条状。包含物粒度非常细小,主要成分为硅,少数颗粒为镁,个别含钙。由此可以看出,包含物的这些成分与被磁铁矿交代的石英粉砂岩、白云质大理岩以及黑云母等成分基本一致。

磁铁矿化学成分比较简单(表4-4)。Fe_2O_3＋FeO 的含量一般在 95％以上,其他成分含量较少,说明含矿热液成分很纯;在交代作用中,其他成分进入磁铁矿晶格的很少,MgO、CaO、MnO 含量不很稳定,但三者基本呈正相关关系,即 MgO 高、CaO、MnO 含量亦高,这些组分可能是由于磁铁矿内的细小包含物引起。磁铁矿中 TiO_2、V_2O_5 含量除个别样品可分别达 0.18％、0.015％外,其余均很低,且多半为零,说明本区磁铁矿与酸性花岗岩在成因上的联系。磁铁矿 Ni、Co 含量较高,且含有 Ca、Pb、Zn 等微量元素,具热液型磁铁矿特点。

表 4-4　泸沽铁矿山矿区磁铁矿单矿物化学成分表(％)

	样号	T6-1	T12-2	T13-1	T12-4	T1-3	T13-3	T1-2
分析项目	Fe_2O_3	70.29	73.33	75.32	74.03	84.16	79.1	84.19
	FeO	26.59	21.38	21.3	20.37	11.81	16.12	9.6
	SiO_2	2.16	1.72	0.29	0.65	1.42	0.54	2.4
	Al_2O_3	0.25	0.45	0.3	0.3	0.3	0.2	0.79
	CaO	0.09	0.33	0.37	1.01	0.02	0.9	0.02
	MgO	0.05	0.96	0.55	1.28	0.72	0.6	1.12
	MnO	0.02	0.36	0.84	0.58	0.24	0.58	0.27
	TiO_2	0	0	0	0	0.05	0.01	0.18
	V_2O_5	0	0	0	0	0	0	0.015
	Co	0.0017	0.0012	0.0017	0.0013	0.002	0.0022	0.0032
	Ni	0.0033	0.0072	0.011	0.0069	0.0156	0.0095	0.015
	Cu	0.0013	0.0025	0.0011	0.0025	0	0.0005	0.0007
	Pb	0.005	0.004	0.017	0.004	0.005	0.005	0.041
	Zn	0.006	0.016	0.006	0.018	0.006	0.016	0.019
	Cr_2O_3	<0.002	<0.002	<0.002	<0.002	<0.002	<0.002	<0.002
	合计	99.47	98.56	99.01	98.25	98.75	98.08	98.66
矿物组分	$Fe^{2+}Fe^{3+}_2O_4$	91.2		74.7				
	$MgFe^{2+}_2O_4$	0.5		3.4				
	$MgFe^{3+}_2O_4$	0.1		3				
	Fe_2O_3	8.2		18.9				

注:摘自《西昌—滇中地区磁铁矿特征及其矿床成因》

(四)结构构造

矿物多呈他形粒状,次为交代残余及自形粒状结构;矿石主要为致密块状、角砾状构造,部分为条带状构造。矿区南西猴子岩一带,见有含锡贫磁铁矿体产出,规模不大,矿石具交代残余结构,条带状、浸染状构造。

(五)围岩蚀变

围岩多为碳酸盐岩、矽卡岩、钙镁质绢云千枚岩及变砂岩。矿体顶板为绿色变质角砾状石英细砂岩,主要具绿泥石化,其次是黑云母化、磁铁矿化、硅化等蚀变;底板为厚层状白云质大理岩。顶部有零星磁铁矿,中下部含叠层石,具硅化,磁铁矿化、阳起石化、黑云母化等蚀变。

(六)品位特征

矿石品位:TFe 最高为 70.35%,一般为 50%~65%,平均为 53.52%,S 为 0.009%,P 为 0.027%。酸性系数<0.5,氧化系数>3.5。矿区南西猴子岩一带的含锡贫磁铁矿体品位:TFe 为 22.4%,Sn 为 0.693%~11.203%,Cu 为 0.148%~0.38%,Zn 为 0.285%~1.948%。

三、岩石化学特征

泸沽岩体边缘相、过渡相、中心相岩石化学略有变化(表 4-5),从中心相到边缘相含量逐渐增高的氧化物有 SiO_2、Na_2O,从中心相到边缘相含量逐渐降低的氧化物有 TiO_2、FeO、CaO、K_2O,过渡相高而中心相和边缘相低的氧化物有 Al_2O_3、Fe_2O_3、MgO。

表 4-5　泸沽岩体岩石化学特征表

	氧化物平均含量/%									
	SiO_2	TiO_2	Al_2O_3	Fe_2O_3	FeO	MnO	MgO	CaO	Na_2O	K_2O
中心相	73.14	0.17	13.33	1.04	1.33	0.05	0.32	0.85	2.8	6.2
过渡相	74.52	0.14	12.96	0.96	1.25	0.05	0.23	0.74	3.19	5.22
边缘相	74.59	0.07	13.49	1.02	0.58	0.04	0.29	0.52	3.42	5.02
岩体平均含量	74.08	0.15	13.26	1.01	1.05	0.05	0.28	0.70	3.14	5.51
中国花岗岩均值	71.27	0.23	14.25	1.24	1.62	0.08	0.8	1.62	3.79	4.03
世界花岗岩均值	71.03	0.31	14.32	1.21	1.64	0.05	0.71	1.84	3.68	4.07

摘自《泸沽地区锡矿成矿远景区划说明书》(内部资料)

泸沽岩体岩石化学成分与全国均值比较,SiO_2、TiO_2、Al_2O_3、Fe_2O_3、FeO、MnO、Na_2O、K_2O 的含量基本相当,其中 SiO_2、K_2O 稍高于全国均值,TiO_2、Fe_2O_3、

MnO 稍低于全国均值；MgO、CaO 低于全国均值的二分之一。与世界均值比较：SiO_2、Al_2O_3、Fe_2O_3、FeO、MnO、Na_2O、K_2O 的含量相当，其中 SiO_2、K_2O 稍高于世界均值，Al_2O_3、Fe_2O_3、FeO、Na_2O 稍低于世界均值；TiO_2、MgO、CaO 低于全国均值的二分之一。

矿区主矿体顶板围岩为细粒变质石英砂岩，近矿岩石粒度变细，绢云母增多，岩石平均化学成分为：SiO_2 80.63%、Al_2O_3 6.51%、CaO 0.39%、MgO 1.31%、Fe_2O_3 5.04%、FeO 3.38%、P_2O_5 0.05%；主矿体底板围岩为灰白－白色，中－细粒厚层状大理岩，其 CaO(34.60%)、MgO(l0.93%)含量较高。

主要矿物及其含量特征：石英 25%、钾长石 40%、斜长石 30%、白云母 3%、黑云母 2%；副矿物：磁铁矿微量、钛铁矿少量、磷灰石 1.5%、锆石 1.3%。硅碱指数 $\delta=1.57$、固结指数 $SI=2.75$、$DI=92.96$、$A/CNK=1.22$、$C/ACF=0.16$、$OX^\circ=0.51$、$\sum Ce/\sum Y=4.27$。具有富 Si、K，过 Al，贫 Ca、Mg 的特征，属相容元素、LREE 富集型或 Eu 亏损型。

泸沽岩体的里特曼组合指数 σ 值为 2.42，按 σ 值划分的岩系、类型为：正常太平洋型钙碱性岩系花岗岩。

四、物探异常特征

区域地球物理特征，详见前第三章第二节攀枝花式铁矿床成矿模式，这里不再赘述，只叙述与泸沽矿区的有关物探异常特征。

1. 区域磁异常特征

区域航磁异常分为三个区：中部为东西向负异常区，北部为东西向椭圆形宽缓正异常区，西南部为北东向鼻状突出的正异常区。正异常主要由前震旦系登相营群的一套赋存赤、磁铁矿的碳酸盐岩建造引起。

地磁异常总体显示以正异常为主，在不同地段，负异常出现在正异常一侧或周围，表明磁性体产状变化较大。正异常走向多样：东西向、南北向、北东向、北西向均有。地磁异常幅度在剖面上变化较大，但连续性较好，为圈定磁性矿体提供了基础资料。

2. 矿区磁异常特征

泸沽式铁矿主要为磁铁矿，矿体与围岩有显著的磁性差异，矿区的地磁异常规模大，强度大，形态规则，正异常侧常出现明显的负异常。泸沽铁矿大顶山矿区位于航磁异常（M23）北侧的负异常中。M23 异常为长 5 km、宽 2 km，面积约 10 km²，异常为南正北负并负峰大于正峰的形态，异常幅值为 170 nT，极大值为 70 nT；异常由中酸性岩和磁铁矿综合引起。地磁异常($\triangle Z$)走向近东西向，局部异常走向为北东向。异常形态为椭圆状，长 500～1000 m，宽 100～500 m。北侧伴生明显的负异常，极小值为 -1000 nT 以上，南侧正异常范围大，极大值达 5000 nT 以上。地磁异常剖面(图 4-2)显示磁性矿体向南倾的特征，异常由中酸性岩和磁铁矿综合引起。

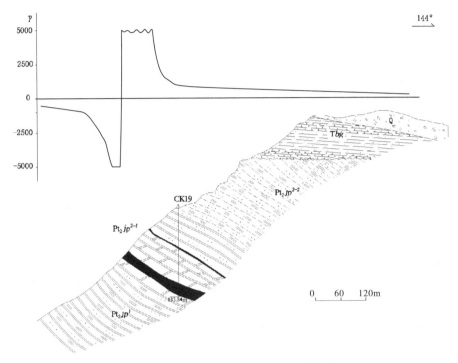

图 4-2 泸沽铁锡矿区地磁剖面异常图

五、矿床成因及成矿模式

新元古代晚期，晋宁运动导致分裂陆块拼合，继而由于强烈侧向挤压造成地壳缩短增厚，区内发生区域动力变质作用，使由复陆屑建造、碳酸盐建造构成的岩层发生变形

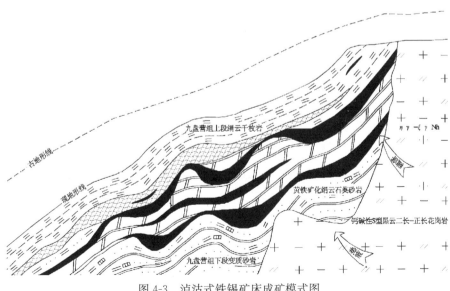

图 4-3 泸沽式铁锡矿床成矿模式图

变质，形成泸沽复背斜及其次级褶皱，以及登相营群变质岩。南华纪澄江运动，深部硅铝质地壳由于埋深、缩短及温度升高产生部分熔融，形成钾质钙碱性岩浆，经过后期抬升，上升侵入，形成泸沽岩体。由于花岗岩浆的侵入，经演化分异形成岩浆后期含矿热液沿次级断裂及褶皱形成的空间运移，在其有利的部位（褶皱空间）、与有利的岩性（大理岩）进行热液接触交代（矽卡岩）形成铁矿体。其矿床成矿模式见图4-3。

第三节　李子垭式铁矿床成矿模式

李子垭式铁矿位于川东北南江、旺苍一带。早在1949年前就已被发现，1949年后先后经重庆地勘公司第一调查队、达县地质队、物探队301队、四川冶金地堪局605队、四川冶金地堪局604队等开展了系列地质工作。20世纪70~80年代，经四川冶金地堪局604队的勘探确认为中型铁矿床。

一、矿区地质特征

（一）概况

李子垭式铁矿在川北地区有矿产地31处，中型矿床1处，小型2处，主要分布南江、旺苍两县，以南江河为界，构成东（主）、西两个磁铁矿带。此外，九顶山地区（汶

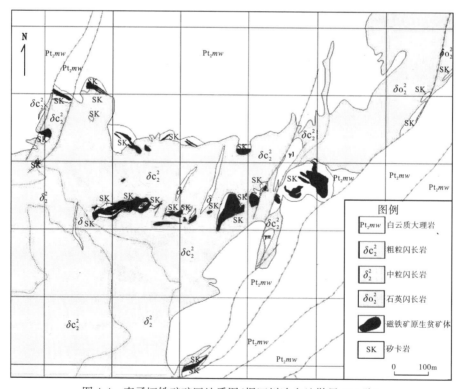

图4-4　李子垭铁矿矿区地质图（据四川冶金地勘局604队）

川、什邡、都江堰)也有零星矿(化)点。

李子垭铁矿区位于四川省东北部南江、旺苍县境内，大地构造位置属扬子板块北缘，米仓山－南大巴山逆冲－推覆带的米仓山基底逆冲带，在晋宁期碱－基性岩及中酸性岩浆热液与中元古代火地垭群麻窝子组碳酸盐岩接触带及碳酸盐岩残留体产生接触交代作用而形成铁矿。在米仓山一带有李子垭式铁矿矿产地 17 处，其中李子垭矿床达中型，工作程度相对较高，其矿区地质图见图 4-4。

(二)地层

矿区内出露地层主要为中元古界火地垭群麻窝子组(Pt_2mw)大理岩、白云岩，间夹少量变质碎屑岩和火山碎屑岩、炭硅质板岩。含矿岩石为麻窝子组变质碳酸盐岩(大理岩、白云岩)，区域上已知接触交代型铁矿(点)产出在麻窝子组下部为主，次为中部和上部的变质碳酸盐地层中。李子垭矿区的铁矿赋存于贾家寨闪长岩北东端与麻窝子组下段碳酸盐岩接触带，以及闪长岩体中的碳酸盐岩残留体中。

(三)岩浆岩

川东北的米苍山中酸性侵入岩带，分布着若干岩体(群)，大岩体一般呈浑圆状，小岩体呈岩株状。岩体侵入于中元古界地层中，局部地方岩体内有顶盖残留体，上震旦统不整合覆盖于岩体之上。矿区内出露的是晋宁期中－粗粒闪长岩、石英闪长岩，中部还出露有太古代的花岗岩和花岗斑岩。成矿岩体与非成矿岩体比较，碱总量和 Na_2O 含量相对偏高。

闪长岩是一种相对富铁、富钙、碱度较高的偏基性岩体，它与含硅、铝适量且相对富镁的碳酸盐岩接触，常发生较强的交代作用，由内到外有三个岩相分带：一是闪长岩带，常具较强的钠黝帘石化及黑云母化；二是矽卡岩化闪长岩带，蚀变岩石多呈不规则团块状沿岩体边缘断续分布，宽数米至 80 m，延深达 300 m 以上，岩石以不等粒和斑状结构的透辉石为主，钠化退色现象明显；三是矽卡岩带，发生于接触带偏围岩一侧的不纯碳酸盐岩层中，矽卡岩常呈条带和团块状分布，带宽数厘米到 100 m 不等，有透辉石化、石榴子石化及贫磁铁矿化，局部绿帘石化。

在区域侵入岩带中，二重山岩体的 Ru-Sr 法同位素测年为 870 Ma，官坝岩体 K-Ar 法同位素测年为 976.7 Ma，南江庙垭的石英闪长岩 U-Pb 法同位素测年为 956 Ma；此外，在南江椿树坪岩体 K-Ar 法同位素测年为 1065 Ma。这些资料可大致反映岩浆岩形成时代为晋宁期。

(四)构造

李子垭式铁矿大地构造属米仓山基底逆推带带；区域上有官坝－水磨大断裂和巴中(隐伏)断裂两条大断裂。官坝－水磨大断裂位于旺苍以北呈北东东向延伸，向南西消失于古生代盖层中，向北东进入陕西，长 80 余千米，出现若干分支断裂，对中元古代沉积有明显的控制作用。巴中(隐伏)断裂呈北东东向延伸，向南可接成都东侧的龙泉山断裂带。该隐伏断裂分割米仓山基底逆推带和大巴山盖层逆推带，北西出露的褶皱基底(火地垭群)发生一系列褶皱，构成复背斜，次级褶皱比较发育。

李子垭铁矿区位于庙坪－尖山背斜南翼，主要发育七条北东－南西向断裂，分布在矿区北西角两条，南东部五条，矽卡岩和铁矿产于中部和中西部。

二、矿体及矿石

(一)成矿母岩及含矿层位

成矿母岩为晋宁期闪长岩，含矿地层主要为的中元古界麻窝子组，该组以变质碳酸盐岩(大理岩、白云岩)为主，间夹少量变质碎屑岩和火山碎屑岩。

(二)矿体形态

矿体受层间裂隙、矽卡岩(接触)带、捕虏体边界控制，在平面上呈雁行排列，剖面上呈叠瓦状分布(图4-5)；矿体赋存于矽卡岩带中，以凸镜状、囊状为主，次为脉状和不规则团块状产出。李子垭铁矿产于闪长岩体北东端与麻窝子组下段碳酸盐岩接触带及碳酸盐岩捕虏体中。自北而南有三个矿带，主要矿体皆产于中矿带，即岩体北东端的捕虏体中。该矿带呈东西向长达700 m，由14个板柱状、囊状、凸镜状矿体组成，单矿长30～60 m，最长125 m；厚10～30 m，最厚40 m，最大延深410 m。

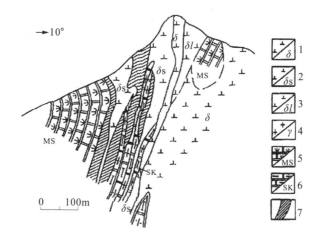

图4-5　李子垭铁矿剖面图

1. 闪长岩；2. 蚀变闪长岩；3. 细晶闪长岩(脉)；4. 花岗岩脉；
5. 蛇纹石化大理岩；6. 矽卡岩；7. 磁铁矿

(三)矿石特征

矿石自然类型为透辉石、透闪石磁铁矿。矿石组分复杂。矿石中金属矿物以磁铁矿为主，次有黄铁矿、磁黄铁矿及微量黄铜矿、硼镁铁矿等；脉石矿物为透辉石、透闪石及蛇纹石、石榴子石、角闪石、绿帘石、方解石、阳起石、金云母、绿泥石等。矿石结构以他形粒状结构、半自形粒状为主，次为交代残余和海绵陨铁结构；构造以条带状构造为主，次有稠密浸染状、致密块状和条带状构造。

从成矿地质条件和矿物共生组合分析，磁铁矿有两个成矿阶段：早期为粗晶磁铁矿，解理清楚，含较多以透辉石为主的脉石矿物；晚期矿石以细晶为主，自形程度差，伴生叶蛇纹石、金云母化和硫化物。

(四)围岩及蚀变

成矿围岩为岩体本身或中元古代碳酸盐岩，蚀变强烈，主要为矽卡岩化、蛇纹石化、钠长石化、大理岩化及角岩化。李子垭矿区的铁矿成矿母岩的近矿部位，均有比较明显的钠质交代作用，成为区别接触带有矿或无矿的一种重要蚀变标志。

(五)品位特征

铁矿石品位：TFe 为 $25\%\sim63.4\%$；其他组分：S 为 $0.01\%\sim0.3\%$，最高为 6.11%；P 为 $0.02\%\sim0.08\%$，个别达 0.33%；Co 为 $0.01\%\sim0.02\%$；Cu 为 $0.007\%\sim0.12\%$；Zn 为 $0.04\%\sim0.088$；B_2O_3 为 $0.01\%\sim0.3\%$；TiO_2 为 $0.1\%\sim0.2\%$，最高为 0.32%；V_2O_5 为 $0.005\%\sim0.071\%$。自熔系数为 $0.5\sim1.2$。

三、岩石化学特征

李子垭贾家寨岩体是一种相对富铁、富钙、碱度较高的偏基性岩体，成矿岩体与非成矿岩体比较，碱总量和 Na_2O 含量相对偏高。其岩体化学成分见表4-6。

表 4-6　李子垭矿床贾家寨岩体化学成分　　　　　　　(单位：10^{-2})

岩石名称	SiO_2	TiO_2	Al_2O_3	Fe_2O_3	FeO	MnO	MgO	CaO	Na_2O	K_2O
似斑状闪长岩	55.06	1.04	15.77	3.84	4.55	0.20	4.03	5.60	3.42	2.55
	47.72	1.13	11.05	4.60	4.57	0.19	7.50	11.88	2.70	1.65
	49.22	1.38	14.54	4.10	4.41	0.21	3.61	9.86	3.45	1.10
	47.34	1.20	17.42	5.11	4.47	1.10	5.04	9.69	3.84	1.72
中粒闪长岩	53.61	1.20	16.75	3.91	3.69	0.14	4.30	6.75	3.60	1.30
	51.65	1.31	15.25	7.79	6.02	0.18	4.23	6.45	3.30	1.40
	51.02	1.27	16.08	3.00	5.42	0.13	4.33	8.20	3.45	1.55
	52.07	1.38	15.31	3.00	5.85	0.24	6.64	6.63	3.00	1.65
	52.47	1.00	17.08	3.64	3.97	0.12	3.52	7.63	4.02	1.48
	54.32	1.00	16.24	3.17	3.89	0.12	3.46	7.13	4.39	1.96
	56.04	1.12	16.91	1.69	4.51	0.07	2.71	6.34	5.03	1.35
中细粒闪长岩	55.00	1.00	16.69	3.44	3.77	0.14	4.21	5.92	4.25	1.19
	51.37	1.50	15.29	3.80	5.63	0.20	4.91	7.57	3.65	1.30
	51.36	1.19	13.32	3.37	5.59	0.18	6.35	9.28	2.45	1.05

续表

岩石名称	SiO$_2$	TiO$_2$	Al$_2$O$_3$	Fe$_2$O$_3$	FeO	MnO	MgO	CaO	Na$_2$O	K$_2$O
闪长岩	50.20	0.37	12.98	4.35	4.63	0.18	7.84	10.11	2.30	0.70
	49.86	0.95	14.69	3.20	4.99	0.22	7.44	7.12	3.68	3.10
含石英闪长岩	52.26	1.18	17.13	2.49	5.70	0.27	4.16	5.64	4.00	1.77
	60.84	0.80	15.55	2.05	4.11	0.13	2.53	4.45	3.98	3.25
	54.48	1.20	14.33	3.56	6.47	0.17	4.64	6.21	3.65	0.40
	55.14	0.94	17.33	2.22	4.54	0.16	3.67	6.29	4.52	1.64
石英闪长岩	62.20	0.60	17.31	0.83	1.53	0.02	2.69	4.91	5.44	3.24
	65.18	0.40	15.56	1.35	1.89	0.07	0.66	3.93	5.05	3.42
	60.74	0.80	15.87	2.53	3.88	1.30	2.80	5.08	4.05	2.28
平均值	51.48	1.00	14.90	3.18	4.33	0.24	4.23	6.83	3.64	1.67
全国闪长岩均值	57.39	0.89	16.42	3.10	4.15	0.18	3.77	5.58	4.26	2.57
世界闪长岩均值	57.48	0.95	16.67	2.50	4.92	0.12	3.71	6.58	3.54	1.76

从表 4-6 可见，各类闪长岩氧化物含量平均值与世界和全国均值均值比较相近，唯 MnO 的含量较世界均值高出 2 倍。通过计算里特曼组合指数 σ 值为 3.33，按 σ 值划分的岩系、类型表，李子垭矿床贾家寨岩体属弱太平洋型钙碱性岩系的闪长岩体。

四、物探异常特征

矿床磁异常总体特征是强度大、梯度大、平面形态规则，剖面形态多峰，一侧（北侧为主）和周围伴生有负异常，矿异常与围岩异常界线较清楚。

1. 区域磁异常特征

南江旺苍地区共圈出航磁异常 54 个，已查证的异常 41 个，占全部异常的 75.9%。直接反映磁铁矿床的航磁异常有 3 处，即为 M23（李子垭）、M34-4（李家河）、M164（宪家湾）；但对已知铁矿（点）异常反映不明显的航磁异常有 13 个，例如沙坝红山中型磁铁矿床的反映是不明显的，其原因是已知磁铁矿床规模都比较小，引起的磁异常往往为大片岩体异常掩盖，难于分离出来。

根据南江旺苍地区的磁铁矿区及外围地面磁测资料整理发现 16 个地磁异常。其地磁异常总体特征反映磁铁矿体磁异常强度大，连续性好，呈条带状，走向为东西向、北东向为主，与岩体异常界线易于划分。例如竹坝地区有两条北东走向的地磁异常带，北带异常区从西向东分别为观音寺异常区—曾家沟异常区—杜家梁子异常区—李子垭磁铁矿床异常区—宪家湾磁铁矿床异常区，总长达 2800 m。南带异常区为贾家寨异常区，总长 1000 m，各个异常区均有磁铁矿体分布；与基性岩相关的磁铁矿异常同样具强度大，连接性好，呈条带状分布特征；例如椿树坪磁铁矿床。基性岩、中性岩引起的地磁异常因含磁铁矿多少，差异较大，引起的异常差异也较大，但从异常规模、强度、形态上可以与矿异常区分。

2. 李子垭磁铁矿床磁异常特征

飞行高度为 100 m 的航磁异常，长宽均为 0.5 km，形态为等轴状，极大值为 1350 nT，极小值为−300 nT，为李子垭磁铁矿的直接反映；在航磁异常平面图上显示为孤立正异常，梯度大，南北两侧伴生负异常，北侧为−300 nT，南侧为−100 nT，总体显示为向南倾有一定延伸的磁性体特征。

地磁异常由南向北总体显示为四条东西走向的条带状地磁异常带，长 200~700 km，宽 20~100 km，极大值为 8000 nT，极小值为−4000 nT；北部两条异常带，正异常南北两侧伴生负异常(北侧负值大于南侧)，南部两条异常带以正异常为主，北侧局部地段伴生有微弱负异常，总体显示磁性体(矿体)倾向南，向下有一定延深。地磁剖析异常形态复杂，左陡右缓，左侧伴有负异常，由于地磁异常由多个矿体引起，所以右侧异常多峰。

五、矿床成因及成矿模式

上扬子古陆北缘米仓山基底逆冲带，在中元古代沉积形成了火地垭群的一套碳酸盐建造，构成褶皱基底，此套建造受北东东向官坝−水磨大断裂及其若干分支断裂的控制。在晋宁期分两期沿褶皱基底(火地垭群)侵入基性—中性岩浆岩；晋宁一期侵入的基性杂岩岩浆分异(凝)形成钒、钛磁铁矿，晋宁二期中偏基性岩(高碱总量和高 Na_2O 含量的石

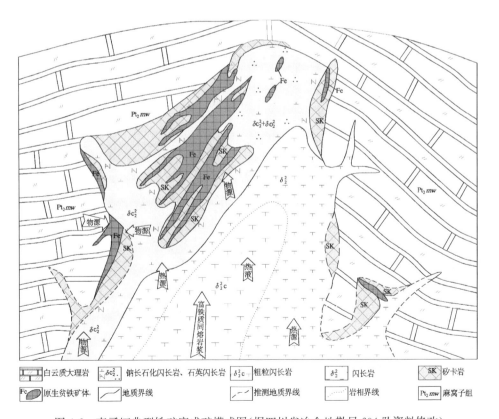

图 4-6　李子垭典型铁矿床成矿模式图(据四川省冶金地勘局 604 队资料修改)

英闪长岩)浆热液沿东西向构造，与碳酸盐围岩产生接触交代局部形成矽卡岩带，在接触带和顶盖残留体中磁铁矿富集形成李子垭式接触交代型铁矿，并伴有矽卡岩化、透辉石化、石榴子石化、蛇纹石化、钠化等，其中钠质交代是其重要的找矿标志。成矿母岩由中心向外呈粗粒闪长岩—中粒闪长岩—蚀变闪长岩(褪色带)渐变，矿体主要产于岩体上盘接触带，受层间裂隙控制，呈斜列产出。其成矿模式详见图4-6。

第四节　耳泽式铁金矿床成矿模式

一、矿区地质特征

(一)概况

耳泽式铁金矿位于四川省西南部木里县、稻城县一带。地下热液、变质热液、天水渗入热液活动在木里弧形滑脱逆冲带西翼的上二叠统不等粒中－粗晶大理岩夹少量薄层透镜状泥板岩、凝灰岩中富集形成铁金矿床，后经表生淋积进一步加富。矿区地质图见图4-7。

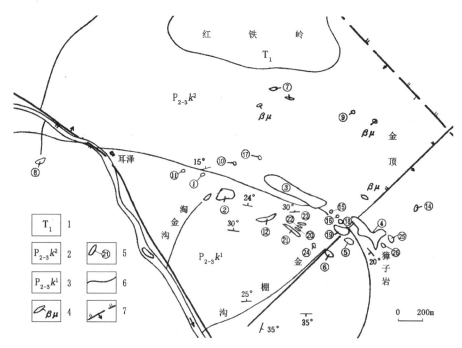

图4-7　耳泽铁金矿地质略图(据侯立玮等，1994)

1. 下三叠统；2. 上二叠统卡尔蛇绿岩组上段；3. 上二叠统卡尔蛇绿岩组下段；
4. 辉绿岩脉；5. 矿体露头及编号；6. 地质界线；7. 断层

耳泽式铁(金)矿的形成，经历了两个截然不同的成矿时期，即原生成矿期和次生富集成矿期。对于次生富集成矿期，由于资料充足，已形成共识。但对于原生成矿期的性质和特点，却众说纷纭，争论的焦点是关于成矿溶液的性质、成矿时代和控矿环境等。归纳起来主要有以下三种。

1. 地下热液—溶洞充填成矿

矿床明显受此唤背斜轴部的卡翁沟组碳酸盐岩破碎带控制，其中可见不同期次的形状大小不同的溶洞，溶洞控制着矿体的产出部位、规模、形态和产状。矿体均与围岩(大理岩)呈切割关系，界线十分清楚，围岩蚀变不发育，少量蚀变主要为方解石的重结晶、黄铁矿化、石英化、碳酸盐化和绢云母化。金矿化均未超越含金铁矿体，普遍含金但不均匀。

矿区内未见到具有一定规模的岩浆侵入体，地层中偶见玄武岩、凝灰岩夹层或辉绿(玢)岩脉，从山顶到山沟均未见岩脉增多的趋势，辉绿(玢)岩的 Rb-Sr 法同位素年龄值为 222.77 Ma 和 240.8 Ma，属印支期。

矿体内晶洞发育，矿物结晶颗粒粗大。其中水晶体大，晶形完整，并具"套生"现象；菱铁矿体内多有细而短的冷缩节理常被石英充填；矿体晶洞内见有无色、透明度极高的巨晶冰洲石；张性构造破碎带中的主要胶结物为巨晶方解石，常沿大理岩角砾周围呈放射状生长。这些证明成矿时期的环境比较稳定，没有明显的构造运动。

矿区内及外围分布有含金性较好的地层，成矿物质主要来源于上二叠统卡翁组的基性火山岩和大理岩，成矿溶液主要为大气降水与少量火山-沉积变质水相混合的地下热卤水。菱铁矿的 Rb-Sr 法同位素年龄值为 118.402~121.41 Ma，绢云母化泥灰岩的 Rb-Sr 法同位素年龄值为 136.755~139.706 Ma，相当于早白垩世。成矿大体上经历了三个阶段：

(1)矿床的基本构造格架形成阶段

很可能是印支运动生成达儿酿采压扭性断裂时，派生次级近东西向的此唤背斜和压兼扭性构造破碎带及其裂隙系统；其后又受到一组反扭力作用，派生出近东西向的张兼扭性构造破碎带和裂隙系统，使已生成的挤压破碎带具张性特征。总之，矿区受到"先压后张"的构造形变，形成了基本构造格局。

(2)溶洞系统形成阶段

印支运动后，本区趋于稳定，在之后的断续抬升活动中，受潜水面控制的岩溶作用沿上述破碎带随机溶蚀形成溶洞。由于破碎带及其与此唤背斜复合部位的岩石破碎程度更强，在此部位形成的溶洞最多、最大，提供了储矿空间。

(3)矿体生成阶段

由于地下水环流系统生成原生含金菱铁矿体，下渗雨水补助给的地下水渗合变质水被加热(主要是地热增温)后，溶滤围中的铁、金等成矿物质而成为含矿热液，受到热源的继续烘烤、上升，构成环流系统，把矿质带入溶洞与裂隙沉淀充填形成金—硫化物—菱铁矿体。成矿作用主要经历三个成矿阶段：Ⅰ阶段生成次显微金、菱铁矿等；Ⅱ阶段是在弱酸性的含矿热液在菱铁矿碱性地球化学障条件下沉淀，生成显微金、硫化物、石英等；Ⅲ阶段主要生成石英、方解石等。

2. 沉积改造—热液贯入成矿

认为耳泽铁金矿是经过沉积—改造而形成，金和硫主要来自下部的含矿热液。在晚二叠世，区内属半封闭的海湾，周围隆起的风化剥蚀及火山活动，提供了丰富的物质来源，生成一套含铁、金较丰富的碳酸盐地层及原生沉积菱铁矿透镜体，为后期矿床形成奠定了基础。

后由于印支运动，使该区抬升形成基本的构造格局，发生广泛的区域变质作用。当地质体进入还原改造带，沉积的菱铁矿经过改造形成质地纯、颗粒大的改造型菱铁矿。下部含金、硫等矿质的热液沿断裂、裂隙上升，充填互菱铁矿的间隙、裂隙、晶洞中形成浸染状、巢状、脉状含金黄铁矿及其他含金硫化物。

3. 岩浆热液—构造控矿

认为耳泽铁金矿床为海底深成岩浆含矿热液或火山含矿热液沿浅成断裂、裂隙贯入，在温度、压力小的构造环境中交代充填而形成的铁金型矿床。

（二）地层

矿区主要出露三叠系、二叠系地层，铁金矿赋存于上二叠统大理岩夹少量透镜状泥板岩、凝灰岩中。下三叠统出露于矿区以北红铁岭、红土坡一带，岩性为一套浅水潮坪环境沉积的海绵礁白云岩、鲕粒白云岩、膏盐次生角砾状白云岩、生物碎屑灰云岩。上二叠统卡尔蛇绿岩组分为上下段，上段顶部为粉-粗晶含白云质灰岩，含白云石10%左右；向下逐渐过渡为不等粒方解石大理岩，岩石由97%～98%方解石、1%～2%白云石或少量铁质组成，方解石呈自形-半自形晶；下段主要为灰-灰白色巨厚层块状中-细晶不等粒方解石大理岩，局部出现细条带(1～2 mm)状大理岩、纹层状中晶大理岩或褐色(铁染)大理岩；不同地段夹较多"泥板岩"或"凝灰质扳岩"扁豆体。

（三）岩浆岩

区内岩浆岩不发育，局部出露的均为一些零星分布的岩脉，未发现其与铁矿有直接关系。区内脉岩均遭受强蚀变，原岩物质成分已发生较大变化。根据岩浆岩侵入的层位和基性岩脉样品Rb-Sr等时线年龄值(227.56±1.62 Ma)判断，矿区岩浆活动大致相当于印支期。

英安质-安山质(次火山)岩脉外观呈淡黄、浅青色，主要由绢云母(或水云母)及少量方解石、石英及菱铁矿、黄铁矿组成，具致密块状或多孔疏松状构造，在显微镜下具半定向、条带状、流纹状构造。

辉绿岩外观呈浅绿-绿色、致密块状，蚀变较强，主要由绿纤石及少量绿泥石、绿帘石、石英及碳酸盐组成。绿纤石为岩石的主要矿物成分，显微镜下呈放射状"球粒"集合体或束状。绿泥石较少，仅分布于绿纤石的外缘。

（四）构造

褶皱主要为此唤次级背斜。该背斜位于水洛(恰斯)穹隆形复式背斜中部，北西向耳泽背斜倾没端及北东翼。背斜由上二叠统大理岩夹凝灰岩、泥质板岩及下三叠统白云岩类组成。轴线经金棚沟—此唤山一线呈北东东－东西向，向东倾状，西端与耳泽背斜呈横跨关系，并被麻婆贡河断层所截。两翼地层产状平缓、北翼为15°~30°，南翼30°~50°，背斜形态为基本对称开阔的弧形丘状褶皱。

矿区内特征较明显者有三条。金棚沟断层为正断层，在金棚沟口一段走向为北东60°，向东与红土坡干海子断裂相交，断层性质为张性，沿断层角砾岩发育。麻婆贡河断裂走向北西，大致平行麻婆贡河展布，为顺扭平移断层。断层两侧地层产状不一，南西盘地层倾向南西，北东盘地层产状一般倾向北，北偏西或南、南东断裂带中见较多的近水平擦痕。为顺扭平移滑动。干海子断裂(f_3)位于耳泽主矿体的北部，经红土坡垭口—干海子一线，走向北西—南东，截过上二叠统、三叠系等地层，沿断裂带岩石破碎，个别地段具绢云母等新生应力矿物。

构造对矿床的控制作用表现在一是为矿液提供通道，二是储矿空间。成矿前的破碎带、断层对主矿体的分布起控制作用，节理裂隙对主矿体附近或旁侧小矿脉提供空间。

二、矿体

耳泽矿区内已发现大小含金菱铁矿－褐铁矿体近百个，其中长度大于10 m、宽度大于1m者共40多个。矿体成群集中，成带展布，有80%的矿体出露地表，其余为经钻探或坑道揭露出的隐伏盲矿。主矿体产于此唤背斜轴部附近构造破碎带及次级裂隙中，集中分布于獐子崖至淘金沟，东西长1200 m，南北宽约400 m的火烧坡地段。

(一)矿体形态

矿体形态与控矿条件、成矿作用方式以及风化溶蚀有密切的关系，由于控矿构造不同矿体形状也随之不同，一般受层间裂隙和构造破碎带控制，矿体多呈透镜状；沿一组或两组追踪裂隙产出者呈脉状；受多组裂隙和多组裂隙交叉部位控制者则呈瘤状或不规则状。

矿体主要呈脉状、豆荚状、透镜状、瘤状和复合型矿体，以脉状和透镜状为主，瘤状和复合型矿体次之。主矿体走向与矿带方向一致，沿北西西向展布，总体北倾，单矿体倾向南南西，倾角变化较大；规模较小矿体走向以近南北向为主，部分呈近东西向，向西或向北倾斜，少数南倾，倾角中等，变化不大。各主矿体周围常有规模很小的矿体出现，它们的长度一般为几十厘米至几米，宽几厘米至数十厘米。有的与主矿体近于平行，互不相连接；有的与主矿体斜交，离主矿体有一距离；有的与主矿体斜交并相连，构成主矿体的分支。

矿体与围岩界线清楚，总体围岩蚀变不明显，仅在局部围岩(大理岩)中有些铁染现象，显示微弱的黄铁矿化和碳酸盐化。脉状、豆荚状矿体与围岩接触界为波浪状曲线，透镜状、瘤状、复合型矿体与围岩常呈折拐状、锯齿状、港湾状接触。部分矿体与围岩间有石英、方解石脉充填，且石英、方解石脉中可见褐铁矿块体，显示成矿后有构造热液活动。部分矿体上盘与围岩呈溶蚀接触，出现不规则溶洞，其中部分溶洞中有次生褐铁矿或含金褐铁矿填充。

（二）矿体规模

矿区内各矿体大小不等，相差悬殊，矿体规模与所处的构造位置及控矿构造性质有内在联系。大矿体常位于规模大的构造破裂带中部，或位于构造破裂带与背斜轴的相交部位，以及两组以上构造裂隙交汇处。其中 3 号、4 号矿体为主矿体。

3 号矿体位于矿区中部，长 420 m、地表平均厚为 54.69 m。矿体走向 290°～295°，倾向北或北北东，倾角一般为 25°～55°。整个矿体东高西低，向西侧伏，侧伏角约 15°，东段延深约 30 m，西段延深大，达 98 m，平面形态为透镜状，纵向为纺锤状，在横剖面上则呈不规状，形态不一，变化急剧。

4 号矿体位于破裂带与此唤背斜轴的相交部位，总体走向 290°，倾向南南西，局部倾向北北东，倾角一般为 30°～60°，沿走向和倾向局部产状变化较大。矿体长 210 m，最宽 80 m，最窄部位仅数米，东高西低，向西侧伏，侧伏角 30°。延深 30～85 m。矿体平面形态为不规则状，为几个瘤状矿体相连，纵向上为透镜状，横剖面上分为蘑菇状、歪斜漏斗状、不规则鞍状。矿体尖灭处有平行分支矿脉，下部有同倾平行产出的盲矿体，最大盲矿体长约 80 m，铅垂厚 20 m，延深 60 m。矿体具明显穿层特征，受两组以上的裂隙及裂隙交汇部位的控制。

（三）矿石类型及矿物

耳泽铁金矿矿石类型按可划分为四种类型。

1. 褐铁矿型矿石

是各矿体的主要矿石类型，由原生黄铁矿－菱铁矿矿石和石英－黄铁矿矿石氧化而来，矿石疏松多孔，具交代假象结构、交代残余结构、包含结构，块状、蜂窝状、粉末状（或土状）、条带状和各种胶状构造。主要矿物为针铁矿，次为纤铁矿、石英等，次要矿物有蓝铜矿、软锰矿、硬锰矿、绢云母、黏土矿物，微量辉铜矿、铜蓝、褐石和少量孔雀石等。褐铁矿型矿石从矿体中心到边部，氧化程度由低到高，各类矿石间无明显界线，常为渐变过渡，根据氧化程度可分为全氧化矿石、强氧化矿石、半氧化矿石、弱氧化矿石四种类型。

2. 黄铁矿－菱铁矿型矿石

是矿床中的主要原生矿石，多位于矿体中部。矿石为镶嵌结构、共边结构，块状、浸染状、晶洞状、梳状、脉状、斑杂状构造，主要矿物为菱铁矿（85%±）。次为黄铁矿（1%～10%）、石英（1%～5%），少量毒砂、黄铜矿、黝铜矿、斑铜矿、方铅矿（均在 1% 以下），微量绿泥石、金红石、锐钛矿、方解石、白云石等。

3. 石英－黄铁矿型矿石

多呈长数十厘米到几米，宽几厘米至几十厘米的透镜状、条带状、巢状、断续脉状分布于黄铁矿－菱铁矿型矿石中。主要矿物为黄铁矿，次为石英，含少量的黄铜矿、黝铜矿、斑铜矿等。矿石具自形、半自形粒状结构。

4. 矿化大理岩

主要见于 2 号、3 号、4 号矿体的接触带和矿体中。矿石呈浅黄褐色和褐黄色，粒状变晶结构，浸染状、块状、脉状构造。主要矿物为方解石，次为脉状褐铁矿(由黄铁矿、菱铁矿氧化而成)、尘点状黄铁矿，少量次生方解石、白云石，微量的石英、绢云母及锰的氧化物。

此外，由于矿区风化滤作用较强烈，使原生或氧化矿石中铁及某些元素发生迁移、堆积，可称为迁积矿石。

(四)品位特征

原生黄铁矿-菱铁矿型矿石含 FeO 高，一般为 $41.85\%\sim52.25\%$，平均为 40.18%，氧化矿石中含 Fe_2O_3 很富，一般为 $60.7\%\sim85.77\%$，平均为 76.66%。区内所有大大小小的菱铁矿-褐铁矿体均含金，品位变化多是矿体边部较高，中心部位较低，平均含金品位为 2.59 g/t。

三、岩石地球化学特征

(一)氧化物含量特征

25 件样品分析结果(表 4-7)表明矿体与围岩中氧化物含量有明显不同。矿石中的 SiO_2、MnO、Na_2O、P_2O_5、MgO/CaO 比值明显高于大理岩，如 SiO_2 高出 10 倍，MnO、MgO/CaO 高出几十倍，Na_2O 高出 $4\sim5$ 倍，P_2O_5 高出十几倍；SiO_2、TiO_2、Al_2O_3、Na_2O、K_2O 含量低于凝灰质粉砂岩，表明矿石中铁等有用组分可能主要来源于含矿热液。氧化矿石与原生矿石 Fe_2O_3、FeO 之间，只是因 Fe^{2+} 氧化转变成 Fe^{3+}，而造成其差异外，其余氧化物含量都大致相当，说明氧化矿石系原生矿石就地氧化而来。

表 4-7 耳泽铁金矿围岩、矿石氧化物含量表(%)

岩石名称		SiO_2	TiO_2	Al_2O_3	Fe_2O_3	FeO	MnO	MgO	CaO	Na_2O	K_2O	P_2O_5	MgO/CaO
大理岩	Ⅳ矿上盘	0.2	0.02	0.24	0.06	0.14	0.019	0.22	55.56	0.04	0.05	0.01	0.4
	Ⅲ矿上盘	0.38	0.035	0.21	0.015	0.21	0.015	0.49	55.00	0.05	0.09	0.004	0.89
	Ⅲ矿下盘	0.26	0.02	0.13	0.03	0.21	0.016	0.74	54.73	0.05	0.07	0.004	1.35
凝灰质粉砂岩	凝灰质粉砂岩	40.46	2.2	34.15	3.61	3.51	0.01	0.47	0.88	1.01	7.33	0.49	53.41
原生矿石	原生矿石	3.21	0.03	0.18	9.92	49.34	1.65	0.75	1.08	0.24	0.08	0.05	69
氧化矿石	氧化矿石	4.02	0.03	0.24	73.01	2.55	0.96	0.25	0.4	0.22	0.08	0.05	63
迁积矿石	迁积矿石	3.36	0.06	0.14	82.99	0.18	0.32	0.18	0.31	0.29	0.12	0.04	58

注：迁积矿石是原生或氧化矿石中铁及某些元素发生迁移，堆积起来的矿石

资料来源：《四川木里耳泽金矿床地质特征、成矿条件及找矿初步研究》(内部资料)

(二)亲硫、铁族元素含量特征

1. 含量特征

矿区矿石与围岩中主要金属元素含量见表 4-8。

表 4-8　矿区围岩矿石元素含量表　　　　　　　　(单位：μg/g)

岩矿类	亲硫元素					铁族元素					
	Cu	Pb	Zn	Ag	Au	Ti	V	Cr	Mn	TFe%	Co
大理岩	12	26.7	13	10	1	72	<2	10	124	2	<1
黄铁绢英岩	12	21	25	3		19510	18	88	1050	4.5	<1
强片理化泥质岩	18	38	52	51	5	15105	246	219	346	10	9
铁质泥板岩	1048	33	58	49	9	3309	61	44	1372	16	<3
含金铁质泥板岩	131	59	13	3.1	5.42	23080	211	250	78	1.3	<1
原生矿石	147	110	87	41	1.33	26	62	<4	13312	48	10
氧化矿石	1912	90	108	13.73	4.14	45	72	6	6956	61	9
迁积矿石	134	88	84	14		21	144	<4	1870	69	8
石英	49	18	14	55	1	43	<2	38	39	8	6
地壳丰度	63	12	94	0.08	0.004	6400	140	110	1300	0.058	25

注：地壳丰度值据黎彤(1976)

矿区 TFe、Au、Ag、Pb 元素在各类岩矿石中的含量明显高于地壳丰度，Cu、Zn、Mn 元素在矿体或矿化体中明显富集，Ti 在黄铁绢英岩和含金铁质泥板岩中明显富集，V、Cr 在强片理化泥质岩和含金铁质泥板岩中相对富集，Co、Ni 在各类岩矿石中相对贫化。这些元素的总体分布特点是：TFe、Cu、Pb、Zn、Ag、Mn、Au 主要分布在矿体或断裂带上，其中 Cu、Pb、Zn、Mn 元素在矿体附近明显地增加。

无论是原生矿石、还是氧化矿石、迁积矿石都含大量的铁，主要以菱铁矿、黄铁矿、褐铁矿及黄铜矿等矿物形式出现。在矿石中菱铁矿占 80%～90%，呈完好的菱面体晶；黄铁矿呈五角十二面体及致密块状。在泥板岩、黄铁绢英岩中，黄铁矿呈极细粒状或立方体晶形出现；大理岩中除少数矿体附近见铁染外，其余很少见到铁的矿物。

2. R 型聚类分析

对耳泽铁金矿的铁族、亲硫元素进行 R 型聚类分析，对原始数据不取对数、对数据不变换，采用相关系数法所作其 R 型聚类分析谱系图(图 4-8)。

从图 4-8 可见：耳泽铁金矿的铁族、亲硫元素按相关系数大于 0.5 可分为四类：

Au-Cu 元素组：它们的相关系数约为 0.5，为中度相关，说明它们具有一定的亲缘性。

Fe-Zn-Mn-Pb-Co 元素组：其中 Fe-Zn 元素的相关系数达 0.9 以上，为高度相关，

Fe-Zn 与 Mn、Pb 元素之间相关系数为 0.8，为高度相关；Fe-Zn-Mn-Pb 与 Co 元素的相关系数为 0.65，为中度相关；说明 Fe、Zn、Mn、Pb 元素之间有很强的亲缘性，Fe-Zn-Mn-Pb 与 Co 之间有较强的亲缘性。

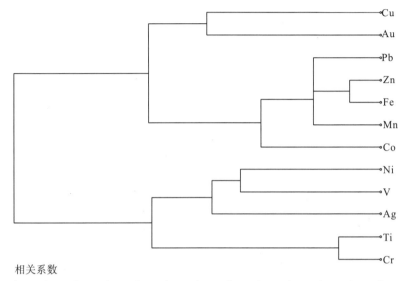

图 4-8　耳泽铁金矿铁族、亲硫元素 R 型聚类分析谱系图

　　Ni-V-Ag 元素组：Ni-V 之间的相关系数为 0.55，为中度相关；Ni-V 与 Ag 之间的相关系数为 0.5，为中度相关；说明它们之间具有一定的亲缘性。

　　Cr-Ti 元素组：它们之间的相关系数约为 0.85，为高度相关，说明它们具有较强的亲缘性，可能与深部基性超基性岩浆有关。

　　总体特征：亲硫和铁族元素总体可能现四期热液活动有关；铁族元素之间的相关性很低，说明其形成与基性超基岩（火山岩）的关系不大；Fe、Zn、Mn、Pb 的高度相关，反映其具有沉积特征，并经之后多期热液改造。

四、矿床成因及成矿模式

（一）成矿流体

　　矿区氢、氧同位素特征表明，成矿早晚阶段热液组成、来源不完全相同。早期阶段菱铁矿、石英的 $\delta^{18}O_{H_2O}$，δD_{H_2O} 值变化不大，较稳定，投影在克雷格大气水线右侧，与岩浆水（$\delta^{18}O_{H_2O}$ 为 7‰～9.5‰，δD_{H_2O} 为 −40‰～−80‰）较相似，但比标准岩浆水 $\delta^{18}O$ 值偏小，δD_{H_2O} 值变化相对较大；而在耳泽矿区又未发现岩体，推测可能是深部有热液，与天水、地下循环水混合所致，总的显示早期阶段成矿热液是以非岩浆热液为主的混合热液。晚期阶段石英的 $\delta^{18}O_{H_2O}$，δD_{H_2O} 值投影在克雷格大气水线附近靠右侧，说明晚期阶段则是以天水为主的混合热液，受蒸发作用较小。

（二）成矿物质来源

耳泽—央岛地区已知各铁金（银）多金属矿床（点），其产出特征，矿石矿物组合都具有较多的相似之处，成矿物质来源都大体相当，主要来源于围岩，及区域上某些含成矿元素较高的岩石和地层。

耳泽铁金矿硫化物有黄铁矿、黄铜矿、毒砂及少量方铅矿，其中黄铁矿占整个硫化物矿物的 90％ 以上。矿石硫与成矿母岩硫同位素组成一致，具很多相似性，但耳泽铁金矿床中黄铁矿更富 $\delta^{34}S$，可能由于成矿深度浅，围岩为富 $\delta^{34}S$ 的碳酸盐岩所致，耳泽铁金矿硫可能主要萃取于围岩硫。

碳主要组成铁的碳酸盐矿物－菱铁矿，菱铁矿所测得 $\delta^{13}C$ 值在 $-7.2‰\sim-8.7‰$ 变化，其平均值为 $-7.837‰$，极差 1.491，标准差 0.68，表明菱铁矿中碳同位素组成稳定、变化小的特点，指示其来源单一，且与来自地下 30 km 和 10×10^8 Pa 地幔初生水（$-5‰\sim-8‰$）的 $\delta^{13}C$ 值相当，而与耳泽铁金矿围岩－大理岩（$-1.327‰$）$\delta^{13}C$ 值相差甚远，由此可初步推测菱铁矿中碳主要来自深循环热液。

根据菱铁矿的 $^{87}Sr/^{86}Sr$ 初始值为 $0.70043\sim0.70398$，与自然地质体锶 $^{87}Sr/^{86}Sr$ 相比大体相当于陨石、海岛、海底玄武岩的初始值。

（三）成矿温度压力

根据地矿部成都地质矿产研究所郭福林等、成都理工大学李葆华和中国地质科学院陈伟等，对矿石中主要矿物菱铁矿、黄铁矿、黄铜矿、毒砂及石英包裹体所测得均一温度和爆裂温度结果表明，不同矿物的析出温度不同。菱铁矿均一温度为 $140\sim170℃$，其中心部位为 170℃，边缘增长部分为 $140\sim160℃$，爆裂温度 330℃，显示了结晶温度区间大、速度慢、晶粒粗、晶形完好的特点；黄铁矿的爆裂温度为 $150\sim220℃$，平均值为 196℃，黄铜矿、毒砂的爆裂温度为 $120\sim155℃$，平均为 138℃；石英均一法温度为 $60\sim195℃$。根据所测矿物温度并结合矿石矿物结构构造，共生组合关系确定：第一阶段的成矿温度为 $150\sim330℃$，中值温度为 195℃，主要析出菱铁矿、黄铁矿，早阶段石英及超显微金；第二阶段成矿温度平均值为 138℃，形成黄铜矿、黝铜矿、毒砂及显微自然金；表生期在常温下形成广义的褐铁矿等。

（四）矿床成因

耳泽地区已知各铁金（银）多金属矿床（点），其产出特征，矿石矿物组合都具有较多的相似之处，成矿流体都大体相当，据稳定同位素特征所反映出成矿流体具多源性特点，即以天水、地下循环水等混合形成的混合热液，因此，耳泽式铁金矿总体上具中低温热液型矿产的特点。

耳泽地区从燕山期以来的强烈地壳运动导致局部岩石熔融产生的岩浆和热液，由动热作用产生的变质水、天水渗入产生的混合热液，提供部分铁、金（银）多金属等成矿物质，并作为矿化剂在活化、转移过程中从围岩中萃取成矿物质富集，在成矿有利部位充填和交代而形成铁金矿体。到新古近纪和第四纪以来由于地壳强烈抬升，风化淋滤可使矿体加富，形成铁帽。

(五)成矿时代和成矿期

Rb-Sr 法测定矿石中菱铁矿获得其年龄值值分别为 118.4 Ma 和 121.4 Ma，成矿时代相当于早白垩世，即燕山期。根据矿床中不同矿石类型的空间分布及各矿物之间的关系、形成温度、矿物共生组合和矿石结构构造，可把耳泽铁金矿成矿过程划分为热液期和表生期。

1. 热液成矿期

该成矿期早期形成的原生矿体或矿化体分布于水洛穹隆核部，沿近东西或近南北向构造破碎带充填，主要形成黄铁矿-菱铁矿-金矿组合和赤铁矿-金矿组合，成矿温度较高。成矿晚期是成矿早期阶段的继续，形成含金(银)多金属矿组合，矿化分布范围更广，除在穹隆核部形成金属硫化物叠加矿化外，主要矿点分布于穹隆边缘，如欢曼-立彤欢、丹滴卡、菜园子等矿点，矿石矿物组分主要为铜、铅、锌的硫化物及金(银)矿物成矿温度相对较低。

2. 表生成矿期

耳泽地区地处青藏高原东南缘，高山与丘陵、盆地交接过渡地带，雨量充沛、昼夜温差大。矿床位于高山深切割区的最低侵蚀基准面以上，普遍遭受氧化淋滤，使原生矿石风化为氧化和半氧化矿石。氧化矿部分留在原地，部分作短距离迁移后在附近再沉淀下来，部分逸散或流失。表生作用促使菱铁矿溶解氧化为褐铁矿，其中呈类质同象存在的 Mn 氧化为硬锰矿和软锰矿；铜的硫化物则氧化生成孔雀石、蓝铜矿等；金元素则进一步富集。

(五)矿化阶段

热液成矿期是形成原生矿体或矿化体的主要时期，又可分为三个阶段。

1. 菱铁矿阶段

成矿热液富含 Fe^{2+} 和 CO_2，主要形成米黄色自形-半自形块状菱铁矿，菱铁矿晶粒较大，裂纹和解理发育；在菱铁矿间形成细粒尘点状分布的毒砂。与此同时或稍后有少量黄铁矿呈稀疏浸染状晶出，其晶形完好、晶粒不等。次显微金呈类质同象分布于黄铁矿、毒砂、石英、菱铁矿等矿物中。据石英、菱铁矿、黄铁矿的均一温度和爆裂温度，本矿化阶段的形成温度主要在 190~270℃，最高可达 300℃ 左右，是成矿作用中温度最高的矿化阶段。

2. 硫化物阶段

此阶段成矿热液相对富集 S、SiO_2 和 Cu、Sb、Pb、As、Au、Ag 等元素。主要形成褐黄色、黄灰色、灰白色石英和致密块状黄铁矿、毒砂、黄铜矿及斑铜矿、黝铜矿、方铅矿、硫铜银矿、硫铁铋铅矿等矿物，并有少量淡黄灰色的矿物在原有矿物基础上生长增大的菱铁矿形成。显微自然金和银金矿与硫化物一道晶出，并赋存于载金矿物中或充填于矿物晶粒间。经石英、菱铁矿、黄铁矿等测温，本阶段的主要矿化温度为 130~195℃，是金矿物的集中矿化阶段。

3. 方解石-石英阶段

热液中金属元素已基本上析出，随温度、压力的下降和 Eh 值、pH 值的变化，SiO_2 和 $CaCO_3$ 析出沉淀。主要形成灰白色、乳白色、他形细至中粒的石英脉和方解石脉。它们常穿插于粗巨晶的黄铁矿和石英-黄铁矿集合体中。石英脉和方解石脉间常相互切割。基本由各自的单矿物组成，含尘埃状的硫化物不到 1‰，金矿化甚微，脉体含金一般为几 $\mu g/g$，最高也只 10 余 $\mu g/g$。形成温度为 60～115℃，标志热液矿化阶段的结束。

（七）成矿模式

耳泽矿床是在复杂的演化过程中，经过多次地质构造运动，多种成矿作用形成的，早期成矿过程具有热液活动的特点，在耳泽地区沿主要韧性剪切带主界面附近可能有局部熔融，形成热液以及由动热作用所发生的变质水和热能，为本区铁、金（银）多金属矿产的形成提供了所需的热源，同时也携供矿化的介质和部分成矿物质，热液活动，以及天水渗入，成矿物质沿构造裂隙迁移，在有利部位发育形成矿体。后期经风化渗滤等作用，发生活化、迁移使矿体进一步加富。典型矿床的成矿模式见图 4-9。

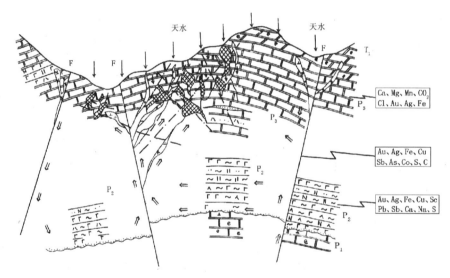

图 4-9　耳泽式铁金矿床成矿模式（内部资料）

1. 三叠系含生物碎屑结晶白云岩；2. 上二叠统大理岩；3. 中二叠统蚀变基性火山岩；4. 下二叠统生物碎屑角砾状大理岩；5. 基性岩脉；6. 中酸性岩脉；7. 矿体；8. 不整合界线；9. 断层；10. 裂隙；11. 地下气液流动方向；12. 下渗天水

耳泽地区自震旦纪以来，主要表现被动大陆边缘盆地型海相碳酸盐－碎屑岩沉积；二叠纪—三叠纪时期扬子陆块西缘地壳张裂，形成金沙江洋盆和甘孜－理塘洋盆，随之洋壳由东向西俯冲、消减，海沟倒退洋盆关闭。陆内汇聚作用，导致区域上沿不同岩层接触界面产生了强烈的构造变形及动热变质作用。根据区域成矿地质构造条件，已知矿床（点）分布特征、成矿物质和流体来源，矿床形成方式演化过程及其内在联系，建立的区域成矿模式图见图 4-10。

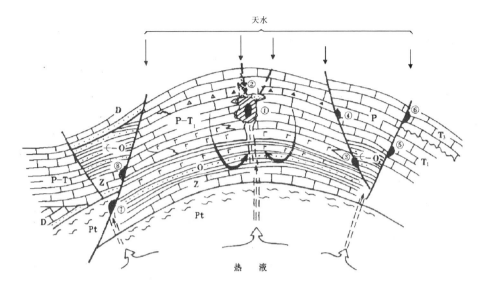

图 4-10　耳泽地区区域成矿模式图（据李新敏等资料修改，1989）

①耳泽矿床；②红土坡矿点；③固滴卡矿点；④新戈矿点；
⑤神仙水矿点；⑥且则代矿点；⑦菜园子矿点；⑧欢曼矿点

第五章 火山成因铁矿典型矿床

第一节 概 况

一、总体分布

四川省火山成因铁矿主要分布在攀西地区的会理县、盐源县，此外会东县还有零星分布。全省火山成因铁矿产地33处（表5-1），占全省产地的11.22％；探明资源量仅占全省的0.54％，规模较小，但是四川省富铁矿的主要类型。工作程度达勘探的3处、详查2处、普查10处、预查的18处，工作程度较低。

表5-1 四川省火山成因铁矿产地一览表

序号	矿产地名	主矿种	勘查程度	成矿类型?	矿床规模	备注
1	会理石龙	磁铁矿	详查	海相火山岩型	大型矿床	同属拉拉铁矿
2	会理李家坟	磁铁矿	详查	海相火山岩型	中型矿床	
3	会理通安新铺子	磁铁矿	勘探	海相火山岩型	中型矿床	
4	盐源矿山梁子	磁铁矿	勘探	陆相火山－次火山型	中型矿床	
5	会东菜园子	赤铁矿	勘探	火山沉积型	中型矿床	
6	会理卫星	磁铁矿	普查	海相火山岩型	中型矿床	
7	会理香炉山	磁铁矿	普查	海相火山岩型	小型矿床	
8	会理小黑菁	磁铁矿	普查	海相火山岩型	小型矿床	
9	会理坝观音	磁铁矿	普查	海相火山岩型	小型矿床	同属毛姑坝矿床
10	会理玉新村	磁铁矿	普查	海相火山岩型	小型矿床	
11	盐源苦荞地	赤(镜)铁矿	普查	陆相火山－次火山型	小型矿床	
12	会理小米地	磁铁矿	普查	海相火山岩型	小型矿床	
13	盐源平川烂纸厂	磁铁矿	普查	火山－沉积型	小型矿床	
14	盐源树河大沟	磁铁矿	普查	火山－沉积型	小型矿床	
15	会东干沟	菱铁矿	预查	海相火山岩型	矿点	
16	会理白石崖	磁铁矿	预查	海相火山岩型	矿点	
17	会理白岩子	磁铁矿	预查	海相火山岩型	矿点	
18	会理大坝树	磁铁矿	预查	海相火山岩型	矿点	
19	会理大箐沟	磁铁矿	预查	海相火山岩型	矿点	
20	会理大田湾	磁铁矿	预查	海相火山岩型	矿点	

续表

序号	矿产地名	主矿种	勘查程度	成矿类型?	矿床规模	备注
21	会理高家村	磁铁矿	预查	海相火山岩型	矿点	
22	会理官地	磁铁矿	普查	海相火山岩型	矿点	
23	会理锅厂	磁铁矿	预查	海相火山岩型	矿点	
24	会理黄角桠树	磁铁矿	预查	海相火山岩型	矿点	
25	会理李家湾子	磁铁矿	预查	海相火山岩型	矿点	
26	会理龙潭菁	磁铁矿	预查	海相火山岩型	矿点	
27	会理双凤山	磁铁矿	预查	海相火山岩型	矿点	
28	会理水坝	磁铁矿	预查	海相火山岩型	矿点	
29	会理天生坝水库	磁铁矿	预查	海相火山岩型	矿点	
30	会理小黑依	磁铁矿	预查	海相火山岩型	矿点	
31	会理长莲子	磁铁矿	预查	海相火山岩型	矿点	
32	会理周家	磁铁矿	预查	海相火山岩型	矿点	
33	盐源平川园山包	磁铁矿	预查	火山－沉积型	矿点	

注：新铺子、矿山梁子铁矿已开发，李家坟停采，其他均未开发利用

按火山喷发环境可分为陆相火山岩型和海相火山岩型。陆相火山岩型铁矿分布于盐源县，其典型矿床为矿山梁子铁矿；海相火山岩型铁矿分布于会理，其典型矿床石龙式铁矿。后者与云南大红山式铁矿相似，又称为大红山式铁矿。

二、控矿条件

（一）陆相火山岩型

1. 地质背景

陆相火山岩型铁矿主要分布于盐源县，位于上扬子古陆块，盐源－丽江前陆逆冲－推覆带，属华力西晚期康滇裂谷环境。区域上该带东以金河－澄海断裂带和康滇轴部基底断隆带相邻，西接盐源盖层逆冲带。区内总体构造线呈北东向展布，总体向西倾斜。

金河－箐河断裂是攀西陆内裂谷带的重要构造带，控制着基性火山—次火山带分布，该带延长数十千米。金河－箐河断裂西侧，震旦系—二叠系构成紧密的褶皱，总体组成复式背斜(官房沟背斜)，但背斜东翼发育不全，被叠瓦状断层切割成一系列构造块体。官房沟复背斜西翼大面积出露华力西期陆相基性火山岩，磁铁矿成矿与华力西期陆相基性火山岩—次火山岩有关。

出露地层除缺失泥盆系外，震旦系—二叠系均较齐全，大致走向南北，总体向西倾斜。与成矿有关的地层为上二叠统峨眉山玄武岩组，该组由玄武质角砾岩、斑状－杏仁状玄武岩、熔结凝灰岩、凝灰岩组成，厚 2190～3230 m

2. 岩浆活动

岩浆活动主要表现为早古生代和晚古生代的火山喷发作用，前者形成区内玄武岩—

细碧岩组合，后者形成以海相枕状玄武岩为主的岩石组合。

晚古生代沿金河－菁河主控断裂带发育晚二叠世—三叠纪陆相基性—超基性火山侵入—喷出岩，火山岩以高钠低钾偏碱性为特征，在岩石组合与化学成分特征值上，反映为上地幔钙碱性—碱性玄武岩浆的衍生物。

在早二叠世时期，火山活动由中心喷发演变为大规模裂隙喷发，以至在金河－菁河断裂带西侧海陆交替的滨海地区构成南北展布的暗色岩带，经岩石化学特征研究表明，本区基性喷发岩属大陆裂谷碱性玄武岩和拉斑玄武岩之间的过渡类型。在大板山主火山口附近，除火山－沉积岩系外，还有次火山相辉绿辉长岩体和基性超基性岩体发育。

3. 火山旋回

从区内不同类型岩浆岩与沉积岩关系看：浅成侵入岩侵位最高地层年代为早二叠统，火山岩基底最高地层为上二叠统平川组；火山岩地层层序，最下层为爆发相的火山碎屑岩(凝灰岩、凝灰角砾岩)，其上为喷溢相玄武岩夹角砾岩、集块岩；次火山相的辉绿(玢)岩、苦橄(玢)岩与爆发相火山碎屑岩成侵入接触；反映区内火山岩浆活动具多期性和旋回性，岩浆活动顺序大致为中浅成侵入→爆发→次火山侵入→喷溢。层控铁矿主要赋存于峨眉山玄武岩第一喷发旋回中下部或底部与下伏地层的不整合面上，往往与火山机构附近的角砾岩、凝灰岩等火山碎屑沉积岩共生。

4. 构造

主要为金河－菁河断裂带，其西侧，震旦系. 二叠系构成紧密的褶皱，总体组成复式背斜(官房沟背斜)，但背斜东翼发育不全，被叠瓦状断层切割成一系列构造块体。

5. 含矿火山岩系

陆相火山岩型铁矿其含矿火山岩系有三种：

(1)浅成(超浅成)复合岩床侵入的辉绿辉长岩，其由北向南断续分布于盐源县黄草坪、烂纸厂、河坪子，在与震旦系、寒武系、志留系及二叠系碳酸盐围岩内外接触带中产出高温接触交代型铁矿。

(2)二叠系上统下段火山爆溢相层($\beta e1B$)的凝灰角砾岩、凝灰岩，偶夹集块岩、凝灰质砂泥岩、灰岩等；其相变大，呈条状、透镜状，自北而南断续分布于园山包、苦荞地、烂纸厂、大沟等地。主要为火山沉积型铁矿发育部位。

(3)辉绿(玢)岩、苦橄(玢)岩，呈脉状、岩床及岩盘状产出，主要分布于矿山梁子破火山口构造周围，少量见于小沟、干沟基底断裂中，与$\beta e1B$火山碎屑呈侵入接触。主要产出火山热液(矿浆充填)型铁矿，为四川省的主要富铁矿类型。

6. 围岩蚀变和成矿时代

陆相火山岩型铁矿矿体围岩主要为碳酸盐岩、辉绿岩－苦橄岩、凝灰角砾岩及铁质粉砂岩。矿体边部及尖灭部位有较多的围岩捕房体及包块。围岩蚀变十分发育，近矿围岩具碳酸盐化、黄铁矿化、绿泥石化、阳起石化、透闪石化、磁铁矿化、硅化、蛇纹石化及滑石化。蚀变带宽度 0.1～10 m，无明显分带。

陆相火山岩型铁矿与基性—超基性火山侵入—喷出岩有密切的时空关系，铁矿成矿时期与火山岩浆活动的相关阶段接近。根据同位素年龄值值辉长岩 190～287 Ma，苦橄玢岩 198 Ma，斑状玄武岩 328 Ma，说明陆相火山岩型铁矿主要形成于晚二叠世(华力西晚期）。与之相对应的各类铁矿成矿顺序与相关火山侵入—喷出岩活动顺序相近，先后为：与浅成侵入岩有关的接触交代型铁矿，与爆发相火山碎屑岩有关的火山喷发沉积型铁矿，与基性—超基性次火山岩有关的火山热液（矿浆充填）型铁矿。

（二）海相火山岩型

1. 地质背景

主要分布于会理、会东地区，位于上扬子古陆块的攀西陆内裂谷带，江舟－米市裂谷盆地带。呈南北向展布，西为金河－箐河断裂带、东为小江断裂带，该带以安宁河断裂带和德干大断裂为界，从东向西依次为康滇轴部基底断隆带、峨眉－昭觉断陷带、东川逆冲褶皱带。

峨眉－昭觉走滑逆冲带为古生代末形成的新生断陷盆地，沉降幅度北部大于南部，以堆积巨厚的中、新生代红色陆屑建造为特征；构造线近南北向，则木河等断裂带呈北西—南东向切割为南（江舟）、北（米市）两个宽缓的复式向斜构造。构造复杂，主干构造以北北东向的褶皱和近南北向断裂为主。

区内自古元古界到新生界，除缺失上奥陶统中上部—上石炭统之外，其余地层均有分布。含矿地层主要为元古界河口群中上部和会理群变质的火山－沉积岩系（表5-2）。

表5-2　海相火山岩型铁矿产出地区含矿地层特征表

界	系	统	组	代号	厚度/m	岩 性
中元古界		会理群	青龙山组	Ptql	500～1265	以灰－灰黑色、中－厚层－块状白岩和灰岩为主，间夹碳质板岩或泥质板岩，含铁铜
			黑山组	Pths	1222～2954	以深灰、黑色碳质板、粉砂质板岩及碳质绢云千枚岩、板岩夹白云质大理岩，含铁
			落雪组	Ptlx	104～513	为青灰、灰白、肉红色厚层至块状含藻白云岩，夹硅质白云岩和泥砂质白云岩。下部及底部为主要铜矿层位
	前震旦系		因民组	P₂ym	200～500	紫灰、紫红色砂质板岩、变石英砂岩夹泥砂质白云岩、火山碎屑岩及多层磁（赤）铁矿凸镜体
早元古界		河口群	长冲（岩）组	Ptc	1761	为气孔状石英钠长岩、白云钠长岩、榴云质片岩或石榴角闪岩，夹碳质板岩及含铜大理岩凸镜体，含铜铁
			落凼（岩）组	Ptld	1191	以灰白、灰黑色白云石英片岩、石英钠长岩为主，夹石榴黑云片岩、变砂岩及大理岩凸镜体，含铜铁锰
			大营山（岩）组	Ptdy	>1338	上部为变钾角斑岩（石英钠长岩石）为主夹白云石英片岩；下部为浅色变砂岩及白云石英片岩，含铜铁

2. 岩浆活动

区内岩浆岩分布较广，主要有河口期、晋宁期、澄江期、华力西期及印支期。本区晋宁期岩浆岩，从超基性、基性乃至中酸性岩均有分布，其中中性—中基性、酸性、碱性火山岩系为岩浆岩的主体部分，尤以其中晋宁期—澄江期的辉绿辉长岩、多期海底喷发（溢）的钠质火山岩、细碧－角斑岩与铁矿成矿关系最为密切，多具有多旋回间隙式海底喷发的特点。

侵入岩主要为蛇纹石化橄辉岩、变辉长岩（或辉绿辉长岩）、闪长岩、二长岩、花岗斑岩和石英斑岩等。基性侵入岩有三期。第一期为片状变辉长岩，其同位素年龄值值为

11.38~14.81亿年。第二期侵入的辉绿辉长岩与本区铁矿关系较密切，岩体受区域性深断裂控制，东西断续分布大小岩体约150余个，主要沿河口－小青山东西构造带或顺层侵入，分布于拉拉、黎溪及通安一带，呈岩支、岩脉及岩株状产出，地表形态不规则；在岩体边缘或中部偶见角闪钠长岩脉。第三期为辉绿玢岩及辉绿岩，呈墙状或脉状产出，零星分布，侵入于第二期岩体中。

3. 火山旋回

会理群下部(香炉山－腰棚子铁矿)多期火山活动的特点表现为每次以海底火山爆发开始，以熔岩喷溢结束，在细碧－角斑岩中有由层间熔结凝灰岩和气孔特征反映出的多层喷溢韵律。黑山组、青龙山组中的含矿火山岩系及海相夹层具有十分清楚的韵律层和斜层理特征。火山岩岩性特征见表5-3。

表5-3 海相火山岩型铁矿产出地区火山岩特征表

时代	岩石建造	主要岩石类型	产状	已知矿产
前震旦系	玄武质－流纹质火山岩建造	变玄武岩，变玄武质火山碎屑岩(集块岩、火山角砾岩凝灰岩)，变质火山碎屑沉积岩火山角砾质大理岩、凝灰质大理岩、变安山岩；变钾长流纹岩、变钾长流纹质火山碎屑岩(火山角砾岩、凝灰岩)、变流纹质凝灰岩、凝灰质千枚岩；变石英钠长粗面岩、变石英正长粗面质火山角砾岩及凝灰岩	玄武质、安山质、流纹质火山岩呈层状分布于黑山组、青龙山组、淌塘组中。粗面岩呈岩床岩脉状产出	金、铜、铅、锌、磷、金红石、稀有稀土等
	细碧－角斑岩建造	细碧质凝灰岩、角斑岩凝灰岩、钾角斑岩、石英钾角斑岩、含铁粗面状角斑岩	呈层状、似层状分布于河口群地层之中	铜、金、钼、钴、铁、黄铁矿

河口群主要出露于会理河口、拉拉厂一带，总厚3365~4290 m。可分为三个火山旋回：

下部沉积－喷发旋回：该旋回从下至上有三次小规模远源火山喷发(变凝灰质砂岩)及三个喷溢韵律(钾角斑岩)，其间以正常沉积岩或凝灰岩隔开。凝灰质砂岩和熔岩中仅有铁矿化。

中部沉积－喷发旋回：下部正常沉积的碎屑碳酸盐相普遍有菱铁矿和锰矿化(如大团箐铁锰矿点)；其上的火山变质岩段，主要分布于落凼、石龙等地，为拉拉地区铁、铜矿主要含矿层位。含矿岩石为富钠质中性或中偏基性岩石(石英钠长岩、变钠角斑岩、变钠角斑质凝灰岩及钠长斑岩)。

上部沉积－喷发旋回：上变质火山岩段底部的变火山凝灰岩(白云钠长片岩)为高家树、天生坝铁矿赋存层位，但均为薄层铁矿。主要含铁层位分布于上火山变质岩段下部和上部，铁矿与上部石英钠长岩关系密切，有李家坟铁矿。此上旋回有熔岩喷溢，其化学成分特征属钠质角斑岩类，基本与中旋回的角斑岩相近。

4. 构造

区内矿产成矿作用除受层位控制外，断裂构造控制亦十分明显。主要控矿构造有三组：一是东西向断裂带：新铺子断层带、小街－金锁桥断层带、大剁断层、菜子园断层、麻塘断裂等；二是南北向断裂带：昔格达断裂带、德干断裂带、小关河断层、黑家村及偎佐断层；三是北东向断裂带：宁会断裂带、踩马水断裂带等。

构造带始于震旦纪褶皱期，走向与褶皱轴向一致，多为高角度冲断层，后经多次活动，形成较宽的破碎带。由于断裂规模大、影响深、断裂陡立、活动时间长，因而具有良好的导矿性。由于受构造控制，矿体产出部位和形态变化较大，大体有三种情况：沿断裂破碎带产出的脉状矿体，断裂带附近沿层分布的似层状矿体和沿次级构造、岩石节理及层间裂隙分布的分散矿化体。

海相火山岩型铁矿产出的会理地区的岩石地层经历了多期变质作用。基底岩石的变质作用主要经历了成岩变质、区域动力变质、后期叠加变质及热接触变质，后三种变质作用与成矿关系密切。晋宁运动回返阶段，使前震旦系普遍经历了区域动力变质作用；晋宁运动区域变质作用使泥质岩石变成片岩、千枚岩、板岩，碳酸盐成为大理岩，石英砂岩成石英岩；尔后随着褶皱和断裂的发生、发展，沿主要断裂带及褶皱轴部产生叠加变质，形成绿片岩相、黑云母带、绿帘石及绿帘石角闪石带。在基性岩体与围岩的接触带上，出现角岩化。

5. 含矿火山岩系

海相火山岩型铁矿产于钠质火山岩中，主要含矿层位为前震旦系河口群和会理群下部。河口群、会理群变质火山杂岩在时间、空间和物源上有密切联系，发育了从火山喷发—火山沉积—次火山热液一系列的矿床组合。因所处火山部位及活动阶段不同，成矿方式及矿床特征略有差异。含矿岩系(河口群)原岩为一套细屑－细碧角斑岩，可分三个大的火山—沉积旋回，火山岩从下到上基性向酸性连续演化。赤铁矿、磁铁矿富集部位与富钠火山岩($Na_2O+K_2O \geqslant 8\% \sim 10\%$，$Na_2O > K_2O$)发育部位吻合，富钾($K_2O > Na_2O$)或富钙(碳酸盐)岩石则多为菱铁矿、铜矿的产出部位。主要矿床(点)集中于河口群火山活动最强烈的第二段。其含矿火山岩系有三种：

(1)前震旦系河口群和会理群下部之含铁石英钠长岩，变砂岩，变页岩，大理岩。如：天生坝、高家村、玉新村、小黑箐、观音、新铺子、香炉山、腰棚子。

(2)前震旦系河口群和会理群下部之含铁石英钠长岩及大理岩。

(3)前震旦系河口群地层中主要产钠质火山岩型铁矿。

海相火山岩型铁矿的围岩蚀变不明显。黑云母的K-Ar年龄值值为713~839.4 Ma，铁矿的矿体富集阶段主要为晋宁期。

三、区域矿产特征

(一)陆相火山岩型铁矿

按成矿的先后顺序可分为高温接触交代型、火山沉积型、火山热液(矿浆充填)型铁矿三种。

1. 接触交代型铁矿

铁矿体产出于盐源县黄草坪、河坪子中浅成基性—超基性侵入岩与震旦系、寒武系、志留系及二叠系碳酸盐围岩内外接触带中。先后发现小型矿床1处，矿点6处，其中1处小型矿床和5处矿点产于黄草坪岩体接触带，只有一处矿点产于河坪子岩体接触带。

矿体产状与岩体接触面和岩石层理面一致，部分斜切围岩；近矿围岩具高温气液蚀变。矿体呈似层状、透镜状、脉状，大多产于岩体接触带外 0~20 m 分布，个别分布于岩体接触带内 0~100 m 范围内，各矿床、点有主要矿体 1~3 个，单个矿体长 126~420 m，厚 1.50~25 m。矿石自然类型为磁铁矿，呈细粒结构，浸染状构造，部分为块状构造。矿石 TFe 为 26.08%~55.13%，以 40%±的中贫矿为主。矿床规模多数为矿化点，个别为小型矿床，矿床特征以道坪子铁矿为代表。

2. 火山喷发沉积型铁矿

铁矿主要产于峨眉山玄武岩组下段火山爆溢相层中，此段相变大，自北而南断续分布于园山包、苦荞地、烂纸厂、大沟等地，为陆相火山沉积型铁矿的主要产地，是四川省的重要铁矿类型之一。已发现苦荞地、大沟、烂纸厂北、烂纸厂中、烂纸厂南及矿山梁子等六处小型矿床，园山包矿点一处。矿体围岩主要为凝灰角砾岩，次为铁质凝灰岩，矿体呈似层状-透镜状，产状与围岩一致。单个矿床有磁铁矿体 1~8 个（总 15 个），主矿体长 150~1099 m，倾斜延深 136~272 m，厚 1.16~10 m，园山包矿点见矿体 1 个，长 150 m，厚 15 m。矿石矿物主要为磁铁矿，次为赤铁矿、镜铁矿、褐铁矿。脉石矿物有碳酸盐岩屑、凝灰岩屑、晶屑、硅质岩屑、透辉石、石英、绿泥石等；主要呈粒状结构，次有交代残余结构，浸染状、层纹状及块状构造。矿石 TFe 为 22.32%~54.86%，为中-贫矿，部分为富矿。矿体规模多为小型矿床，该类型铁矿分布广，以苦荞地铁矿、烂纸厂铁矿和大沟铁矿为代表。

3. 火山热液（矿浆充填）型铁矿

铁矿体明显受火山构造及与火山构造贯通的北北东向基底断裂构造控制，分布于基性—超基性次火山岩（岩盆、岩脉）发育的破火山口构造中，主要分布于矿山梁子破火山口构造周围，少量见于小沟、干沟基底断裂中，主要为火山热液（矿浆充填）型铁矿，铁矿分布相对集中，为四川省的主要富铁矿类型。

已发现中型矿床 1 处（矿山梁子铁矿）、小型矿床 3 处、矿点 4 处。各矿床、矿点主要受主干断裂及次级构造，或二断裂与横向断裂交叉部位、及叠加之火山机体构造控制。矿体呈脉状-透镜状，矿体沿走向长 50 m 到千余米，厚几十厘米到近百米，沿倾斜宽几十米到两百余米；矿石呈不等粒（细粒）半自形-自形粒状结构、交代溶蚀结构，稠密浸染状—块状构造、角砾状构造。矿石矿物主要为磁铁矿，少量菱铁矿、铁质，偶见赤铁矿、水针铁矿；脉石矿物主要为白云石—铁白云石、方解石，偶见绿泥石、次闪石、滑石、榍石、石英、绢云母。有害杂质矿物主要为黄铁矿、磁黄铁矿、磷灰石。矿石品位为：TFe 为 32.55%~62.23%，S 为 0.58%~3.73%，P 为 0.16%~0.22%。该类型铁矿矿石结构构造和品位变化小、矿石富，矿石成分与矿体规模对围岩无依存（选择）关系。个别矿体 TFe 品位平均达 62.23%，具矿浆贯入成矿特点。

（二）海相火山岩型铁矿

根据其成因可分为火山沉积（变质）、火山热液、钠质火山岩型。

1. 火山沉积（变质）矿床

产于前震旦系河口群和会理群下部之含铁石英钠长岩，变砂岩、变页岩、大理岩中。

矿体呈层状，似层状产出；矿石以赤铁矿、磁铁矿为主，呈条带状及致密块状构造。品位：TFe 为 $25\%\sim62\%$，S 为 $0.01\%\sim0.32\%$，P 为 $0.05\%\sim0.56\%$，SiO_2 为 $7\%\sim60\%$。如：天生坝、高家村、玉新村、小黑箐、观音、新铺子、香炉山、腰棚子等。

2. 火山热液变质矿床

产于前震旦系河口群和会理群下部之含铁石英钠长岩及大理岩中。矿体呈似层状、透镜状或脉状产出。矿石以赤铁矿，磁铁矿为主，呈浸染状，条带状，致密块状构造。品位：TFe 为 $25\%\sim59\%$，S 为 $<0.15\%$，P 为 $0.10\%\sim0.50\%$，SiO_2 为 $7\%\sim38\%$。

3. 钠质火山岩型矿床

钠质火山岩型铁矿属易选贫铁矿床，主要分布在会理大营山－黎洪地区的河口群中。石龙东、天生坝、李家坟、官地等矿床(点)铁矿产于长冲(岩)组条纹状磁铁石英钠长岩中。落凼铜矿、老羊汗滩铜矿中伴生铁矿，以及大团箐铁矿产于落凼(岩)组中。大营山(岩)组中见条纹状磁铁石英钠长岩，磁铁矿大于 8%，局部富集呈富磁铁矿带；绿湾磁铁矿，为低硫磷易选贫铁矿(TFe 大于 14.10%)。

第二节　矿山梁子式铁矿床成矿模式

矿山梁子式铁矿分布于盐源平川一带。早在 20 世纪 20 年代就已发现并开采，1949年前常隆庆就进行了地质调查工作。1949 年后先后有西昌地质综合普查队、西昌地质队、一一〇队、四〇四队、物探队三〇九队、物探队七〇二队开展地质工作，由四〇四队开展勘探工作，矿山梁子铁矿评价为中型富铁矿床。

一、矿区地质特征

(一)概况

矿山梁子式铁矿位于攀西陆内裂谷带西侧的盐源－丽江前陆逆冲－推覆带东部的金河－箐河前缘逆冲带。铁矿产于华力西期次火山－浅成相基性岩与中和新古生界碳酸盐岩接触带，属与火山活动有关的火山岩型铁矿。矿区地质图见图 5-1。

(二)地层

矿区内出露的地层由老到新主要有：

1. 志留系

志留系下部以薄层虎皮纹泥质灰岩为主，次为石英砂岩与含砾石英粗砂岩；其上为层纹状灰岩，厚 210 m，分布于矿区外围。道坪子 V 号矿体产于本层灰岩与辉绿辉长岩的接触带。中、上统以薄层泥质粉砂岩、黏土质页岩为主，夹泥质灰岩与硅质岩，厚46 m。

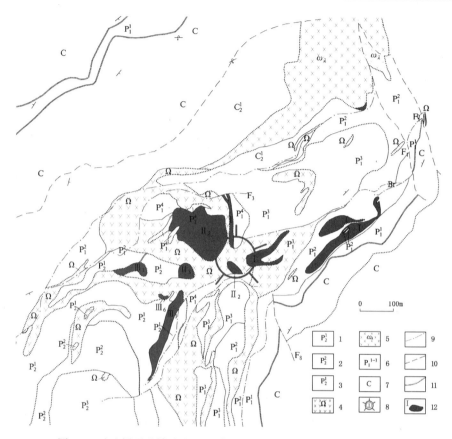

图 5-1　矿山梁子磁铁矿矿区地质图(据四川省地矿局 404 队资料修改)

1. 峨眉山玄武岩上段(喷溢相);　2. 峨眉山玄武岩中段(爆发相);　3. 峨眉山玄武岩下段(角砾岩夹凝灰岩);
4. 辉绿(玢)岩、苦橄(玢)岩(次火山相);　5. 辉绿－辉长岩(浅成相);　6. 二叠系下统;　7. 石炭系灰岩;　8. 破火山
口;　9. 成矿断裂;　10. 断层;　11. 不整合界线;　12. 铁矿体及编号

2. 石炭系

石炭系威宁组下部为灰黑色薄－中厚层硅质岩夹岩;中部为深灰色薄－中厚层状泥质
灰岩;上部为中厚层块状含硅质条带结晶灰岩。在下部灰岩与辉绿长岩接触处,局部见有
磁铁矿产出,厚约 470 m。马坪组下部为浅灰色薄层泥质灰岩、泥灰岩;中部为深灰色巨厚
层状结晶灰岩,含硅质团块;上部为灰－黄灰色薄层－中厚层状泥质灰岩,厚度不详。

3. 下二叠统

下二叠统由老到新分四组:

梁山组:灰－黄褐色钙质粗砂岩、粉砂质泥岩,夹薄－中厚层状泥质灰岩,厚 30~60 m。

栖霞组:灰－深灰色、薄－中厚层状含硅质结核灰岩,夹砂泥质岩薄层。上部及顶
部常有苦橄岩、辉绿岩脉沿层间断裂带贯入;厚 20~120 m。矿山梁子矿区Ⅰ、Ⅳ矿体产
于本层中。

茅口组:浅灰－灰色,厚层－块状含硅质结核灰岩及白云石化灰岩,偶见泥质灰岩
及白云岩;沿层间断裂带常有苦橄岩脉贯入;厚 62~185 m。Ⅰ矿体北段部分产于本
层中。

平川组:灰－浅灰绿色凝灰质粉砂岩,夹灰岩、粉砂质泥岩;局部为凝灰岩;厚 25

~107 m。Ⅰ矿体南段、Ⅱ-2矿体产于本组地层顶部。

4. 上二叠统

上二叠统峨眉山玄武岩为主要含矿层:

下段:深灰—灰绿色凝灰角砾岩,夹凝灰岩,偶夹凝灰质砂泥岩、灰岩、铁白云岩;厚20~210 m。Ⅲ矿体产于本段岩石中。

中段:暗红褐色薄层铁质层凝灰岩、暗灰色玄武质角砾熔岩与玄武凝灰熔岩,夹角砾凝灰岩;厚22~102 m。。苦荞地矿段似层状磁铁矿体则赋存于铁质凝灰岩中。

上段:暗绿色斑状玄武岩夹薄层凝灰角砾岩、玄武质角砾熔岩;厚度大于300 m。

(三)岩浆岩

区内有华力西期基性—超基性侵入—喷发岩发育。次火山岩相的辉绿(玢)岩、苦橄(玢)岩等基性—超基性脉岩主要有分布于大板山,浅成(超浅成)相的辉绿辉长岩、辉长岩、苏长辉长岩(少量橄榄岩)复合岩床分布于南天湾,基性火山岩分布于矿山梁子,它们均属同源而不同岩浆活动阶段的产物。其中前者属正常铝过饱和系列钙碱性—弱碱性岩石,后两者主要由火山碎屑岩、熔岩、次火山岩组成,与广义的峨眉山玄武岩相当。

1. 基性—超基性侵入岩

辉绿—辉长岩主要分布于矿山梁子矿区东北边缘及道坪子矿区,岩体略具分异现象,岩体中见有橄榄岩、辉石岩异离体;岩石呈灰黑—斑白色,具细粒结构及辉绿结构,块状构造。主要矿物为普通辉石、单斜辉石以及拉长石,有少量角闪石、黑云母等。矿山梁子矿区Ⅳ号矿体及道坪子矿区Ⅴ号矿体,产于辉绿辉长岩与围岩接触带附近,与成矿关系十分密切。

2. 基性—超基性火山岩及次火山岩

苦橄岩(苦橄玢岩)、辉绿岩:主要分布于矿山梁子向斜中心,下二叠统平川组与上二叠统深灰—灰绿色凝灰角砾岩之间,与围岩呈平行或穿插侵入接触,呈岩盆状或脉状产出。它们常被磁铁矿体穿插、包裹及溶蚀。苦橄岩、辉绿岩或单独呈岩脉产出,或二者呈渐变过渡关系。

苦橄岩为暗绿色及黑绿色,全晶质半自形粒状、斑状结构;矿物成分主要为橄榄石、普通辉石,次为基性斜长石,含少量磁铁矿、钛磁铁矿,偶见黑云母。

辉绿岩为灰绿色到浅灰绿色,具辉绿、辉长辉绿、斑状结构,块状构造。主要矿物为普通辉石、基性斜长石以及少量磁铁矿、钛铁矿,偶见黑云母。

玄武岩:为矿山梁子矿区Ⅲ号矿体围岩,下部及中部为凝灰岩、角砾岩以及角砾熔岩。主要成分为玄武岩屑、晶屑、方解石、白云石以及硅质岩屑等;岩石具变余凝灰、交代结构,层纹状、角砾状构造。上部为斑状玄武岩,其斑晶主要为辉石,次为基性斜长石,岩石主要为块状构造,部分为角砾状构造,局部有不太发育的杏仁状构造。

(四)构造

矿山梁子位于盐源—丽江逆冲带—推覆带为康滇陆内裂谷带边缘的重要构造带,其东界为金河—菁河断裂带。该带延长数十千米,控制基性火山—次火山带分布。

矿区居官房沟复背斜西翼，背斜东翼发育不全，被叠瓦状断层切割成一系列构造块体。矿区为轴向北北东的短轴不对称的矿山梁子向斜。区内断裂构造比较复杂，断裂主要有火山活动前后期产生的北东向及北西向两组，其中最重要的是矿山梁子断裂和西蕃沟断裂，还有一系列火山塌陷张扭性断裂、弧形断裂。这些断裂的交汇处叠加破火山口构造形成若干矿段，总体为一轴向北东东的矿山梁子短轴向斜为重要控岩控矿构造。

二、矿体和矿石

铁矿主要产于矿山梁子向斜轴部沉积－火山杂岩层间破碎带、剥离构造及弧形构造中，受构造和一定"层位"控制。

（一）矿体形态及产状

矿山梁子矿区共有九个大的矿体，主要呈透镜状、脉状产出，次为楔形、新月形、蝌蚪形产出，形状不甚规则，常有分叉复合现象。矿体与围岩的接触关系比较复杂，有的与岩层产状基本一致，有的切穿围岩，有的在不同部位与不同围岩接触，有的则呈脉状、不规则状产出。现将各矿体的产出情况分述如下：

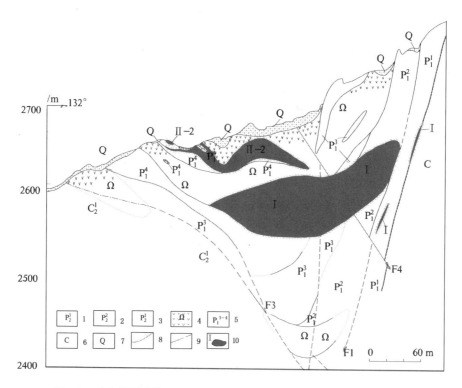

图 5-2　矿山梁子磁铁矿矿区剖面图（据四川省地矿局 404 队资料修改）

1. 峨眉山玄武岩上段凝灰角砾岩夹凝灰岩；2. 峨眉山玄武岩中段铁质层凝灰岩、熔结角砾岩；3. 峨眉山玄武岩下段斑状玄武岩夹凝灰角砾岩；4. 辉绿(玢)岩、苦橄(玢)岩(次火山相)；5. 二叠系下统灰岩、凝灰岩；6. 石炭系灰岩；7. 第四系；8. 蚀变；9. 断层；10. 铁矿体及编号

Ⅰ号矿体为矿区最大的矿体(图 5-2)，北东段主要赋存于栖霞灰岩的中上部及栖霞与茅口灰岩之间，深部又赋存于茅口灰岩之中，南西段则赋存于平川组灰—浅灰绿色凝灰质粉砂岩与辉绿岩、苦橄岩的接触部位，矿体长达 1130 m，宽为 35~250 m，厚为 0.18~68.82 m，平均厚为 20.75~31.43 m；其储量占矿区总量 83.5%。Ⅱ-2、Ⅱ-3、Ⅱ-4 矿体主要赋存于辉绿岩与苦橄岩中；Ⅲ-1(1)、Ⅲ-1(2)、Ⅲ-2、Ⅲ-3 矿体产于玄武岩下部凝灰角砾岩中或玄武岩与辉绿岩及苦橄岩的接触部位；Ⅳ矿体产于辉绿辉长岩外接触带的栖霞组灰岩层间破碎带中。单矿长为 80~280 m，宽为 80~226 m，平均厚为 2.13~21.21 m。

在Ⅰ、Ⅱ、Ⅲ号矿体内，交代残留体比较发育，无论是在采场、岩心，还是手标本中都可见到交代残留体，特别是矿体边部更为突出。残留体成分与矿体圈岩一致，主要有火山岩、苦橄岩、辉绿岩、石灰岩等，与矿体呈锯齿状接触，且有蚀变边；残留体大小不等，最大者长可达 116 m，厚 1~4 m，小者仅 5~8 mm^2。

(二)矿石类型

根据金属矿物成分及含量，可大致分为磁铁矿矿石、菱铁矿-磁铁矿矿石、褐铁矿-磁铁矿矿石、黄铁矿矿石以及菱铁矿矿石等五种矿石类型。主要以磁铁矿矿石分布最广；菱铁矿-磁铁矿矿石则主要分布于Ⅰ矿体南段及Ⅱ-3 矿体中；褐铁矿-磁铁矿矿石主要分布于Ⅲ-1、Ⅲ-3 矿体地表部分，黄铁矿矿石主要分布于Ⅲ-1、Ⅲ-2、Ⅲ-3 矿体中；菱铁矿矿石在Ⅲ-1、Ⅲ-2、Ⅲ-3 矿体中较为发育。

(三)结构构造

矿石结构主要以交代残余结构为主，次有胶状、粒状及似文象，压碎熔蚀等结构；具浸染状、块状、角砾状、条带状构造。

交代残余结构：分布非常广泛，遍及矿区每个矿体。磁铁矿交代橄榄石、磷灰石、碳酸盐、重晶石、绿泥石等矿物。而磁铁矿又被方解石、菱铁矿、黄铁矿交代。它们都保留了被交代矿物的残余或假象。

胶状结构：主要分布于Ⅰ、Ⅱ、Ⅲ号矿体，而且在矿体上部最为发育。磁铁矿呈胶状产出，与自形、半自形磁铁矿紧密共生。这些胶状磁铁矿体外形多样，呈圆形、椭圆形、芭蕉叶形，由中心向外为放射状生长之结核以及似鲕状等。胶状体大者可达 10 cm，小者要在显微镜下，甚至电子显微镜下才能辨认。呈芭蕉叶形者，由碳酸盐矿物或黄铁矿组成叶脉，这种形态的胶状体物有时单个出现，有时数个一起产出。数个产出者，长轴方向各不一致，似与一定的构造裂隙有关。

蠕虫状结构：细小包含物呈蠕虫状分布于磁铁矿晶粒中；Ⅰ、Ⅱ、Ⅲ号矿体常见这种结构。

固熔体分凝结构：尖晶石呈四边形、三角形等自形晶产于磁铁矿内，此种结构仅分布于辉绿-辉长岩与碳酸盐岩接触带内的Ⅳ号矿体及道坪子Ⅴ号矿体中。

自形-半自形粒状结构：中-细粒状磁铁矿呈自形-半自形晶产出。这种结构在Ⅳ号矿体中比较普遍。

羽毛状结构及似文象结构：磁铁矿呈复合细脉状穿插交代碳酸盐矿物，并有若干乳滴状、尘埃状磁铁矿伴随，构成似羽毛状结构。碳酸盐矿物被磁铁矿交代后剩下一些不规则状残余，有方向性的分布于磁铁矿中，形成似文象结构。

(四)矿物组合及矿石品位

各矿体的矿物组合由于围岩岩性不同及形成条件的差异，也就形成不同的矿体矿物成分。

Ⅰ号矿体金属矿物主要为磁铁矿，次为菱铁矿、假象赤铁矿，以及少量黄铁矿、赤铁矿。非金属矿物主要为方解石、磷灰石、绿泥石，少量重晶石、白云石、石英以及次闪石。

Ⅱ号矿体金属矿物主要为磁铁矿，次为菱铁矿，少量黄铁矿及假象赤铁矿。非金属矿物为磷灰石、绿泥石、金云母、黑云母、方解石等。

Ⅲ号矿体金属矿物主要为磁铁矿，次为菱铁矿、黄铁矿、褐铁矿，少量磁黄铁矿，微量黄铜矿。非金属矿物有磷灰石、方解石、绿泥石以及火山晶屑等。

Ⅳ号矿体及道坪子Ⅴ号矿体金属矿物主要为磁铁矿，少量黄铁矿、磁黄铁矿。非金属矿物为蛇纹石、绿泥石、橄榄石、透辉石、金云母、方解石、白云石、磷灰石、黑云母等

矿石品位：TFe 为 50.43%，S 为 1.53%，P 为 0.19%，多属高硫碱性富矿；氧化带 TFe 较原生矿略有增高，硫明显降低。

(五)磁铁矿矿物特征

矿区内磁铁矿形态非常复杂。在扫描电镜下，磁铁矿具有板状、四角三八面体等。在反光显微镜下，磁铁矿呈大的圆粒状、自形－半自形粒状、板状、胶状、六边形状橄榄石外形、不规则状、等粒圆粒状(橄榄石外形)、尘埃状等。Ⅳ号矿体及道坪子Ⅴ号矿体，磁铁矿多呈自形－半自形粒状，橄榄石的六边形状，圆粒状等也可见到。磁铁矿如此复杂的外形，是由于磁铁矿交代磷灰石、火山物质、橄榄石(蛇纹石)、绿泥石杏仁体、重晶石、金云母、碳酸盐等矿物的结果。交代形式多样，一般多沿矿物裂隙、边缘、解理或内部进行，交代完全者，仅保留了原矿物的外形，或在其内部仅剩下被交代矿物的残留物。磁铁矿粒度在各矿体中也有些差异，Ⅰ、Ⅱ、Ⅲ号矿体粒度相差较大，大者达 5 mm，小者仅 0.04 mm；Ⅳ号矿体为中－细粒状，但也有个别斑晶出现。

磁铁矿除交代以上矿物外，又被稍后的方解石、黄铁矿、磁黄铁矿、赤铁矿等穿插交代。局部地方可见细粒磁铁矿穿插早期形成的磁铁矿。

(六)磁铁矿氧同位素特征

矿山梁子矿区Ⅰ、Ⅲ号矿体磁铁矿取 5 件氧同位素样(表 5-4)。氧同位素 $\delta^{18}O$ 为 $+5.6‰$～$+10.3‰$，变化不大。除Ⅰ号矿体有一件样品氧同位素为 $+5.6‰$ 外，其余的均集中在 $+8.5‰$～$+10.3‰$ 范围内。从这些数据可以看出：本区磁铁矿既不同于岩浆型的大庙磁铁矿($\delta^{18}O$ 为 $2‰$～$5‰$)，也不同于火山沉积变质形成的弓长岭磁铁矿($\delta^{18}O$ 为

$-6.34‰\sim+2.9‰$），而与原始岩浆水（$\delta^{18}O$ 为 $+7‰\sim+9.5‰$）近似，这个特征反映了含矿热液可能来自深部。

表 5-4　矿山梁子矿床磁铁矿氧同位素组成

样号	产出部位	矿石类型	$\delta^{18}O/‰$
DF-4(1)	III-2 矿体下部	角砾状磁铁矿矿石	+8.6
DF-4(2)	III-2 矿体下部	角砾状磁铁矿矿石	+8.8
DF-12(1)	I 矿体南段中部	磁铁矿石	+8.5
DF-12(2)	I 矿体南段中部	磁铁矿石	+10.3
DF-22	I 矿体	磁铁矿石	+5.6

注：摘自《西昌—滇中地区磁铁矿特征及其矿床成因》（杨时惠，1987）

（七）围岩蚀变

矿体围岩主要为碳酸盐岩、辉绿岩-苦橄岩、凝灰角砾岩及铁质粉砂岩。矿体边部及尖灭部位有较多的围岩捕房体及包块。近矿围岩具碳酸盐化、黄铁矿化、绿泥石化、阳起石化、透闪石化、磁铁矿化、硅化、蛇纹石化及滑石化。蚀变带宽度 0.1 m~10 m，无明显分带。

三、岩石化学特征

（一）苦橄岩

矿山梁子苦橄岩石化学成分见表 5-5。与全国均值比较，SiO_2、MnO、Na_2O、P_2O_5 的含量与全国均值差别不大，其中 MnO 最为接近，比全国均值偏高的为 SiO_2、Na_2O、P_2O_5；明显高的为 TiO_2、Al_2O_3、Fe_2O_3、FeO、CaO、K_2O，其中高 20 倍以上的为 TiO_2、Al_2O_3、CaO、K_2O，Fe_2O_3、FeO 高近 2 倍；MgO 低于全国均值的二分之一。属富铝钙钾贫镁的超基性岩。与世界均值比较，SiO_2、Fe_2O_3、FeO 的含量与世界均值相当，差别不大；TiO_2、Al_2O_3、CaO、Na_2O、K_2O 则显著高于世界均值，其中 TiO_2 高近 14 倍，CaO 高近 8 倍，Al_2O_3 和 Na_2O 高近 5 倍，K_2O 高近 4 倍；明显低于世界均值的是 MnO、MgO 和 P_2O_5，其中 MnO 低于世界均值的三分之一，MgO 和 P_2O_5 低于世界均值的二分之一。

通过计算里特曼组合指数 σ 值为 -1.57，按里特曼岩浆岩碱度及类型划分为极强太平洋型钙碱性岩系的超基性岩石。

表 5-5　矿山梁子矿区苦橄岩岩石化学成分表

样号	分析项目/%										
	SiO_2	TiO_2	Al_2O_3	Fe_2O_3	FeO	MnO	MgO	CaO	Na_2O	K_2O	P_2O_5
岩 001	41.9	1.12	7.48	4.01	7.54	0.21	22.43	8.02	1.02	0.2	0.09
2	41.72	1.43	8.77	3.45	8.94	0.28	20.26	6.88	1.12	0.06	0.09

样号	分析项目/%										
	SiO_2	TiO_2	Al_2O_3	Fe_2O_3	FeO	MnO	MgO	CaO	Na_2O	K_2O	P_2O_5
17	45.16	2.27	13.74	4.45	10.72	0.28	6.87	8.82	2.49	0.9	0.27
8	44.7	1.35	10.03	3.53	8.4	0.15	15.74	10.25	1.03	0.33	0.1
9	41.5	1.04	7.83	3.88	8.4	0.18	22.27	7.15	0.26	0.7	0.09
12	37.76	0.91	6.71	8.83	9.72	0.17	21	6.31	0.53	0.31	0.09
13	41.22	1.18	8.62	3.49	7.73	0.17	19.11	9	1	0.09	0.09
15.00	40.85	0.90	7.02	5.57	8.39	0.17	21.10	7.17	0.16	0.15	0.09
16.00	43.35	1.06	8.00	4.85	7.32	0.16	21.21	7.19	0.77	0.02	0.02
	42.02	1.25	8.69	4.68	8.57	0.20	18.89	7.98	0.93	0.33	0.10
平均值	42.02	1.25	8.69	4.67	8.57	0.20	18.89	7.88	0.93	0.31	0.10
中国纯橄榄岩均值	39.39	0.00	0.47	2.02	5.42	0.20	46.49	0.22	0.61	0.00	0.05
世界纯橄榄岩均值	38.29	0.09	1.82	3.59	9.38	0.71	37.91	1.01	0.20	0.08	0.20

(二)辉绿岩、辉长岩

辉绿、辉长岩的化学成分见表 5-6。

表 5-6　矿山梁子辉绿—辉长岩岩石化学成分表

样号	分析项目/%										
	SiO_2	TiO_2	Al_2O_3	Fe_2O_3	FeO	MnO	MgO	CaO	Na_2O	K_2O	P_2O_5
科—10 道	49.44	0.78	14.24	3.01	4.50	0.17	9.43	10.78	2.04	0.41	0.10
科—11 道	48.82	1.37	14.13	3.83	5.32	0.17	7.15	10.32	0.73	0.36	0.34
科—12 道	50.40	1.80	13.97	5.19	5.54	0.17	5.73	10.46	3.51	0.26	0.34
科—13 道	49.22	2.19	14.55	5.14	5.83	0.26	5.59	9.12	3.22	0.52	0.30
科—22 道	47.75	2.04	15.41	2.95	9.20	0.48	6.60	9.56	1.80	0.60	0.20
科—27 道	48.24	0.97	17.88	3.16	5.95	0.13	7.51	10.99	2.55	0.89	0.28
KMC_1	47.93	1.89	13.11	6.29	9.21	0.21	5.97	9.14			0.109
KMC_2	48.46	0.76	14.51	2.80	5.63	0.13	9.40	11.80			0.073
科—21 道	46.23	2.17	19.85	6.25	1075	0.27	6.53	8.98	1.82	0.60	0.25
KMC_3	49.78	0.99	14.41	3.82	6.59	0.19	7.95	10.83	3.21	0.42	0.26
平均	48.59	1.49	14.62	4.24	6.85	0.24	7.18	10.20	2.36	0.51	0.23
中国辉长岩均值	47.62	1.67	14.52	4.09	9.37	0.22	6.47	8.75	2.97	1.18	0.46
世界辉长岩平均	48.24	0.97	17.88	3.16	5.95	0.13	7.51	10.99	2.55	0.89	0.28

从表 5-6 可见，与全国均值比较，SiO_2、TiO_2、Al_2O_3、Fe_2O_3、FeO、MnO、MgO、CaO、Na_2O 的含量与全国均相当，其中唯有 FeO、CaO 稍低；K_2O、P_2O_5 则明显低于全国均值的二分之一。与世界辉长岩平均值接近，但 TiO_2、Fe_2O_3、FeO 略高，

而 Al_2O_3 较低。本区辉绿－辉长岩属正常系列铝过饱和钙碱性－弱碱性钠质型岩石。

通过计算里特曼组合指数 σ 值为 2.36，按里特曼岩浆岩碱度及类型划分表，属正常太平洋型钙碱性岩系的基性岩石。

（三）玄武岩

峨眉山玄武岩岩石化学成分见表 5-7。

表 5-7　矿山梁子矿区峨眉山玄武岩岩石化学成分表

岩石名称	分析项目/%										
	SiO_2	TiO_2	Al_2O_3	Fe_2O_3	FeO	MnO	MgO	CaO	Na_2O	K_2O	P_2O_5
凝灰角砾岩	44.65	0.37	7.73	4.86	2.17	0.31	2.62	16.74	3.84	0.2	0.16
凝灰角砾岩	44.6	0.46	10.21	6.91	3.08	0.21	2.9	11.23	3.8	0.82	0.18
凝灰角砾岩	41.84	0.42	9.69	6.86	2.86	0.2	2.78	14.14	3.19	0.7	0.14
凝灰角砾岩	33.97	0.63	6.87	7.02	8.37	0.18	3.09	15.91	2.4	0.8	0.21
辉斑玄武岩	48.61	2.84	9.14	3.41	7.49	0.24	6.53	8.7	3.16	1.31	0.39
杏仁状玄武岩	49.71	1.88	12.12	4.66	7.02	0.16	6.87	10.32	2.51	0.83	0.21
斑状玄武岩	51.47	2.48	13.31	5.98	6.39	0.15	3.69	7.86	3.33	0.96	0.28
辉斑玄武岩	48.25	1.78	15.78	4.96	6.45	0.19	5.12	7.68	4.11	0.96	0.22
斜长斑状玄武岩	49.93	1.84	15.12	5.36	6.38	0.16	5.12	5.94	5.08	0.85	0.22
斑状玄武岩	44.73	2.28	13.58	7.92	7.24	0.28	6.65	11.28	2.4	0.51	0.22
少斑玄武岩	45.25	2.58	13.96	9.16	6.78	0.39	6.06	8.16	4.08	0.8	0.23
块状玄武岩	47.11	1.13	14.43	4.38	4.8	0.13	8.75	11.54	3.64	0.28	0.1
灰色玄武岩	47.2	1.14	14.9	4.43	4.75	0.13	8.67	11.68	2.54	0.87	0.12
深灰色玄武岩	47.29	1.15	13.93	4.57	4.85	0.14	8.44	12.22	2.96	0.31	0.14
灰色蚀变玄武岩	50.38	1.46	14.96	4.17	5.02	0.18	6.5	8.94	4.38	0.36	0.12
平均值	46.33	1.50	12.38	5.64	5.58	0.21	5.59	10.82	3.43	0.70	0.20
中国玄武岩均值	48.28	2.21	14.99	4.18	8.95	0.20	7.00	8.07	3.40	2.51	0.60
世界玄武岩均值	49.2	1.84	15.74	3.79	7.13	0.20	6.73	9.47	2.91	1.10	0.35

从表 5-7 可见，与全国均值相比，SiO_2、TiO_2、Al_2O_3、Fe_2O_3、FeO、MnO、MgO、CaO、Na_2O 的含量与全国均值相当，其中 TiO_2、FeO、MgO 稍低于全国均值；K_2O、P_2O_5 则明显低于全国均值的三分之一。与世界均值相比，所测氧化物的含量均相差不大，其中 Fe_2O_3、Na_2O 稍高，Al_2O_3、FeO、K_2O、P_2O_5 则稍低。

通过计算里特曼组合指数 σ 值为 5.12，按里特曼的岩浆岩碱度及类型划分为弱大西洋型钠质碱性岩系的基性火山喷发岩。

四、成矿物质来源

根据华北地质科研所所著《四川盐源矿山梁子地区铁矿形成条件的初步研究报告》中部分单矿物微量元素和同位素测试资料对比分析，推测区内火山岩型铁矿成矿物质主要为壳下源，部分为成矿物质（矿浆）向地壳浅部运移过程中，"捕获"因构造驱动活化围岩中的成矿元素。依据如下。

（一）磁铁矿中微量元素组合与丰度研究

根据矿石磁铁矿中微量元素组合与丰度研究结果表明：与不同成因类型铁矿床磁铁矿中微量元素组合与丰值进行对比，矿山梁子式铁矿近似热液型铁矿床和火山喷发沉积型铁矿床。此外，矿石磁铁矿中 TiO_2、V_2O_5、Al_2O_3 含量，较近矿辉绿岩中磁铁矿 TiO_2、V_2O_5、Al_2O_3 含量，分别低于 1/1574、1/9、1/46。表明两种磁铁矿是不同地质作用产物。

（二）铁矿床 Ni/Co、S/Se、Sr/Ba 比值研究

据长春地质学院（现更名为吉林大学）研究资料：Ni/Co<1、S/Se<25 万的应属气液矿床范围，Sr/Ba>1、Ni/Co>1 则属沉积铁矿床的范围；矿山梁子铁矿的矿石及矿物中 Ni/Co、S/Se 比值范围，属气液矿床范围内数值占绝对优势，仅 Sr/Ba 比值及部分菱铁矿中 Ni/Co 比值达沉积矿床比值范围。

（三）同位素组成及可能来源

硫同位素：据 11 件样品测定结果，$\delta^{34}S$ 为 +5.1‰～+20.6‰，集中于 +10.6‰～+18‰，平均 +12.95‰；$^{32}S/^{34}S$ 为 22.107‰～21.771‰，集中于 21.868‰～21.827‰，平均 21.939‰；$\delta^{34}S$‰值变化范围较窄。与国内外火山型矿床硫同位素对比，矿山梁子式铁矿硫同位素组成跨普通火山型矿床与沉积型矿床两区，硫同位素频数直方图呈不规则塔式，反映硫源以火山热液为主，部分源于火山－沉积围岩。

氧、碳同位素：5 件磁铁矿样 $\delta^{18}O$ 为 +5.6‰～+10.3‰，平均 +8.4‰；6 件菱铁矿样 $\delta^{18}O$ 为 +15.52‰～+19.72‰，平均 +18.567‰；6 件菱铁矿样 $\delta^{13}C$ 为 −1.62‰～−2.582‰，平均 −2.07‰。磁铁矿 $\delta^{18}O$ 值较远火山沉积型石绿铁矿变化小（石绿为 +2.43‰～+10.87‰），而较火山气液充填交代型罗河铁矿变化大（罗河为 +3.40‰～+6.13‰），与原始岩浆水的 $\delta^{18}O$ 值（+7‰～+9.5‰）近似。菱铁矿中 $\delta^{18}O$ 值与热液形成的菱铁矿 $\delta^{18}O$ 值（+12.6‰～+21.9‰）近似。δO^{13} 值相当海洋水的 CO_2 同位素组成。结合矿山梁子铁矿产出地质条件说明，该区磁铁矿、菱铁矿氧源与基性—超基性火山岩的后期热液活动有关，菱铁矿中的碳主要来自碳酸盐围岩。

（四）成矿温度

据下述几种矿物爆裂测温的结果：磁铁矿 325～405℃（13 件样），菱铁矿 300～390℃（7 件样），黄铁矿 200～390℃（7 件样），磁黄铁矿 305℃（1 件样）。据中国地质科学院矿

床研究所划分的标准,磁铁矿、菱铁矿形成温度为高温,黄铁矿形成温度为中—高温,结合矿物间关系判定磁黄铁矿形成温度与黄铁矿相近。

五、物探异常特征

1. 矿区矿(岩)石磁性

经对矿区 224 块标本测试,辉长岩的磁化率(10^{-5} SI)常见值为 1800,变化范围为 0~5000;剩余磁化强度(10^{-3} A/m)常见值为 1470,变化范围为 0~5150。对矿区 82 块标本测试,铁质凝灰岩磁化率(10^{-5} SI)常见值为 17300,变化范围为 9100~23800;剩余磁化强度(10^{-3} A/m)常见值为 28300,变化范围为 1350~106400。铁质凝灰岩中的磁化率和剩余磁化强度远大于辉长岩,数量级相差 9~20 倍。

各种岩(矿)石的磁性从强到弱为:磁铁矿具最强磁性>基性岩、喷发岩>沉积岩类。同类岩(矿)石磁性差异较大,如玄武岩类(铁质凝灰岩>其他玄武岩)、辉长岩、磁铁矿等。根据现有岩(矿)石磁参数资料,剩磁与感磁方向基本一致,形成本区磁场具正常倾斜磁化特征,磁性地质体均呈正负异常伴生,负异常大多出现在正异常的北东或北西位置。超基性、基性和中性岩依含磁铁矿多少不呈显中等至弱磁性特征。沉积岩类及褐铁矿、赤铁矿均呈微弱至无磁性,磁场反映为平缓正常场。

2. 航磁异常特征

磁铁矿床位于航磁异常(M_{36})中心西侧正异常中的基性岩西侧边缘,与断裂带密切相关;M_{36} 正异常北侧出现明显负异常,是本区与磁性矿床有关的典型矿异常特征。本异常是由玄武岩、基性岩、磁铁矿共同引起。

3. 地磁异常特征

在 1∶2.5 万地磁($\triangle Z$)平面图上,总体呈北北东走向,从西向东出现 4 条雁行排列的正异常带,正异常西侧、北侧出现明显负异常,显示出磁性体总体向南(西)倾的特征。矿致异常强度大,梯度陡,形态较规则,一侧(北侧为主)出现负异常;虽然基性岩也有磁性,也会引起磁异常,但其异常值仅为磁铁矿异常的 1/3,易于区分。

4. 井中磁测异常

通过地面磁测、配合钻孔三分量井中磁测,其磁场特征:磁铁矿产生对应的正负异常,异常强度大(≥500~10000 nT)及梯度陡;辉长岩和辉绿岩产生强度和梯度均较小的正异常,无负异常伴生;玄武岩产生强度较大,跳跃亦大的正异常,当有磁铁矿叠加时也会产生负异常;在断层处正异常值突然降低,并产生负异常,突变较大,个别地方异常梯度极大。

矿异常特征为异常轴与矿体走向相吻合,负异常出现于矿体之外围岩中,或于矿体的倾斜方向。此现象可能与本区的斜磁化及地形有关;当矿体位于山顶,且走向与山脊一致,矿体为陡倾斜楔形尖灭,在正异常两侧可出现对称的负异常;≥500 nT 的异常均为磁铁矿引起。可据 3000 nT 等值线异常轴长度,概略确定矿体长度,据异常中数据最高值之梯度变化,可概略确定矿体厚度。

六、矿床成因及成矿模式

研究资料表明：与矿山梁子陆相火山岩型铁矿时空关系密切的基性火山岩及成矿物质（矿浆）为壳下源分异产物。火山岩浆及成矿物质于晚二叠世在区域东西向构造动力驱使下，分不同期次（脉动）沿金河－箐河断裂带自地壳下深源运移至地壳浅部及地表，定位于北北东向基底构造及火山构造中。在区域构造驱动力的驱动下，促进构造活动带岩石中的成矿元素活化、迁移，并部分叠加于成矿物质中。因不同地段成矿条件差异，在矿区形成了不同期次和不同成因类型铁矿。

1. 火山热液（矿浆充填）型铁矿

铁矿明显受火山构造及与火山构造贯通的北北东向基底断裂构造控制，且于基性—超基性次火山岩（岩盆、岩脉）发育的破火山口构造，铁矿分布相对集中。矿体与围岩成充填交代接触，界线清楚，近矿围岩具中低温热液蚀变。矿体呈似层状－透镜状、脉状，有小型、中型及大型矿体规模。矿石自然类型主要为磁铁矿石，少量菱铁矿－磁铁矿石，可见黄铁矿石。矿石主要富矿，品位变化小。矿体围岩可以为次火山岩、火山凝灰角砾岩及沉积岩，矿化强度与矿石成分对围岩无明显依存关系。矿体规模与相关次火山岩体规模无关，矿床规模主要为小型及矿点。矿山梁子铁矿Ⅰ、Ⅱ号矿体，小槽、干沟、小沟铁矿具有代表性，个别为中型，为最具工业意义的矿床类型。

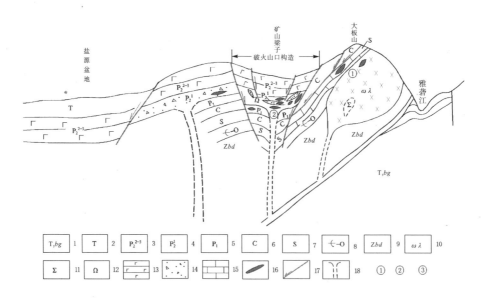

图5-3 矿山梁子式铁矿成矿模式图

1. 三叠系白果湾组；2. 三叠系；3. 二叠系峨眉山玄武岩中上段；4. 二叠系峨眉山玄武岩下段；5. 下二叠统；6. 石炭系；7. 志留系；8. 寒武－奥陶系；9. 震旦系灯影组；10. 辉绿辉长岩；11. 超基性岩；12. 基性—超基性次火山岩；13. 玄武岩；14. 玄武质凝灰岩、角砾岩；15. 碳酸盐岩；16. 铁矿；17. 正断层；18. 火山管道；①. 高温接触交代铁矿（道坪子）；②. 火山热液（矿浆充填）铁矿（矿山梁子）；③. 火山喷发沉积铁矿（苦荞地）

2. 火山喷发沉积型铁矿

主要赋存于二叠上统峨眉山玄武岩组下段火山凝灰岩、凝灰角砾岩、铁质凝灰岩中,呈似层状-透镜状产出。矿石自然类型为磁铁矿石,呈粒状结构,浸染状、角砾状及块状构造,矿石矿物成分与围岩相近。矿石为中-贫矿,部分为富矿,多为矿点及小型矿床规模。该类型铁矿分布广,以苦荞地铁矿、烂纸厂铁矿和大沟铁矿为代表,为重要铁矿类型。

3. 高温接触交代型铁矿

出现于黄草坪、河坪子中浅成基性—超基性侵入岩与碳酸盐围岩内外接触带中。产状与岩体接触面和岩石层理面一致,部分斜切围岩。近矿围岩具高温气液蚀变,矿体呈似层状-脉状,多为小型矿体。矿石自然类型为磁铁矿石,中等-贫矿,个别为小型矿床。矿床规模多数为矿点、矿化点。该类型矿床以道坪子铁矿为代表。

矿山梁子式铁矿成矿模式见图5-3。

第三节　石龙式铁矿床成矿模式

石龙式铁矿主要分布于四川省会理县一带,已知大小矿床(点)十余处,包括石龙、新铺子、李家坟、香炉山等大中型矿床,以石龙矿区最为典型。

一、矿区地质特征

(一)概况

石龙式铁矿矿体产于前震旦系河口群、会理群下部拉拉变质杂岩下部,与钠长片岩关系密切,为火山沉积改造型铁矿,其矿区地质图见图5-4。

(二)地层

区内以前震旦系变质岩为基底,海相沉积及中生代陆相碎屑沉积作盖层的长期隆起地带,除缺失奥陶系中上统、志留、泥盆、石炭及新近系外,前震旦系至第四系均有分布。

1. 河口群

总厚3365~4290 m。岩性及厚度变化大,如在拉拉厂以北的会理黎溪地区,主要是正常的沉积变质岩,而火山岩(石英钠长岩)含量锐减,厚度减薄至1400 m,相距仅数十千米,难以对比。

大营山(岩)组(Ptdy):由灰黑色含铜质板岩夹黄褐色含铜白云石大理岩、灰绿色角闪片岩,黄褐浅肉红色变余斑状钾长石英钠长岩、夹薄层浅绿色白云石英片岩,灰黑色绢云碳质板岩夹薄层状变质砂岩及白云母石英片岩、黑云片岩、白云石大理岩据《全国成岩成矿年代谱系》记载:蚀变辉绿岩的锆石SHRIMP年龄值为(1710±9)Ma,应为古元古代。

落凼(岩)组(Pt*ld*)(原称岔河组)：为石英钠长岩，黑云片岩、石榴黑云片岩、白云母石英片岩夹斑状石英钠长岩(含角闪石或含石榴子石)角闪石英钠长岩、碳质板岩、碳质白云岩夹石英片岩、变凝灰岩、变质砂岩、石榴子石英钠长岩夹大理岩透镜体。石英钠长岩(钠霏细岩)内也发现铁矿体。

长冲(岩)组(Pt*c*)(原称长冲组和拉拉组)：下部为石榴角闪黑云片岩夹黑云片岩、角闪黑云钠长岩及少量白云母石英片岩；上部以火山物质为主，钠长岩、石英钠长岩、白云母石英片岩、石榴黑云片岩、石榴角闪黑云片岩夹碳质板岩、大理岩透镜体。分布于龙崩至红泥坡天生坝至绿水河以西地带，上部层位有李家坟、官地铁矿，中部有红泥坡铜矿，下部有天生坝铁矿。本组为石龙式铁矿主要含矿层，铁矿与钠长片岩关系密切，呈似层透镜状产出，矿石组合为赤铁矿－磁铁矿－钠长石或赤(镜)铁矿－云母－石英。矿石结构、构造中火山岩以条带状、浸染状为主，品位约30%～40%；接触带以团块状为主，品位大于50%。

2. 会理群下部

岩性为一套浅变质的细碎屑岩、变碳酸盐岩夹少量变质火山岩及火山碎屑岩。与上覆震旦系底砾岩、紫红色砂泥岩、白云质灰岩或中生代地层呈不整合接触。由下而上分为四组，主要赋矿层位是黑山组(如通安新铺子、香炉山、腰棚子、毛姑坝铁矿)，分布

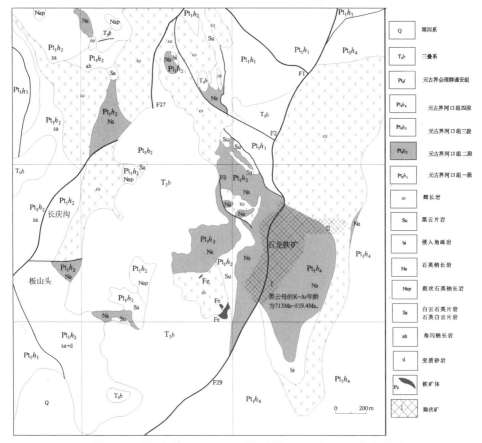

图5-4　石龙铁矿矿区地质图(据四川省地矿局403队资料修改)

于会理通安地区和会东大麦地区。

因民组（Ptym）：上部灰紫、紫红色含磷粉砂质板岩及板状白云岩夹变质砂砾岩、铁质板岩层；下部为灰黄色变质砂岩与银灰色云母片岩互层。

落雪组（Ptlx）：上部白云岩、白云质灰岩；下部为灰、灰白色白云岩一般含铜。

黑山组（Pths）：含较多的火山物质，变质后为千枚岩，灰黑色板岩。夹结晶泥灰岩、白云质灰岩。是主要含铁层，厚 1031～2714 m。主要含矿建造为偏碱性及中基性变火山岩，产状以似层透镜状为主，不规则囊状次之。主要矿石组合有磁铁矿－黑云母－钠长石组合；赤（镜）铁矿－绢云母－石英组合。矿石结构、构造层状矿体以条带状斑点状为主；脉状囊状矿体为斑团状块状，层状矿石品位在 30%～40%；囊状脉状矿石大于 50%。

青龙山组（Ptql）：上部灰色板岩夹紫红色铁质板岩及白云岩；中部为白云质灰岩、白云岩夹千枚岩、板岩（或互层），局部夹变质玄武岩；下部为含砾硬砂岩、粉砂质板岩、夹炭硅质板岩。总厚长达 2769～5673 m。

（三）岩浆岩

矿区内侵入岩主要为晋宁期岩浆岩，从超基性、基性乃至中酸性岩均有分布，其岩性主要为蛇纹石化橄辉岩、变辉长岩（或辉绿辉长岩）、闪长岩、二长岩、花岗斑岩和石英斑岩等。喷出岩以中—中基性、酸性、碱性火山岩系为岩浆岩的主体部分，尤以晋宁期－澄江期的辉绿辉长岩、多期海底喷发（溢）的钠质火山岩、细碧－角斑岩与铁矿成矿关系最为密切。

（四）构造

矿区内主干构造以北北东向的褶皱和近南北向断裂为主，石龙铁矿位于近南北向双狮拜象背斜东翼的次级褶皱（石龙向斜）中，矿区被北东向断层一分为二，西侧出露河口群变质岩，东侧为上三叠统白果湾组呈不整合接触。控矿构造主要为南北向与东西向构造交切、叠加复合部位；以上两组褶皱的横跨构造（尤其是叠加向斜）、剪切破碎带及层间剥离构造为矿区的重要容矿构造。

1. 褶皱

按褶皱性质及其形成时间，大致可分两类。一为基底褶皱，形成于古早元古代末期，最主要有铜厂顶复背斜由东至西，轴部经河口、小青山铜厂顶、大朵、会东黄坪一带，该背斜纵向起伏较大，且由于若干贯通区内的东西向及南北向断裂的破坏与盖层的超覆。另一为盖层褶皱，由震旦纪到中生代地层组成的盖层，在强烈的褶皱基底上，形成了与老构造线不相协调的盖层褶皱，多形成开阔平缓的向斜及较窄的背斜。

2. 断裂

主要断裂多与褶皱平行，但其形成时代不像褶皱那样明显，构造的继承性较强。一般说来，最早形成的是变质岩系中的东西向压性断裂（伴有小规模南北向张性断裂），之后，主要在古生代末期和燕山期，在盖层中分别依次形成南北向（亦伴有东西向断裂）和北东、北西向断裂。晚期形成的断裂往往继承或切割前期构造，断裂大部分属高角度断层，在背斜核部出现的定向断层又以逆断层为多，各期断裂的主要构造线方向有别。

东西向断裂：除少数小规模的横向或斜交断层外，还有大量规模较大的东西向断裂，均属基底构造。前者发育于盖层分布区，形成于燕山期，序次在同期南北向断裂之后，后者则往往基底褶皱构造线平行，多为高角度断层，断距较大，个别断距在千米以上，其形成时代最早，对元古代岩浆岩和有关矿产的形成起着明显的控制作用，主要有：

杨合伍—因民断层：该断层上、下盘均为古元古界变质岩组成，断续贯穿全区，出露长 84 km。由于后期南北向断裂的切割和沉积盖层的掩盖。

大朵断层：位于大朵向斜南翼，延长 24 km。本断裂实际是一断层组，其中南缘一条为向北陡倾斜之逆断层。上盘为会理群下部地层，下盘为震旦系澄江组或灯影组。断层破碎带宽 10~20 m，沿断裂带及两侧，小褶曲发育，其轴向与断层走向近于平行，该断层同样为后期南北向断裂切割成若干段。

菜子园断层：位于河口背斜的北东翼小官河一带，为一断层面向北陡倾的正断层，断层上盘为力马河组第一段之上部，下盘为淌塘组，断层破碎带宽 50 m，其两侧地层产状紊乱，岩石破碎，附近之蛇纹岩多具片理化。

南北向断裂：此组断层形成时代是震旦纪到白垩纪，他们往往切割上述东西向古断裂，沿南北向断裂有不少的岩浆岩产出，此组断裂常被北东、北西向断层切割。

北东向断裂：一般形成时代较晚，多属燕山期形成，它们往往切割南北向断层。

北西向断裂：亦形成于燕山期，一股规模不小。

（五）变质特征

河口群是元古代变质期的产物，是构成了所谓的结晶基底的变质岩系之一，会理群下部属中晚元古代浅变质岩系，是晋宁期变质作用的产物，属所谓的褶皱基底。

河口群的变质作用属低压区域动力热流变质作用，变质相以角闪岩相为主，局部出现高绿片岩相，可划分 4 个递增变质带：绿泥石—绢云母带、黑云母带、铁铝榴石带、堇青石带。变质温度约为 540~620℃，变质压力 0.35~0.5 Gpa，属低压相系。变质时代为早元古代，同位素年龄值 1725 Ma（钠长岩，锆石 Rb-Sr 法）。

会理群下部的变质作用属区域低温动力变质作用，变质相以低绿片岩相相为主，可划分 2 个递增变质带：绿泥石—绢云母带、黑云母带。变质温度约为 390~420℃，变质压力约 0.17Gpa，变质矿物主要是绢云母、绿泥石、黑云母，属低压相系。变质时代为中元古代，同位素年龄值 815~863 Ma（全岩 Rb-Sr 法）。

二、含矿岩系、矿体和矿石

（一）含矿岩系

石龙式海相火山变质型铁矿产于海相钠质火山岩中，主要含矿层位为前震旦系河口群和会理群下部。因所处火山部位及活动阶段不同，成矿方式及矿床特征又略有差异。

产于河口群中的铁矿床（点）工业矿体均集中于上变质火山岩段的上、下部。河口群原岩为一套细屑－细碧角斑岩，可分三个大的火山－沉积旋回，火山岩从下到上是基性向酸性连续演化。赤铁矿、磁铁矿富集部位与富钠火山岩（$Na_2O+K_2O\geqslant8\%\sim10\%$，$Na_2O>K_2O$）发育部位吻合，富钾（$K_2O>Na_2O$）或富钙（碳酸盐）岩石则多为菱铁矿、铜矿的产出部位。

产于会理群下部的铁矿床见于通安新铺子、香炉山、腰棚子、毛姑坝等地，分属香炉山、腰棚子两个矿段和层位。香炉山矿段含矿围岩为火山凝灰岩、凝灰角砾岩、角砾质凝灰岩及绢云母岩、石英绢云母岩；腰棚子矿段含矿围岩以细碧角斑质熔岩为主，间夹火山碎屑岩，相互构成水下火山喷发－沉积韵律。

（二）矿体特征

石龙式铁矿已知大小矿床、点十余处，以石龙铁矿区最为典型。

矿区内已探明铁矿体3个，埋藏于白果湾组之下约400 m，Ⅰ、Ⅱ号矿体产于河口群落凼（岩）组上部变质火山岩中，呈似层状、凸镜状赋存于石英钠长岩（钠霏细岩）内，局部顶板与煤系地层直接接触。矿体呈南北向延伸300～600 m，宽200～300 m，最厚34.54 m，平均厚1.79～29.58 m。形态与向斜构造一致，具中间厚而富、边部薄而贫之特征。部分矿体被后期侵入的次火山岩吞蚀或破坏。同时发生碱质交代，使部分矿体再造加富；Ⅲ号矿体位于Ⅰ号矿体之上、白果湾组底砾岩中，长300 m，宽35～350 m，平均厚1.42 m，系Ⅰ号矿体风化残积产物。

（三）矿石特征

矿石以自形、半自形、他形粒状结构为主，次有交代残余及包含结构；浸染状及致密状构造为主，次有角砾状、条带状及网脉状构造。金属矿物主要为磁铁矿、赤铁矿，次有黄铁矿、黄铜矿；非金属矿物主要有石英、钠长石、碳酸盐，绿泥石，少量云母、磷灰石、电气石、阳起石，偶见锆石、榍石等。可分磁铁矿、赤铁矿、混合矿三种矿石类型。矿石品位：TFe最高可达69%，全区平均为35.42%～45.51%，伴生Cu为0.6%～2.0%，有害组分S较低，P、Si较高，其中P_2O_5与TFe成正相关；SiO_2与TFe负相关。

三、岩石化学特征

河口群长冲（岩）组的变钠质火山岩，据其含矿围岩的产状和岩性特征，除有一类属交代成因的钠质交代岩（其原岩为正常系列的中酸性、中基性岩及沉积岩或变质岩）外，还有一类在岩石化学成分上与国内外细碧岩和角斑岩基本相似的细碧－角斑岩系。但拉拉地区的细碧－角斑岩系中，细碧岩分布零星，与云南大红山浅色熔岩段具有相似性特征。

本区与铁矿有关的火山活动具多旋回海底喷（溢）发特征。在时间上，早期喷发富钾质火山碎屑岩，其后喷溢富钠质中基性熔岩，具有从早到晚由中性向偏基性岩浆演化的趋势。由火山碎屑岩至熔岩Fe_2O_3、K_2O明显减少，FeO、MgO、CaO、Na_2O则明显增高，说明铁矿形成与火山喷发－沉积作用关系密切，这与拉拉地区火山矿浆与次火山热液交代－充填成矿有显着差别。其岩石化学特征见表5-8。

表5-8　石龙铁矿区河口群变火山岩石化学成分表

岩石名称	氧化物百分含量/%										
	SiO_2	TiO_2	Al_2O_3	Fe_2O_3	FeO	MnO	MgO	CaO	Na_2O	K_2O	P_2O_6
杏仁状细碧岩	48.10	2.15	12.88	12.75	3.69	0.30	5.00	7.93	4.36	0.18	0.20
细碧岩	50.96	2.65	12.65	5.70	8.16	0.18	4.85	6.15	4.72	0.98	0.42
暗色细碧岩	43.41	2.28	12.54	9.13	8.70	0.30	6.54	8.59	3.72	0.79	0.22
细碧岩	46.15	2.41	12.94	6.61	8.80	0.24	6.38	7.79	4.04	0.90	0.28
磁铁细碧岩	37.00	2.48	10.33	24.17	10.68	0.14	3.08	3.95	4.30	0.58	0.27
球粒角斑岩	62.04	2.80	8.50	13.73	3.52	0.15	0.12	1.54	4.89	0.12	0.51
微粒状角斑岩	69.94	0.33	11.22	7.14	2.12	0.06	0.12	0.84	6.30	0.18	0.03
杏仁状磁铁角斑岩	52.42	2.90	11.22	11.83	5.82	0.29	0.53	3.33	6.45	0.18	0.28
粗面状角斑岩	58.76	1.60	14.56	5.87	1.50	0.12	0.42	4.02	7.66	0.40	0.74
角斑质凝灰岩	57.10	0.95	15.45	4.34	8.91	0.13	3.10	0.50	3.71	1.16	0.10
角斑质凝灰岩	54.12	1.43	12.45	20.19	2.11	0.07	3.36	1.12	4.77	1.23	0.75
粗面状角斑岩	66.73	0.39	12.78	7.64	1.53	0.06	3.30	1.46	6.87	0.08	
粗面状角斑岩	51.78	3.05	14.51	10.46	4.86	0.05	0.31	2.77	8.39	0.12	
微粒状角斑岩	63.16	0.13	17.79	0.70	1.32	0.12	0.85	2.43	9.60	0.14	0.01
微粒状石英角斑岩	70.22	0.30	12.09	0.64	2.51	0.06	0.69	2.77	6.68	0.22	0.06
平均值	55.46	1.72	12.79	9.39	4.95	0.15	2.58	3.68	5.76	0.48	0.30
世界拉斑玄武岩均值	49.58	1.98	14.79	3.38	8.03	0.18	7.30	10.36	2.37	0.43	0.24
辉绿辉长岩	44.80	4.72	14.93	3.81	8.71	1.40	7.72	7.62	4.06	0.72	
钠长辉长岩	48.86	2.10	13.86	8.78	6.37	0.12	5.44	4.86	5.66	0.65	0.17
平均值	46.83	3.41	14.40	6.30	7.54	0.76	6.58	6.24	4.86		0.17
中国辉长岩均值	47.62	1.67	14.52	4.09	9.37	0.22	6.47	8.75	2.97	1.18	0.46
世界辉长岩均值	50.14	1.12	15.48	3.01	7.62	0.16	7.59	9.58	2.39	0.93	0.24
钠长辉绿岩	45.56	3.25	12.60	4.47	9.60	0.20	3.58	7.13	5.04	0.20	0.43
辉绿岩	45.22	3.17	11.76	8.17	11.00	0.41	4.78	7.36	3.00	1.48	0.26
平均值	45.39	3.21	12.18	6.32	10.30	0.31	4.18	7.25	4.02	0.84	0.35
世界辉绿岩均值	50.14	1.49	15.02	3.45	8.15	0.16	6.40	8.90	2.91	0.99	0.25
角闪钠长岩	46.74	2.60	12.73	5.83	9.60	0.30	3.68	6.76	5.18	0.72	0.44

从表5-8可见：细碧－角斑岩类与世界拉斑玄武岩比较，SiO_2、TiO_2、Al_2O_3、MnO、K_2O、P_2O_6 与世界均值相当，其中 SiO_2、K_2O、P_2O_6 稍高于世界均值，TiO_2、Al_2O_3、MnO 稍低于世界均值；Fe_2O_3、Na_2O 明显高于世界均值，是其2~3倍；MgO、CaO、FeO 的含量明显低于世界均值，是其含量的1/3~1。说明本区海相喷出岩属富钠

铁贫镁钙的海相喷出岩石。

辉绿辉长岩和钠质辉长岩与全国辉长岩均质比较，SiO_2、Al_2O_3、Fe_2O_3、FeO、MgO、CaO 的含量相当，其中 Fe_2O_3 稍高于全国均值，FeO、CaO 稍低于全国均值；TiO_2、MnO、Na_2O 明显高于全国均值，是其 $2\sim3$ 倍；K_2O、P_2O_6 明显低于全国均值，是其含量的 $1/3\sim1/2$。与世界均值比较，SiO_2、Al_2O_3、FeO、MgO、CaO、K_2O、P_2O_6 的含量相当，其中 SiO_2、MgO、CaO、K_2O、P_2O_6 稍低于世界均值；TiO_2、Fe_2O_3、MnO、Na_2O 明显高于世界均值，是其 $2\sim6$ 倍，尤其是 MnO 高出 6 倍。说明本区辉长岩属碱性富铁锰贫钾浅成基性侵入岩石。

辉绿岩与世界辉绿岩均值比较，SiO_2、Al_2O_3、FeO、MgO、CaO、K_2O、P_2O_6 含量相当，其中 FeO、P_2O_6 稍高，SiO_2、Al_2O_3、MgO、CaO 稍低；TiO_2、Fe_2O_3、MnO、Na_2O 明显高于世界均值，高出 $1\sim2$ 倍。为富钠铁质超基性侵入岩。

通过计算里特曼组合指数 σ 值，细碧－角斑岩的 σ 值为 0.05，辉绿辉长岩和钠质辉长岩为 0.19，辉绿岩为 0.59，它们均属于极强太平洋型钙碱性岩系。

四、物化探特征

（一）物探特征

1. 区域航磁异常特征

区域航磁正负异常具明显的地域性分布特征：会东县—黎溪镇地区为北东向宽缓负异常区；西部会理—丙谷镇、得石镇、仁和镇—跃进水库三处以南北走向为主三个正异常区；东南部通安—龙滩水库地区以东西、北东东走向为主两个正异常区。上述正异常区内均有基性岩和具磁性的前震旦系河口群拉拉变质杂岩分布，推断航磁异常是由磁铁矿体、基性超基性岩、具磁性的钠质火山岩、变质火山岩(安山岩、玄武岩、凝灰岩)共同引起。

2. 区域地磁异常

会理地区地磁异常总体上说是由基性超基性岩、钠质火山岩、变质火山岩和磁铁矿综合引起。地磁异常形态、走向、范围大小，强度等变化均较大，只有当磁铁矿体出露地表，且具有一定规模时，才能形成较明显的局部矿异常。

综合上述航磁、地磁异常特征认为：会理地区铁矿床多赋存于基性超基性岩、钠质火山岩之中，近矿围岩都富含铁质，具有较强磁性，在多数情况下，磁异常可间接指示铁矿赋存区，但很难直接圈定铁矿床的存在区域。只有通过大比例尺地磁测量和综合研究分析才能分辨矿与非矿异常。

3. 石龙铁矿磁异常特征

航磁异常特征：矿床位于航磁异常鞍部中心向零值线过渡的中间异常地段；异常南北走向，总体呈椭圆状，东西两侧为负异常，有两个异常中心；南部中心极大值为 75 nT，北部中心极大值为 150 nT(北侧伴生－300 nT 负异常)，显示磁性体向南倾斜的特征。

地磁异常特征：矿床位于正异常中心(400 nT)向零值线过渡的靠近零值线异常地段

（100 nT），正异常北侧为北东东向负异常，与航磁异常特征一致，显示磁性体南倾特征。

根据上述航磁、地磁异常特征，结合钻探剖面所见磁铁矿、基性岩（辉长岩）和大规模较大的钠质火山岩，推断磁异常由三者共同引起。由于磁铁矿体埋深较大，与钠质火山岩（具磁性）、基性岩相比，规模、质量相对较小，故不能单独形成局部矿异常。

（二）化探异常特征

利用1：20万会理幅区域化探水系沉积物测量资料进行研究，利用 Fe、Co、V、P 等指标，在会理地区共圈绘出9处综合异常。

从异常与已知矿产地的关系看，综合异常50％以上与已知矿产地相吻合，表明异常能较好地反应该类型铁矿的赋矿层位，可以指示找矿。从异常的相似度看，9号异常区可能发现石龙式铁矿，8号异常区可能为会东县六合乡白泥塘式铁矿所致，1号异常可能为地质体所致，7号异常性质不明，有待进一步研究评价。

通过分析对比异常与典型矿床、已知矿床及矿点的关系认为：Fe、Co、Ti、V、P 元素具有明显的浓集带，其高值带分别与河口群、会理群下部地层相对应，已知铁矿床（点）基本位于高值区范围内；硅的分布与铁具有一定程度的镜像性，区内已知铁矿多分布在硅的低值区域，说明铁硅元素含量在本区域内呈负相关关系。Fe、Co、Ti、V 元素为本区铁矿的直接指示元素，P 元素为间接指示元素。

五、矿床成因及成矿模式

太古代时期大洋弧后盆地从上地幔和下地壳熔融侵入钠质火山岩，这一火山活动延续时间较长，包括河口期和和早会理期，其活动过程带来大量的铁质矿源，在火山口附

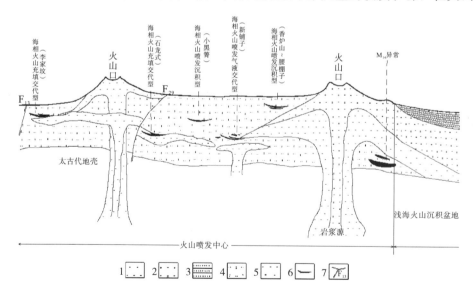

图 5-5　石龙式海相火山沉积改造铁矿成矿模式图

1. 钠质火山岩；2. 火山角砾岩；3. 粉砂岩；4. 凝灰岩；5. 辉绿辉长岩；6. 铁矿石；7. 断层及编号

近生成海相火山充填交代型铁矿，如石龙式；在稍远的小黑箐、香炉山－腰棚子等海洋，火山喷发的含铁物质和地表含铁岩石风化的物质在弧后盆地沉积形成胚胎矿，经以元古代为主的多期变质改造而形成海相火山喷发沉积型改造型铁矿。由于火山喷发有多个火山口，充填交代、沉积作用互相交集，颇为复杂。石龙式铁矿含矿岩系为一套河口群和会理群下部变质岩钠质火山岩（细屑岩－细碧角斑岩组合），主要矿床（点）均集中于河口群和会理群下部，与火山活动最强烈的阶段相一致。其成矿模式见图5-5。

第六章 沉积型铁矿典型矿床

第一节 概 况

一、总体分布

四川省沉积型铁矿的分布相对较广，但主要分布于川西南宁南县、甘洛—越西、汉源及会理、会东、布拖县、峨边县、西昌市，川北江油、旺苍县及广元市等、川南珙县、川东北万源、川中威远、宝兴、洪雅等县及峨眉山市，具有工业价值的主要分布在宁南、甘洛一带。全省沉积型铁矿产地85处（表6-1），占全省矿产地294处的28.91%；小型及以上矿床57处，探明资源量仅占全省的1.11%，规模虽小，却是四川省主要铁矿成因类型之一。工作程度：勘探的12处、详查的8处、普查的43处、预查的22处，工作程度较低。

四川省沉积铁矿的主要类型为碧鸡山（宁乡）式和华弹式铁矿，成矿时代主要为中泥盆世观雾（缩头）山期和中奥陶世巧家期，本章主要围绕此两种矿床式展开。

表6-1 四川省沉积型铁矿产地一览表

序号	矿产地名	主矿种	勘查程度	成矿类型？	矿床规模	备注
1	宁南华弹	赤铁矿	勘探	沉积型	大型矿床	
2	越西碧鸡山	赤铁矿	勘探	海相沉积型	大型矿床	
3	越西碧鸡山切罗木	赤铁矿	普查	海相沉积型	小型矿床	同属碧鸡山矿床
4	越西敏子洛木	赤铁矿	普查	海相沉积型	中型矿床	
5	江油大康	赤铁矿	普查	沉积型	中型矿床	
6	威远边界场	褐铁矿	普查	沉积型	中型矿床	
7	珙县白胶芙蓉	磁铁矿	普查	沉积型	中型矿床	
8	万源红旗乡庙沟	菱铁矿	勘探	沉积型	中型矿床	
9	西昌民胜乡麻棚子	赤铁矿	普查	沉积型	中型矿床	
10	西昌响水乡金洞	赤铁矿	普查	沉积型	中型矿床	
11	宝兴紫云	赤铁矿	详查	沉积型	小型矿床	
12	布拖县拖觉	赤铁矿	普查	沉积型	小型矿床	
13	稻城蒙自乡茶花	赤铁矿	普查	沉积型	小型矿床	
14	峨边毛坪高山	赤铁矿	预查	沉积型	小型矿床	
15	峨眉山市龙池	赤铁矿	预查	沉积型	小型矿床	

序号	矿产地名	主矿种	勘查程度	成矿类型?	矿床规模	备注
16	甘洛马拉哈	赤铁矿	普查	沉积型	小型矿床	
17	广元市沙溪坝	赤铁矿	普查	沉积型	小型矿床	
18	广元元坝区母家山	赤铁矿	普查	沉积型	小型矿床	
19	会理李家山－金竹林	赤铁矿	普查	沉积型	小型矿床	
20	会理龙泉大富村	褐铁矿	普查	沉积型	小型矿床	
21	会理黎洪乡龙树	赤铁矿	普查	沉积型	小型矿床	
22	会理鹿厂乡石叶铺	赤铁矿	普查	沉积型	小型矿床	
23	会理四一乡龙潭菁	赤铁矿	详查	沉积型	小型矿床	
24	乐山市新华	赤铁矿	勘探	沉积型	小型矿床	
25	宁南大岩洞	赤铁矿	预查	沉积型	小型矿床	
26	宁南后山	赤铁矿	预查	沉积型	小型矿床	
27	宁南六马梁子	赤铁矿	预查	沉积型	小型矿床	
28	宁南棋树坪	赤铁矿	预查	沉积型	小型矿床	
29	万源城关	菱铁矿	勘探	沉积型	小型矿床	
30	万源长石乡庙沟	菱铁矿	勘探	沉积型	小型矿床	
31	万源梨树乡官渡	菱铁矿	普查	沉积型	小型矿床	
32	万源青花－坪溪	菱铁矿	普查	沉积型	小型矿床	
33	万源平溪乡陈家湾	菱铁矿	普查	沉积型	小型矿床	
34	万源水田乡红旗	菱铁矿	普查	沉积型	小型矿床	
35	万源长石乡	菱铁矿	勘探	沉积型	小型矿床	
36	万源关坝乡长石	菱铁矿	普查	沉积型	小型矿床	
37	旺苍陈家岭	磁铁矿	普查	沉积型	小型矿床	
38	旺苍金溪	磁铁矿	普查	沉积型	小型矿床	
39	米易头滩二滩	磁铁矿	普查	沉积型	小型矿床	
40	喜德中坝、银厂沟	磁铁矿	普查	沉积型	小型矿床	
41	盐边龙胜鸦雀树	磁铁矿	普查	沉积型	小型矿床	
42	盐源大草乡麦架坪	磁铁矿	普查	沉积型	小型矿床	
43	荥经羊子岭	赤铁矿	普查	沉积型	小型矿床	
44	越西曼滩	赤铁矿	普查	沉积型	小型矿床	
45	越西竹儿沟	赤铁矿	普查	沉积型	小型矿床	
46	昭觉瓦卡木	赤铁矿	普查	沉积型	小型矿床	
47	甘洛阿尔乡子村	赤铁矿	普查	海相沉积型	小型矿床	
48	灌县懒板凳	赤铁矿	普查	海相沉积型	小型矿床	
49	江油白鹤洞	赤铁矿	勘探	海相沉积型	小型矿床	
50	江油观务山	赤铁矿	勘探	海相沉积型	小型矿床	
51	江油广利寺	赤铁矿	勘探	海相沉积型	小型矿床	

续表2

序号	矿产地名	主矿种	勘查程度	成矿类型?	矿床规模	备注
52	江油老君山	赤铁矿	勘探	海相沉积型	小型矿床	
53	江油太华山	赤铁矿	勘探	海相沉积型	小型矿床	
54	江油楠木树沟	赤铁矿	普查	海相沉积型	小型矿床	
55	越西拉基宝珠	赤铁矿	普查	海相沉积型	小型矿床	
56	汉源河西	赤铁矿	普查	陆相沉积型	小型矿床	
57	洪雅田坪铜厂	赤铁矿	普查	陆相沉积型	小型矿床	
58	甘洛海棠西番沟	赤铁矿	预查	沉积型	矿点	
59	甘洛攀石岩	赤铁矿	预查	沉积型	矿点	
60	甘洛特尔木	赤铁矿	预查	沉积型	矿点	
61	甘洛新建乡脚马	赤铁矿	预查	沉积型	矿点	
62	广安一碗水－龙王塘	赤铁矿	详查	沉积型	矿点	
63	华蓥山丁家坪	赤铁矿	详查	沉积型	矿点	
64	华蓥山观音岩	赤铁矿	详查	沉积型	矿点	
65	华蓥山阳河凉风垭	赤铁矿	普查	沉积型	矿点	
66	会东铁矿梁子	菱铁矿	预查	沉积型	矿点	
67	九寨沟罗伊	赤铁矿	详查	沉积型	矿点	
68	九寨沟章扎	赤铁矿	详查	沉积型	矿点	
69	九寨沟芝麻沟	赤铁矿	详查	沉积型	矿点	
70	邻水大石人和	赤铁矿	预查	沉积型	矿点	
71	邻水大湾－福家梁子	赤铁矿	普查	沉积型	矿点	
72	邻水龙安	赤铁矿	普查	沉积型	矿点	
73	邻水石渣滩－罐子	赤铁矿	普查	沉积型	矿点	
74	天全大井坪	赤铁矿	预查	沉积型	矿点	
75	乡城前进乡学英	赤铁矿	预查	沉积型	矿点	
76	乡城前进乡扎子美	赤铁矿	预查	沉积型	矿点	
77	乡城小沟源头	赤铁矿	预查	沉积型	矿点	
78	乡城正斗	赤铁矿	预查	沉积型	矿点	
79	盐边东巴湾	铁锰矿	预查	沉积型	矿点	
80	盐源白乌、老鸦山	铁铅锌矿	预查	沉积型	矿点	
81	荥经大市坝	赤铁矿	预查	沉积型	矿点	
82	甘洛阿尔乡锁子村	赤铁矿	普查	海相沉积型	矿点	
83	甘洛色达	赤铁矿	普查	海相沉积型	矿点	
84	甘洛色呷村	赤铁矿	预查	海相沉积型	矿点	
85	江油赵家沟	赤铁矿	预查	海相沉积型	矿点	

二、成矿地质背景

沉积矿床和沉积岩都是地壳发展的产物，它们严格受大地构造条件所控制，根据对沉积矿床研究结果，在陆块区下沉盆地的盖层中，常常发育着各种沉积矿床。沉积型铁矿在四川省内分布较广，其主要类型碧鸡山(宁乡)式和华弹式铁矿大地构造位置属上扬子古陆块西缘，靠近古陆边界的东侧。在扬子古陆块西缘与灌县宝兴古陆、滇黔古陆间的半局限陆表海环境中形成沉积型铁矿。有工业价值的矿床主要分布在攀西裂谷、凉山－威宁－昭通碳酸盐台地区和龙门山地区。

(一)碧鸡山(宁乡)式铁矿

龙门山北段和碧鸡山一带成矿条件较好。龙门山北段主要矿床(点)集中分布于唐王寨向斜南东翼靠海岸一侧；北西翼靠海一侧沉积环境向半局限碳酸盐台地转化。中泥盆统含矿地层由北东向南西延伸的变化较大，主要原因有三：

(1)该区沉积基底起伏大，引起含矿地层变薄、尖灭乃至大段缺失。如：从北川幸福乡至绵竹大水闸，由于基底隆起，泥盆系地层由北东向南西，先后超覆在志留、奥陶、寒武、震旦系地层之上，中泥盆统养马坝组和观雾山组基本缺失；但延至九顶山古陆南侧，含矿地层又在绵竹龙王庙一带失而复现，且沉积厚度向南东逐渐增加，最厚可达1300 m。

(2)沉积环境变化。向南西方向，沉积物以碳酸盐－泥质－粉砂质沉积为主，局部出现潮滩相砂质碎屑沉积和不稳定的透镜状、扁豆状、团块状、结核状铁矿体。矿石块状结构不发育，成分为鲕绿泥石菱铁矿、褐铁矿、赤铁矿，属碳酸盐矿石及氧化矿石相；矿体侧变急剧，常相变为含铁砂岩、铁质页岩。已知仅有灌县懒板凳和宝兴紫云两小型矿床，矿层顶板前者为碳酸盐岩，后者为铝土页岩、砂质页岩及少量石英砂岩；TFe 品位，菱铁矿为 $20\% \sim 30\%$，氧化矿石为 $34\% \sim 48\%$。

(3)后期构造比较复杂，褶皱断裂和剥蚀破坏了矿层的连续性，在沉积不稳定基础上更加剧了矿层的变化，尤其是北川至九顶山背斜南东翼一段，含矿地层被分割成孤立的小块。

(二)华弹式铁矿

大地构造单元属上扬子陆块西缘的南部陆缘褶皱带之凉山褶冲带，为一位于康滇逆冲带东侧并与之平行展布的南北向拗陷带。其中沿断裂上冲盘往往可见前震旦系基底零星出露，如龙塘－地坪子断裂西侧所见的花岗岩及变质碎屑岩。该带震旦至白垩各系地层产状平缓，多在 $10° \sim 15°$，只在断层带附近变陡，由此可见基底硬度甚大、盖层南北向褶皱舒缓开阔是该带之构造特色。断裂构造以南北向至北西向为主，两组断裂交叉切割形成若干菱形块体。拗陷带沉降中心的寒武－志留系厚度最大，一般大于 2000 m。

南北向继承性断裂限制了本区断陷盆地的发育，对沉积作用有重要影响。如昭觉、布拖、宁南西侧的四开－交际河断裂，西侧奥陶系厚达 600 m，缺失上奥陶统和下志留统；东侧奥陶系总厚仅 200 m，下志留统普遍分布，覆于上奥陶统之上。华弹式铁矿位于该断裂以西，且集中在南段、紧靠会理、会东前震系古隆起区。该区自震旦纪后、侏罗纪前基本处于隆起剥蚀状态，前震旦系会理群富铁岩石通过地表风化为北东浅海区提供了大量富铁沉积物；再加之寒武纪以后康滇古陆东侧海岸线向东推进（由越西—米易一线推至越西—普格一线）。早期的大陆架边缘在中奥陶世时成为有利于铁矿沉积的海岸浅滩地带。

三、含矿地层和主要含矿建造

（一）含矿地层

四川省沉积铁矿有 8 个产出层位，其中最主要为中奥陶统巧家组和中上泥盆统两个层位。

（1）会理群与震旦系观音岩组或澄江组不整合面附近，如会理龙泉大富村铁矿床；西部造山带恰斯群与上覆地层界面上亦有零星分布。

（2）中奥陶统巧家组泥灰岩、生物碎屑灰岩，是四川主要的沉积型铁矿产出层位之一，代表性矿床如宁南华弹式铁矿。

（3）中上志留统砾岩或砂页岩中，如天全沙坪铁矿床。

（4）中上泥盆统砂页岩及泥质白云岩，铁矿主要产于下部碎屑岩，集中于川西南越西—甘洛、川西北龙门山江油等地，是四川主要的沉积型铁矿产出层位之一，代表性矿床如碧鸡山（宁乡）式铁矿。

（5）下二叠统梁山组黏土页岩中，个别地段被玄武岩再造，如洪雅龙虎函铁矿床。

（6）上二叠统龙潭组（东部）宣威组（西部）含煤碎屑岩建造中，如珙县白芙蓉铁矿床。

（7）中三叠统凝灰质砂泥岩－碳酸盐岩建造，铁矿主要产于碎屑岩、碳酸盐岩过渡部位，如盐源石贞铁矿。

（8）上三叠统须家河组含煤碎屑岩建造中，有两个主要集中区，一为川南威远—华蓥山一带；二为川北万源—开县一带。前者多为矿点或矿化点；后者可构成中、小型矿床，如万源庙沟铁矿床。

此外，产于下侏罗统含煤碎屑岩建造中的，綦江式沉积型铁矿主要分布在重庆市范围内，四川万源、威远一带仅有少量分布。

（二）含矿建造

上述 8 个层位中，中上泥盆统缩头山组（甘洛—越西）、观雾山组（川西北龙门山）和中奥陶统巧家组是四川最主要为含矿层位，累计探明储量约占全省沉积铁矿总量的 78.66%，前者（碧鸡山式铁矿）为以碳酸盐岩铁矿建造为主，后者（华弹式铁矿）为碳酸盐岩－碎屑岩铁矿建造。中奥陶世和中晚泥盆世是主要成矿时代。

1. 中上泥盆统含矿建造

(1)甘洛—越西地区

甘洛—越西地区碧鸡山(宁乡)式沉积型铁矿含矿层为泥盆系缩头山组,与上、下地层呈整合接触。含矿岩系为一套滨海—浅海(海湾)相碳酸盐岩铁建造,夹砂页岩。赤铁矿、菱铁矿赋存于岩系中部,顶、底板多为碳酸盐岩。上覆地层主要岩性为灰-深灰色细晶白云质灰岩。下伏地层为灰白-紫红色砂质页岩,间夹薄层石英砂岩。在接近矿层处因泥砂质增多而递变成砂质泥灰岩。中部含矿层为赤红色鲕状赤铁矿,层位稳定,厚度变化不大。岩石建造综合柱状图见图6-1。

地层区划 分区	年代地层单位 统	岩石地层单位 组	分层	岩石建造类型	厚度/m	沉积岩建造柱	沉积建造和古流河	岩性岩相简述	含矿性	化石组合或同位素测年方法与年龄值	沉积亚相(或微相)	沉积相	大地构造环境
上扬子分区	上泥盆统	曲靖组	9	白云岩建造	72.7			白色、浅灰绿色含砂质白云岩		珊瑚: *Disphyllum* frech 腕足类: *Cyrtospirifer vicarii Ambocoelia sinensis Spinatrypa bodini*	生物屑碳酸盐浅滩	前—近滨带	峨眉—凉山褶冲带
	中泥盆统	缩头山组	8	铁砂质岩石英建造	11.0			白色厚层石英夹2.6m的鲕状赤铁矿	鲕状赤铁矿		席状沙坝—泥质浅滩(Ⅱ-1)	席状海砂相前滨—砂临滨泥坪带	
			7	石英砂岩建造	12.8			灰黑色细砂岩			泥质碳酸盐浅滩—席状沙坝(Ⅱ-2)		
			6		14.5			灰白色中粒石英砂岩及长石石英砂岩					
		坡脚组	5	砂质泥岩建造	45.6			灰、灰黑色泥岩夹粉砂岩及黑色页岩		腕足类: *Acrospirifer aff. tonkinensis, A. papaopensis Cnonetes orientalis*	泥质浅滩	近滨—滨外带	
			4		3.4			紫黑色砂岩夹铁质包裹体					
			3		39.3			灰、灰黑色砂质泥岩		腕足类: *Acrospirifer papaoensis.*			
	下泥盆统	坡松冲组	2	石英砂岩建造	34.5			灰黑色泥质粉砂岩加砂质页岩、石英砂岩			沙坝	前—近滨带	
			1		62.6			灰黑色中厚层细砂岩					

图6-1　四川省中泥盆统缩头山组岩石建造综合柱状图

在碧鸡山一带受加里东期甘洛—宁南残留古凹陷控制，局限在中泥盆统缩头山期南北向碧鸡海湾内侧的海湾泻湖内。海湾外侧喜德—美姑一线以南为海水进出的潮流通道，以粗碎屑沉积为主，未发现有工业价值的铁矿层。海湾泻湖因受物质来源和东西两侧含矿性表现出明显不对称；西侧靠近康滇古陆，含铁物质来源丰富，在潮滩带沉积了有较大工业价值的铁矿床（马期木、敏子洛木、碧鸡山等矿区）；东侧除色达为小型矿床外，其余均为矿点。

（2）龙门山地区

龙门山地区四川碧鸡山（宁乡）式铁矿产于中泥盆统观雾山组中。含矿岩系为一套滨海—浅海（海湾）相砂页岩-碳酸盐岩铁建造，与上、下地层呈整合接触，顶、底板多为碳酸盐岩。上覆地层主要岩性为灰-深灰色细晶白云质灰岩。下伏地层为灰白-紫红色砂质页岩，间夹薄层石英砂岩。在接近矿层处因泥砂质增多而递变成砂质泥灰岩，中部含矿层为赤红色鲕状赤铁矿。沉积建造特征见图6-2。

年代地层 统	岩石地层 组	段	分层	岩石建造类型	厚度/m	沉积岩建造柱	岩性岩相简述	含矿性	化石组合或同位素测年方法与年龄值	沉积亚相（或微相）	沉积相	大地构造环境
中泥盆统	观雾山组	上段	8	生物屑石灰岩建造	82.3		灰色生物屑灰岩、礁灰岩		*Athyris*，*Sunophyllum*		礁间-礁后酸盐岩台地	龙门山逆冲推覆构造带
		下段	7	石英砂岩建造	16.4		灰白色中-厚层细-中粒石英砂岩			礁间-礁后陆源席状砂		
			6	生物屑石灰岩建造	22.1		深灰色薄层泥晶生物屑灰岩。底部为灰色中厚-层细粒石英砂岩		*Neosunophyllum*	礁间-礁后内碎屑-陆源席状砂体-塌积物		
			5		28.2		深灰色厚层层孔虫礁灰岩、生物屑灰岩		*Stringocephalus*			
			4	石英砂岩建造（铁质碎屑岩夹碳酸盐建造）	60.3		浅灰色中-厚层中-细粒石英砂岩夹生物屑灰岩，底部夹鲕状赤铁矿	鲕状赤铁矿	*Temnophyllum*，*Subrensselandia*	礁间-礁后陆源席状砂		
			3	生物屑石灰岩建造	84.8		灰色中-厚层层孔虫礁灰岩、生物屑灰岩夹石英粉砂岩		*Stringophyllum*，*Stringocephalus*	礁间-礁后内碎屑-陆源席状砂体-塌积物		
			2	石英砂岩建造	75.3		灰色中-厚层中-细粒石英砂岩夹生物屑灰岩、粉砂岩		*Zonodigonophyllum*，*Disphyllum*，*Athyrisina*，*Lndependatrypa*	礁间-礁后陆源席状砂		
	养马坝组		1	生物屑石灰岩建筑	61.6		深灰色中-厚层生物屑灰岩		*Neosunophyllum*	礁前-礁间内碎屑碳酸盐浅滩		

图6-2　四川省中泥盆统观雾山组下段岩石建造综合柱状图

主要矿床(点)集中分布于唐王寨向斜南东翼靠海岸一侧，而北西翼靠海一侧沉积环境向半局限碳酸盐台地转化。沉积组合的旋回性渐不明显，南东翼一般可以看到3～5个韵律层，而北西翼仅养马坝组下部出现页岩夹石英砂岩，至观雾山组顶部均以不纯碳酸盐岩为主，夹少量砂质灰岩、砂质页岩、砂岩及钙质页岩、菱铁矿结核及赤铁矿透体。矿层由南东向北西有变薄、变贫、逐渐尖灭的变化趋势，唐王寨向斜和仰天窝向斜北西翼仅有个别出露。

矿石类型也有很大变化。南东翼为鲕赤铁矿、鲕绿泥石，至北西翼变为碳酸盐矿石。推测为菱铁矿的氧化矿石，矿石成分以褐铁矿为主，赤铁矿、方铅矿、闪锌矿、黄铁矿次之，TFe品位一般40%以。含矿围岩为白云石化灰岩、结晶灰岩。

2. 中奥陶统巧家组含矿建造

华弹式沉积型赤铁矿含矿层为中奥陶统巧家组，主要分布于宁南县、普格县和布拖县，会理县、会东县有一部分出露。其含矿沉积建造特征见图6-3。

巧家组为一套浅海相碳酸盐岩夹细碎屑岩建造，厚0～250 m，与上、下地层呈整合接触，铁矿赋存于岩系底部，顶底板多为碳酸盐岩。上覆地层为大箐组(O_3d)地层，主要岩性为灰—深灰色细晶白云质灰岩。下伏地层为红石崖组(O_1h)，岩性为灰白—紫红色砂质页岩，间夹薄层石英砂岩。巧家组在区域上可分为两段，上段岩性：主要为灰—深灰色豹皮灰岩、团块状灰岩，夹灰、黄绿色砂质页岩。含矿层位于底部，为赤红色鲕状

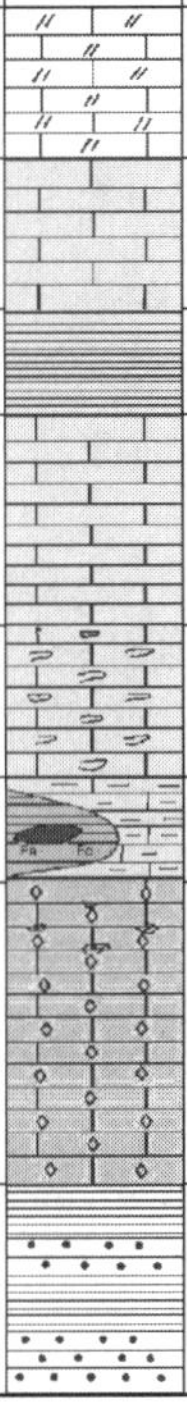

年代地层	岩石地层 组	岩石地层 段	分层	岩石建造类型	厚度/m	沉积岩建造柱状图	岩性岩相简述	含矿性	化石组合	沉积环境	沉积相	大地构造环境
中奥陶统	大箐组		8	白云质灰岩建造			深灰色白云质灰岩				碳酸盐台地	上扬子陆块西缘
	巧家组	上段	7	石灰岩夹页岩建造：石灰岩建造	24		深灰色团块状灰岩		头足类：*Sinoceras*，*Plotocycloceras*，三叶虫：*Calymonosun tingi*	前一临滨生物屑碳酸盐浅滩	后一临滨生物屑碳酸盐浅滩一泥坪(滩)	
			6	石灰岩夹页岩建造：砂质页岩建造	10		灰绿、黄灰色云母砂质页岩		珊瑚：*Ningnanophyllum shengi*，*N. ningnanensis* 等	前一临滨泥坪(滩)		
			5	石灰岩夹页岩建造：石灰岩建造	26		深灰色团块状灰岩			前一临滨生物屑碳酸盐浅滩		
下奥陶统			4	石灰岩夹页岩建造：豹皮纹状灰岩建造	20		深灰色豹皮纹状灰岩			临滨生物屑碳酸盐浅滩		
			3	铁质页岩建造／碳酸盐岩夹细碎屑岩建造	2.6		赤红色鲕状赤铁矿层	鲕状赤铁矿		前滨冲洗带		
		下段	2	石灰岩建造	117		黄灰色结晶灰岩，顶部夹燧石条带及结核		三叶虫：*Illaenus sinensis*，*Daihungshania sp.*；腕足类：*Orthis sericu* 等		碳酸盐台地	
	红石崖组		1	砂岩与页岩互层建造			紫红、褐灰色页岩、砂岩				后一前滨沙坝	

图6-3　四川省中奥陶统巧家组岩石建造综合柱状图

赤铁矿，层位稳定，厚度≤2.6 m，为巧家组的标志层；巧家组下部岩性主要为黄灰－暗灰色厚层状结晶灰岩，富含泥质条带，在接近矿层处因泥砂质增多而递变成砂质泥灰岩。

矿层直接底板为石英砂屑白云岩、砂屑白云质灰岩（方解石含量＜40％）。岩石具砂状结构，层理不清，局部微显层理。岩石砂屑成分以重结晶的泥晶白云石为主，由下至上石英含量由30％减至＜5％，并含少量长石等陆源碎屑；近矿部位方解石含量显著增加。胶结物为含陆源铁尘方解石，其中局部可见赤铁矿组成之不规则集合体。成岩期石英形成加大边，显自形晶，并被方解石交代；白云石则重结晶，部分自形程度较高，内部残存泥质及铁尘。总的来说岩石的成分结构成熟度较高。

四、岩相古地理特征

（一）泥盆纪古地理

在中晚泥盆世时期，由于康滇古陆与川中古陆连成一片，致使西部海域（华西海和东喜马拉雅海）与东部海域（华南海）完全被隔开互不相通。当时，上扬子地区处于暂时海退，除古陆边缘海湾地带（如碧鸡海湾）外，其余地区均未接受沉积，而广大川西地区则相反正处于广泛海侵阶段，此时扬子古陆西侧由于古陆分裂的微地块构成障壁岛，加之海岸线迂回曲折，从而在古陆剥蚀区西侧形成一些海湾和局限—半局限泥质碳酸盐台地，对铁矿沉积十分有利。这些地区当时属潮湿和干旱季节交替气候带，既可以通过海流搬运从浅海区获得铁硅酸盐沉积物，也可以从附近剥蚀区取得大量含铁物质补给，并在相对闭塞的水盆中进行充分的机械和化学分解，使铁得以富集成矿。四川泥盆纪地层主要分布于川西南越西—甘洛、川北江油龙门山等地，并具有相应的沉积相和沉积建造。

1. 甘洛—越西地区

含铁岩系为中泥盆统缩头山组，该组延伸不稳定，西北部尖灭。其下伏的坡脚组连续稳定，之上的曲靖组多被早二叠世梁山组不同程度超覆。基本岩性为中－细粒石英砂岩夹泥页岩及鲕状赤铁矿。中泥盆统（坡脚组＋缩头山组）厚度为110～173 m。其沉积相带划分见表6-2。

表6-2　中泥盆世（D_2）沉积相带划分表

相带编号	亚相带编号	相带名称	亚相带名称
Ⅰ相带		滨海相后－前滨带沿岸砂坝	
Ⅱ相带	Ⅱ-1亚相带	滨海相前－近滨带席状沙坝－砂泥坪	泥质浅滩－席状沙坝亚相
	Ⅱ-2亚相带		席状沙坝－砂泥质浅滩亚相

（1）Ⅰ相带

为滨海相后－前滨带沿岸砂坝相，分布于古陆前缘，沿古陆岸线平行展布，沉积属滨海环境，平均海平面的波浪带上部。早期（坡脚组时期）基本岩性以泥页岩为主夹砂岩，物源以盆外陆源为主。晚期（缩头山组时期）基本岩性以石英砂岩为主夹少量泥、页岩，表现出物源盆外陆源占有优势的特征，水动力条件以波浪作用为主，能量较低，沉积物厚度较薄，一般60~210 m。局部有铁矿层分布，偶见含铁砂岩夹层，生物罕见，属后滨－前滨带的沿岸砂坝相。

（2）Ⅱ相带

为滨海相前－近滨带席状沙坝－砂泥坪相：分布于古陆外围，早期基本岩性以石英砂岩为主，各地含有程度不等的鲕状赤铁矿；晚期基本岩性仍以石英砂岩为主，夹有少量泥页岩及碳酸盐岩。沉积物具有较高的结构成熟度的特征反映出水动力条件较强（如鲕状结构等），仍以波浪作用为主，能量较高，可能属冲洗带性质，物源仍以陆源碎屑为主，盆内有少量生物屑分布。该环境特征属滨海的前滨－近滨带席状沙坝为主，并有砂泥混合坪分布，有与岸线平行且不稳定的生物屑碳酸盐浅滩环境。据该相带的沉积物特征不同，又可划分为两个亚相带。

Ⅱ-1亚相带为泥质浅滩－席状砂坝亚相：分布于该相带西部玉田－热呼屋一线。该带以石英砂岩为主夹少许泥页岩及鲕状赤铁矿层。带内砂岩等陆源物质较丰富，泥、页岩相对少，沉积体系也相对薄，罕见生物。

Ⅱ-2亚相带为席状沙坝－砂泥质浅滩亚相：分布于该相带东部普昌－吉米一带。该带为石英砂岩夹较为丰富的泥页岩及鲕状赤铁矿。泥质等陆源物质相对增多，总的沉积物也相对较厚。

2. 川北江油龙门山区

含铁岩系为中泥盆统观雾山组，基本岩性以石英砂岩为主夹泥页岩，下部夹鲕状赤铁矿。其沉积相带划分见表6-3。

表6-3　中泥盆世（D_2）沉积相带划分表

相带编号	亚相带编号	相带名称	亚相带名称
Ⅰ相带	Ⅰ-1亚相带	浅海礁后－礁间塌积物－席状砂体－礁后开阔碳酸盐台地相（泥坪）	礁后－礁间席状砂－碳酸盐台地亚相
	Ⅰ-2亚相带		礁间塌积－席状砂体－碳酸盐台地亚相
Ⅱ相带	Ⅱ-1亚相带	浅海前滨席状砂体－开阔碳酸盐台地相（泥坪）	前滨开阔碳酸盐台地亚相
	Ⅱ-2亚相带		前滨席状砂体－开阔碳酸盐台地亚相
Ⅲ相带		浅海后－前滨砂泥坪相（滩）	
Ⅳ相带		浅海前－近滨砂泥－碳酸盐混合坪－礁后塌积生物屑浅滩	

（1）Ⅰ相带

为浅海礁后－礁间塌积物－席状砂体－礁后开阔碳酸盐台地相（泥坪）：分布于古陆外围，沉积环境属浅海平均海平面的波浪带上部。下部基本岩性为石英砂岩夹少量泥页岩、灰岩，陆源占优、内源少，基本环境为礁后－礁间环境；上部为灰岩、白云质灰岩偶夹泥页岩，陆源物质中的部分细碎屑物质（粉砂、泥）带入盆地，盆地内内源增多，进而代偿陆源，盆内生物碎屑有少量分布，基本环境为礁后－礁间席状砂体－开阔碳酸盐台地。

据该相带的沉积物特征、厚度各异可划分为两个亚相带。

Ⅰ-1亚相带为礁后－礁间席状砂－碳酸盐台地亚相：分布于该相带北东江油雁门坝一带。带内细粒陆源物质较多，内源碳酸盐岩相对较少，总的沉积物也相对较薄，一般厚约165 m，生物以底栖类型为主。

Ⅰ-2亚相带为礁间塌积−席状砂体−碳酸盐台地亚相：分布于该相带南西北川沙窝子—江油平驿铺一线。带内细碎屑物质相对减少，陆源补给欠充分，盆内源代偿，沉积物较厚，厚达210～270 m，生物以底栖类型为主，含鲕状赤铁矿。

（2）Ⅱ相带

为浅海前滨席状砂体−开阔碳酸盐台地相（泥坪）：分布于古陆前缘，沿古陆岸线大致平行展布，沉积环境属浅海平均海平面的波浪带上部。下部基本岩性为石英砂岩夹泥、页岩及少许灰岩，陆源相对占优，受古地貌格局及海侵影响，堆积物薄，基本环境为席状砂体相；上部为灰岩、白云岩，属开阔碳酸盐台地。带内沉积物厚度明显较薄，由结构、成分成熟度等特征反映出水动力较强，以波浪作用为主，能量较高，可能具冲洗带性质。

据该相带的沉积物特征不同，又可划分为两个亚相带。

Ⅱ-1亚相带为前滨开阔碳酸盐台地亚相：分布于该相带北东广元朝天—罗圈岩一线。沉积物为灰岩、白云岩夹砂、页岩，堆积厚度小，一般为21～110 m，表明该处古地理格局具曾抬升、隆起的特点。

Ⅱ-2亚相带为前滨席状砂体−开阔碳酸盐台地亚相：分布于该相带南东青川矿山梁—江油马角坝一带。带内细碎屑物较丰富，沉积物南西薄、北东厚，一般为89～288 m，表明物源自南西、西补给，局部海水蒸发量略大于补给量。

（3）Ⅲ相带

为浅海后−前滨砂泥坪相（滩）：分布于古陆南西缘之安县—绵竹一带，沿古陆岸线大致平行展布，沉积环境属浅海浪基面上部。基本岩性下部为石英砂岩夹泥、页岩及少许灰岩；上部为生物碎屑灰岩。物源来自北西古陆，水动力强，以波浪作用为主，物源补给充分，沉积物厚度自古陆向外增厚，泥质沉积物增加，并出现生物碎屑碳酸盐浅滩。环境特征属浅海后−前滨砂泥坪。

（4）Ⅳ相带

为浅海前−近滨砂泥−碳酸盐混合坪−礁后塌积生物屑浅滩：分布于Ⅲ相带南东、古陆外围。基本岩性为生物碎屑灰岩夹少量泥、页岩及砂岩，表明水体已逐渐变深，陆源物质减少、内源相对增加，海水含盐度正常，水动力强，生物类型为腕足、珊瑚类为。带内沉积物厚达950 m，水动力条件仍以波浪作用为主，含铁物质远离陆源而逐渐减少，未见鲕状赤铁矿体。

（二）奥陶纪古地理

在中奥陶世，海侵由南东方北西方向，穿过扬子古陆块西缘与灌县宝兴古陆、滇黔古陆间的断陷盆地，形成半局限陆表海环境，并通过龙门山南端天全—泸定间的海峡与川西海域相连。

凉山一带从震旦纪下沉为海洋，在石炭纪上升为陆地，一直到晚二叠世又下降为海洋；所以地层除石炭系缺失外，震旦纪至三叠纪地层发育齐全，其中上二叠统宣威组为陆相，其余均为海相沉积，其中寒武系—志留系厚度最大，一般大于2000 m。本套地层后经地质构造运动，成为如今的凉山褶冲带。

在昭觉、布拖、宁南一线西侧，虽然奥陶纪地层厚达600 m，但在晚奥陶世到早志留世上升为陆地，所以相应地层缺失；东侧奥陶系总厚仅 200 m，晚奥陶世到早志留世却为海洋，所以下志留统普遍发育并覆于上奥陶统之上。沉积型铁矿位于该线以西，且集中在南段、紧靠会理、会东前震系古隆起区。该区当时属潮湿和干旱季节交替气候带，自震旦纪后、侏罗纪前基本处于隆起剥蚀状态，前震旦系会理群富铁岩石通过地表风化为北东浅海区提供了大量富铁沉积物，再加之寒武纪以后康滇古陆东侧海岸线向东推进（由越西—米易一线推至越西—普格一线）。早期的大陆架边缘在中奥陶世时成为有利于铁矿沉积的海岸浅滩地带。该区岩相古地理见图 6-4。

图 6-4　四川省布拖—宁南地区中奥陶世岩相古地理图

Ⅰ. 碳酸盐台地——滨海后—前滨带；Ⅱ. 碳酸盐台地——滨海前—近滨带；Ⅱ-1. 前-近滨带泥坪-生物屑碳酸盐浅滩；Ⅱ-2. 前-近滨带生物屑碳酸盐浅滩-泥坪；Ⅲ. 碳酸盐台地——滨海近滨-滨外带

中奥陶世巧家期沉积相带划分：通过对巧家组缺失区的分析，昔时古陆边界大体在拖乌沟—鲁南山东坡一线，呈近南北向延展，相当于康滇古陆的中段东缘。根据古陆及沉积盆地位置，在靠近古陆边界的东侧，沿岸线沉积环境主要属无障壁类型的浅海，以滨海环境为主，主要水动力条件为波浪的震荡冲洗作用。后滨带不发育，主要为前滨—近滨—滨外带，海水与外海连通性较好，无障壁存在。一般水体的蒸发量与补偿量均衡，海水含盐度正常，陆源有较少的细屑物质（粉砂、泥）进入盆地，大量为盆内物源（碳酸盐生物屑）。主要的水动力条件为波浪作用，能量中等偏高。地球化学条件为弱氧化环境。含有三叶虫、腕足类等底栖生物及头足类等浮游生物的类型，偶见笔石。生物的发育主要在波浪作用带的中、下部。随着古地理位置的变化（近源→远源），陆源碎屑明显减少，并由盆内物源（主要是生物屑）代偿的变化十分明显。巧家组沉积相带划分如表6-4。

表6-4   早－中奥陶世巧家期（O_{1-2q}）沉积相带划分表

相带编号	相带名称	亚相带编号	亚相带名称
Ⅰ	碳酸盐台地——滨海后－前滨带泥坪（滩）相		
Ⅱ	碳酸盐台地——滨海前－近滨带生物屑碳酸盐浅滩－泥坪（滩）相	Ⅱ－1	前－近滨带泥坪－生物屑碳酸盐浅滩亚相
		Ⅱ－2	前－近滨带生物屑碳酸盐浅滩－泥坪亚相
Ⅲ	碳酸盐台地——滨海近滨－滨外带生物屑（骨屑）泥质浅滩相		

（1）Ⅰ相带

为碳酸盐台地——滨海后－前滨带泥坪（滩）相：分布于古陆前缘，沿古陆边界平行展布，沉积环境属滨海平均海平面的波浪带上部。早期（巧家组下段）基本岩性为不纯灰岩，物源属盆内源，基本环境属近源碳酸盐台地。晚期（巧家组上段）基本岩性以粉砂及泥、页岩为主夹泥灰岩及少量生物屑灰岩，表现出物源盆内盆外均有的特征，水动力条件以波浪作用为主，能量较低，沉积物厚度较薄，基本上没有铁矿层分布，偶见含铁粉砂岩夹层。生物罕见，属后滨－前滨带的泥坪（滩）相。

（2）Ⅱ相带

为碳酸盐台地——滨海前－近滨带生物屑碳酸盐浅滩－泥坪（滩）相：分布于古陆外围布拖东—宁南一线，巧家早期基本岩性仍以灰岩夹豹皮状灰岩为主，基本环境仍属碳酸盐台地。巧家晚期基本岩性为泥页岩、泥质灰岩、豹皮状灰岩、生物屑灰岩等碳酸盐岩类，并程度不等地夹有鲕状赤铁矿。沉积物具有颗粒结构的特征反映出水动力条件较强（如鲕状、生物骨屑结构），仍以波浪作用为主，能量较高，可能属冲洗带性质，陆源减少，盆内为主的沉积物厚度明显增厚。三叶虫、腕足类、头足类等生物的出现底栖浮游类型并存，也表现出海水深度增加，具有正常含盐度的特征。该环境特征属滨海的前滨－近滨带生物屑碳酸盐浅滩－泥坪（滩）。

该相带因晚期（巧家组上段）沉积物特征的不同，又可划分为两个亚相带。一是Ⅱ－1亚相带：为前－近滨带泥坪－生物屑碳酸盐浅滩亚相，分布于该相带北段布拖补落—柏子口一带；带内页岩、泥灰岩等陆源物质较为丰富，颗粒结构碳酸盐岩相对较少，总的沉积物也相对较薄，生物以底栖类型为主，如三叶虫、腕足类等。二是Ⅱ－2亚相带：为前－近滨带生物屑碳酸盐浅滩－泥坪亚相,分布于该相带南段,宁南—巧家一线;带内灰岩中的泥质等陆源物质相对减少,颗粒结构碳酸盐岩相对增高,总的沉积物也相对较厚,生物除底栖类型外,浮游组分增多,如头足类等。

（3）Ⅲ相带

为碳酸盐台地——滨海近滨－滨外带生物屑（骨屑）泥质浅滩相:分布于测区东部放马坪—六城一带,巧家早期基本岩性仍以灰岩为主,泥质等陆源碎屑相对减少,基本环境仍属碳酸盐台地。巧家晚期基本岩性以碳酸盐岩类为主,沉积物中的颗粒结构减少,反映出水动力条件减弱,见有生物骨屑结构,仍以波浪作用为主,能量相对由高转低,可能属于冲洗带下部,浪基面附近的环境。陆源减少,盆内为主的沉积物厚度明显增大,生物类型底栖浮游并存,也表现出海水深度有增加趋势,具有正常含盐度的特征。该环境特征属滨海的前滨－滨外带生物屑（骨屑）碳酸盐浅滩－泥质浅滩（泥滩）,由于缺乏冲洗带的高能环境,加之含铁物质随远离陆源而逐步减少,无规模较大的鲕状赤铁矿形成,局部仅见有鲕状含铁矿泥灰岩存在。

五、沉积环境

（一）碧鸡山（宁乡）式铁矿

铁矿层沉积于浅海体系中礁后—礁间塌积物—席状砂体相环境,即沉积于潮坪泻湖体系中的潮滩或近岸障壁砂坝环境。沉积物以含生物碎屑的粗碎屑沉积为主,其中常有不等量陆源碎屑和大量来自陆架斜坡以下的铁硅酸盐沉积物绿泥石,成分成熟度和结构成熟度一般较低,侧向常相变为含铁砂岩、含铁灰岩和生物碎屑灰岩。

矿层具高能环境的鲕状结构、碎屑结构、生物屑结构和块状构造;顶、底板细碎屑沉积中可见透镜状、脉状和微斜层理等潮汐层理。生物碎屑以浅海的珊瑚、腕足、瓣鳃、棘皮等为主。

由于矿层形成于潮间至潮上带极浅水氧化环境,因而常出现"双层结构",上部为以赤铁矿为主的氧化矿石相,下部为以菱铁矿和鲕绿泥石为主的还原矿石相。江油地区铁矿矿层中出现渗滤砂和溶孔表明,富氧潜水对铁的富集起重要作用,它可作为成岩阶段铁次生氧化富集的标志,对找矿评价有一定指导意义。

（二）华弹式铁矿

根据岩相古地理相带分布图可以看出,华弹式铁矿位于碳酸盐台地——滨海前－临滨带生物屑碳酸盐浅滩－泥坪（滩）相,属高能量带,这里处于动荡水氧化环境,有利于氧化铁的形成。

当地壳上部（主要为康滇古陆）含铁岩（矿）石长期受到氧化、淋滤作用时,铁以离子状态（Fe^{2+} 或 $Fe(OH)^+$）或胶体的形式运移到滨海后滨泥滩（沉积盆地）中。当涨潮退潮时,后滨泥滩中的铁离子或胶体和洋盆中的含铁物质被带到前滨－近滨砂泥质－碳酸盐屑浅滩相内。

六、沉积作用和沉淀形式

根据沉积铁矿床的成矿物质的物理的化学的特点，成矿物质来源和成矿作用的地质特征，四川省沉积型铁矿可分为机械沉积铁矿床，如会理龙泉铁矿床等；机械−化学沉积铁矿床，如甘洛碧鸡山式铁矿床、天全沙坪铁矿床、米易头滩二滩铁矿床、珙县白芙蓉铁矿床、威远连界场铁矿床等；化学沉积铁矿床，如宁南华弹式铁矿床等。

四川省沉积型铁矿床主要为海相沉积型，其沉淀形式大多数以赤铁矿形式沉淀，如甘洛碧山式铁矿床、宁南华弹式铁矿床、会理龙泉铁矿床、天全沙坪铁矿床、米易头滩二滩铁矿床等等，只有珙县白芙蓉铁矿床、威远连界场铁矿床是以菱铁矿形式沉淀。

七、物质来源

碧鸡山(宁乡)式铁矿物质来源为西部康滇古陆和东部川中古陆，当时位于大陆斜坡、滨海碎屑岩−浅海碳酸盐相内；华弹式铁矿物质来源主要为康滇古陆，次为宝兴古陆，当时位于前滨−近滨砂泥质−碳酸盐屑质浅滩相内；这里以潮汐作用为主，海浪冲刷和分选作用不强，均属高能量带，处于动荡水氧化环境，有利于含铁沉积物聚存成矿。

成矿区多位于长期隆起的古陆剥蚀区附近，这些古陆内元古界基底广泛出露，经长期剥蚀风化，从岩浆岩和变质火山岩中析出大量铁质，源源不断带入附近沉积盆地，成矿物质在成有利的部位，如在有障壁的曲折海岸或海湾地带聚积成矿。

第二节　碧鸡山(宁乡)式铁矿床成矿模式

碧鸡山(宁乡)式沉积型铁矿主要分布于甘洛—越西和北部的龙门山一带，产于中上泥盆统砂页岩及泥质白云岩下部碎屑岩中，为以机械和化学沉积方式沉积的赤铁矿−菱铁矿床。从产出层位、成矿条件等基本特征看，可对比《重要矿产预测类型划分方案》(2010)的宁乡式铁矿。

一、矿床地质特征

(一)概况

在碧鸡山地区，碧鸡山式铁矿产于中泥盆统缩头山组中，包括若干矿段，敏子洛木矿区是其中之一。敏子洛木赤铁矿床位于四川省西南越西县境内，经过详细勘探，工作程度较高。该矿区为碧鸡山向斜中北段的一个次级小向斜，形态比较完整(图6-5)，并且有包括钻孔等探矿工程控制，资料比较丰富，可作为四川该类型的典型矿床。

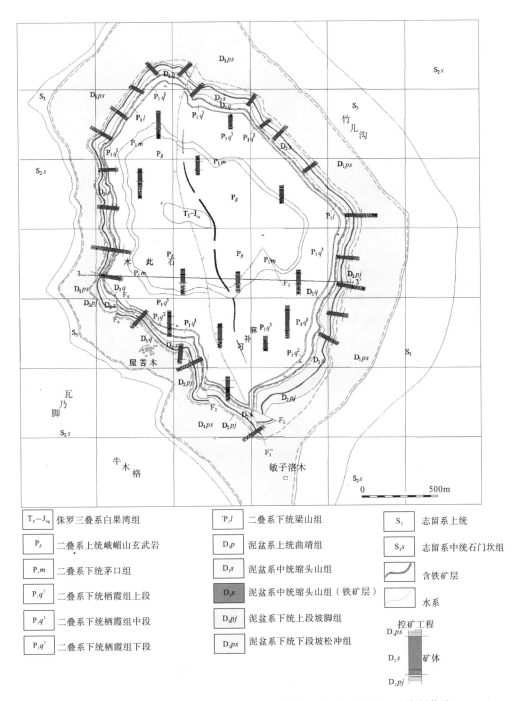

图 6-5　碧鸡山式铁矿敏子洛木矿区地质图（据四川省地矿局 403 队资料修改）

（二）地层

碧鸡山铁矿敏子洛木矿区完全受轴向近南北碧鸡山向斜控制，出露地层从新到老有。

侏罗三叠系白果湾组：灰－黄绿色长石、石英砂岩、粉砂岩及泥岩不等厚互层，夹块状砾岩、碳质页岩及煤层，含植物、双壳类及介形化石，厚几十到百米，与下覆峨眉山玄武呈不整合接触。

上二叠统峨眉山玄武岩：以灰、绿等色致密块、斑状、杏仁状钙碱性玄武岩为主，夹少量苦橄岩、凝灰质砂岩、泥岩、煤线及硅质岩，与下伏茅口组呈假整合接触。

下二叠统茅口组：以浅灰－灰白色厚层－块状石灰岩为主，夹白云岩及白云质灰岩，含硅质结核及条带，产珊瑚等化石。

下二叠统栖霞组：以深灰－灰黑色薄－厚层状石灰岩为主，含泥质条带及薄层，具眼球状构造，含珊瑚化石。

下二叠统梁山组：以黑色页岩、碳质页岩、灰白色黏土岩为主，夹粉砂岩及煤层，偶夹少量灰岩凸镜体，与下伏曲靖组呈不整合接触。

上泥盆统曲靖组：以深灰色厚层致密块状灰岩为主，夹泥质灰岩、细－粗晶白云岩、钙泥质粉砂岩及不稳定紫红色砂页岩，局部呈不等厚互层。灰岩中时具鲕粒、生物碎屑及泥质条带，层间所夹砂页岩及白岩较普遍，但不稳定，常与灰岩组成不等厚互层，厚度一般为100 m左右。与上覆梁山组呈不整合接触，与下伏缩头山组呈整合接触。

中泥盆统缩头山组（铁矿层）：为本矿区含矿岩系，以甘洛及越西碧鸡山一带发育较全；上部为石英砂岩、粉砂岩；中部为杂色斑状白云岩；下部为石英砂岩夹赤铁矿。总厚120～170 m。相变较大，砂泥质增多，厚度迅速变薄或尖灭。

下泥盆统上段坡脚组：以灰、灰黑色泥质页岩为主，时夹细、粉砂岩或少许石英砂岩，厚26～150 m左右；下段坡松冲组：以石英砂岩为主，呈灰、灰黄及紫红等色，时夹含砾砂岩和粉砂岩，厚160～220 m。

上中志留统：以页岩为主的夹灰质砂岩、泥灰岩等碎屑岩。

(三)构造

铁矿集中分布于甘洛—越西碧鸡山地区，北东临四川盆地西接康滇构造带。区内构造线呈近南北向的梳状褶皱，赤铁矿产于碧鸡山向斜两翼。区内南北向冲断层发育，其

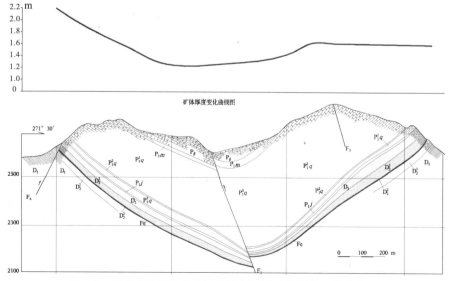

图6-6　碧鸡山敏子洛木矿区地质剖面及矿体厚度变化曲线图

次为近东西向切割构造线的横向正断层，平移断层。断层为后期构造，与赤铁矿成矿作用关系不大，但对矿体起一定的破坏作用。

敏子洛木矿区为一向斜构造(图 6-6)，南北长 2750 m，东西最宽处为 1650 m，面积 2.94 平方千米。铁矿层围绕着向斜成一椭圆形出露。轴向地层产状走向北北西－南北－北北东，向斜东翼矿层倾角 40°～50°，西翼 30°～35°。

矿区的敏子洛木沟 F1 冲断层纵贯矿区，可见长度 2.7 km 以上，延伸方向大体与矿区向斜轴线一致。F_1 断层将整个矿区铁矿层分割为东、西两部，沿断层岩矿层破碎。其它断层规模小。

(四)矿体特征

铁矿产于中泥盆统，平面上呈一不规则之巨大环形铅饼状体，矿体呈较稳定层状产出，矿层与地层完全整合，产状一致。矿层可分上下两段。

上段矿为鲕状含赤铁矿鲕绿泥石菱铁矿或鲕状含鲕绿泥石菱铁矿赤铁矿矿石；矿段长 5300 m，厚 0.97～2.92 m，平均为 1.88 m，控制最大延深 818 m。下段矿为鲕状含砂质绿泥石菱铁矿，局部为泥质菱铁矿石。

下段矿为鲕状含砂质绿泥石菱铁矿和泥质菱铁矿矿石，矿段长度＞6000 m，厚为 0.82～2.97 m，平均为 1.91 m，夹 0.01～0.35 m 含铁鲕绿泥石一层。全矿层厚为 2.97～0.65 m，平均为 1.58 m。

矿体厚度变化详见图 6-6。总体上是西翼矿体较厚，最厚可达 2 m 以上，矿体往轴部逐渐变薄；其次是东翼，约 1.7 m 左右，最薄在轴部约 1.3 m。

(五)矿石特征

矿石具鲕状结构，块状构造。矿物组分以赤铁矿为主，次有鲕绿泥石、菱铁矿及少许石英、磁铁矿等。矿层自上而下分紫红色鲕状含绿泥石赤铁矿、绿灰－暗紫红色含菱铁矿鲕绿泥石赤铁矿及绿灰色绿泥石菱铁矿三种矿石类型。地表氧化带见多孔状、蜂窝状褐铁矿矿石。矿区以鲕状含绿泥石赤铁矿石为主，厚度、品位比较稳定，其余变化较大。矿石品位，地表由于受氧化淋滤富集，一般高于深部；上段矿品位高于下段矿石；矿石品位按矿段统计：下矿段 TFe35.09％～45.71％，平均 40.70％；上矿段 TFe：35.89％～38.42％，平均 37.15％；其余组分：SiO_2 为 15.55％～29.58％，S 为 0.03％～0.24％，P 为 0.5％～0.7％，Mn 为 1％～1.6％，CaO＋MgO 为 0.84％～3.21％。属高磷低硫强酸性矿石。敏子洛木矿区矿石特征见表 6-5。

表 6-5　碧鸡山敏子洛木矿区矿段矿石特征表

段别	自然类型	结构、构造	矿物成分/目估％		分布情况
上段矿	鲕状含赤铁矿或含磁铁矿鲕绿泥石菱铁矿	块状构造，鲕状结构，鲕粒约占50％～65％，大小为 0.3～1.0 mm 椭圆形及圆形，具同心鲕状构造由绿泥石为主和菱铁矿、赤铁矿、磁铁矿组成	主要：菱铁矿 褐铁矿 鲕绿泥石、铁质 赤铁矿 次要：磁铁矿 石英 黄铁矿	40～50 25～40 5～20 2～15 ＜1～15 微量	主要于矿区西北中部

段别	自然类型	结构、构造	矿物成分/目估%		分布情况
上段矿	鲕状含鲕绿泥石菱铁矿赤铁矿	块状构造，鲕状结构，鲕粒约占60%~70%，大小0.3~1.0 mm，椭圆形或圆形，具同心圆状构造，由赤铁矿为主和鲕绿泥石、磁铁矿菱铁矿组成	主要:	菱铁矿 褐铁矿 40~50 鲕绿泥石、铁质 25~40 赤铁矿 5~20	主要于矿区东南部，东北部
			次要:	磁铁矿 2~15 石英 <1~15 黄铁矿 微量	
下段矿	鲕状含砂质绿泥石菱铁矿	块状构造，鲕状结构及含鲕粒微粒结构，鲕粒占20%~50%，大小为0.2~1.0 mm，椭圆形或圆形，由鲕绿泥石菱铁矿为主，少量石英组成，基质菱铁矿为0.02~0.3 mm	主要:	菱铁矿 60~40 鲕绿泥石 20~50 石英 5~30	全矿区
			次要:	叶绿泥石 泥质 5 褐铁矿 0~5 赤铁矿 0~1 黄铁矿 <1	
	泥质菱铁矿	块状构造及微层状构造，微粒结构及微粒至显微粒结构，菱铁矿粒度0.003~0.03 mm	主要:	菱铁矿 60~65 泥质 20~35	局部
			次要:	石英 5~20 叶绿泥石 0~5 鲕绿泥石 0~2 黄铁矿 <1 胶磷矿 0~微	

二、矿床成因和成矿模式

(一)矿床成因

泥盆纪浅海相沉积铁矿是本省分布最广泛的沉积铁矿类型，包含龙门山北段、南段和碧鸡山矿田。中、晚泥盆世时期，由于康滇古陆与川中古陆连成一片，致使西部海域（华西海和东喜马拉雅海）与东部海域（华南海）完全被隔开互不相通。当时，上扬子地区处于暂时海退，除古陆边缘海湾地带（如碧鸡海湾）外，其余地区均未接受沉积，而广大川西地区则相反正处于广泛海侵阶段，此时扬子古陆西侧由于古陆分裂的微地块构成障壁岛，加之海岸线迂回曲折，从而在古陆剥蚀区西侧形成一些海湾和局限−半局限泥质碳酸盐台地，对铁矿沉积十分有利。这些地区既可以通过海流搬运从浅海区获得铁硅酸盐沉积物，也可以从附近剥蚀区取得大量含铁物质补给，并在相对闭塞的水盆中进行充分的机械和化学分解，使铁得以富集成矿。

(二)成矿过程

碧鸡山式铁矿可分为两个成矿阶段，中泥盆世晚期（缩头山期）在古陆东侧的海盆中形成沉积型铁矿床，后期构造运动使不同构造部位铁矿矿体变形，部分有次生氧化富集。以龙门山地区为例，其区域成矿过程见图6-7。

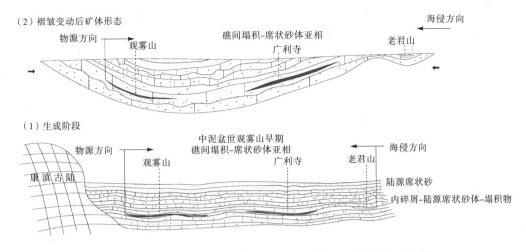

图 6-7　四川碧鸡山式铁矿区域成矿过程示意图（以龙门山地区为例）

（三）典型矿床成矿模式

碧鸡山（宁乡）式铁矿含铁岩系为中泥盆统缩头山组。西部中泥盆统缺失区是大片古老褶皱基底地层分布区，这里长期处于上升并接受剥蚀的地区（古陆），古陆边界大体呈近南北向延展，目前圈定的古陆范围相当于康滇古陆的中段东缘的一部分。沉积区东部峨眉—马边—美姑—昭觉一带受海西运动的影响，也存在泥盆系大面积缺失，并被二叠系平行不整合超覆，但属后期构造运动剥蚀区。中泥盆世时期沉积物由西向东陆源物质减少，盆内碳酸盐代偿增加，可间接判断东部沉积缺失区为沉积期后（主要为海西中期）由于地壳上升遭受剥蚀，造成泥盆系大面积缺失。

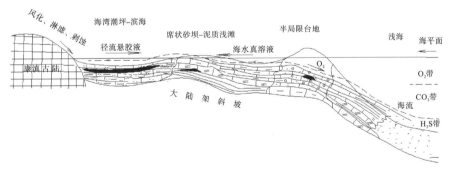

图 6-8　四川碧鸡山式铁矿典型矿床成矿模式图

根据古陆及沉积盆地位置分析，碧鸡山地区受甘洛—宁南残留古凹陷控制，在中泥盆统缩头山期，沉积盆地大致局限在南北向海湾内，海湾外侧喜德—美姑一线以南为海水进出的潮流通道。据相带展布特征反映，西侧康滇古陆风化、淋滤、剥蚀提供物源。在靠近古陆边界的东侧，沿岸线沉积环境主要属滨海，主要水动力条件为波浪的震荡冲洗作用，主要陆源物质由西部的康滇古陆中段提供。后滨带不发育，主要为前滨-近滨带，海水与外海连通性较好，无障壁存在。水动力条件以波浪作用为主，能量高，地球化学条件为氧化环境。典型矿床成矿模式详见图 6-8。

(四)区域控矿因素及相标志

通过对碧鸡山(宁乡)式沉积铁矿床的研究,总结出区域上如下主要控矿因素和相标志:

(1)成矿部位在有障壁的曲折海岸或海湾地带。在这里以潮汐作用为主,海浪冲刷和分选作用不强,有利于含铁沉积物聚存。

(2)成矿区多位于长期隆起的古陆剥蚀区附近,如龙门山、康滇古陆东侧的江油和碧鸡山等成矿有利区域。这些古陆内元古界基底广泛出露,经长期剥蚀风化,从岩浆岩和变质火山岩中析出大量铁质,源源不断带入附近沉积盆地。

(3)含矿层位大体上位于区域海进层序底部,如:江油和碧鸡山的铁矿位于每个海进旋回下部碎屑岩中。因含铁岩石风化分解,从而提供大量成矿物质。此外,沉积盖层的保护可使已经沉积的含铁层系免遭冲刷和侵蚀。

(4)矿层沉积于潮坪泻湖体系中的潮滩或近岸障壁砂坝环境。沉积物以含生物碎屑的粗碎屑沉积为主,其中常有不等量陆源碎屑和大量来自陆架斜坡以下的铁硅酸盐沉积物绿泥石,成分和结构成熟度一般较低,侧向常相变为含铁砂岩、含铁灰岩和生物碎屑灰岩。

(5)矿层具高能环境的鲕状结构、碎屑结构、生物屑结构和块状构造;顶、底板细碎屑沉积中可见透镜状、脉状和微斜层理等潮汐层理。生物碎屑以浅海的珊瑚、腕足、瓣鳃、棘皮等为主。

(6)具双层结构。由于矿层形成于潮间至潮上带极浅水氧化环境,因而常出现"双层结构",上部为以赤铁矿为主的氧化矿石相,下部为以菱铁矿和鲕绿泥石为主的还原矿石相。

(7)江油地区铁矿矿层中出现渗滤砂和溶孔表明,富氧潜水对铁的富集起重要作用,它可作为成岩阶段铁次生氧化富集的标志,对找矿评价有一定指导意义。

(8)龙门山北段和越西—甘洛碧鸡山成矿条件较好。龙门山北段主要矿床(点)集中分布于唐王寨向斜北西翼靠海岸一侧;而南东翼靠海一侧沉积环境向半局限碳酸盐台地转化。碧鸡山一带受加里东期甘洛—宁南残留古凹陷控制,靠近康滇古陆,含铁物质来源丰富,在潮滩带沉积了有较大工业价值的铁矿床(马期木、敏子洛木、碧鸡山等矿区);东侧除色达为小型矿床外,其余均为矿点。

(9)龙门山地区沉积组合的旋回性渐不明显,南东翼一般可以看到3~5个韵律层,而北西翼仅养马坝组下部出现页岩夹石英砂岩,至观雾山组顶部均以不纯碳酸盐岩为主,夹少量砂质灰岩、砂质页岩、砂岩及钙质页岩、菱铁矿结核及赤铁矿透体。

(10)矿层东厚西薄。在甘洛—越西地区总体上是东厚西薄,矿体主要产于碧鸡山向斜两翼,东翼厚西翼薄,而在向斜轴部最薄;龙门山区矿层由南东向北西有变薄、变贫、逐渐尖灭的变化趋势。唐王寨向斜和仰天窝向斜北西翼仅有个别出露,储量数十万吨,不具工业价值。

第三节　华弹式铁矿床成矿模式

　　四川省华弹式沉积型铁矿主要分布于四川省西南部布拖、金阳以南，宁南、巧家以北的金沙江沿岸一带；此外，甘洛—越西及盐边东巴湾一带也有零星分布。华弹铁矿于1955年，由西南地质局五一一队首次在纸厂沟源头发现中奥陶统鲕状赤铁矿层，后由五一一队和华弹队进一步开展勘查工作，评价为大型铁矿床。总体上该类型勘查工作的工作程度相对较低。

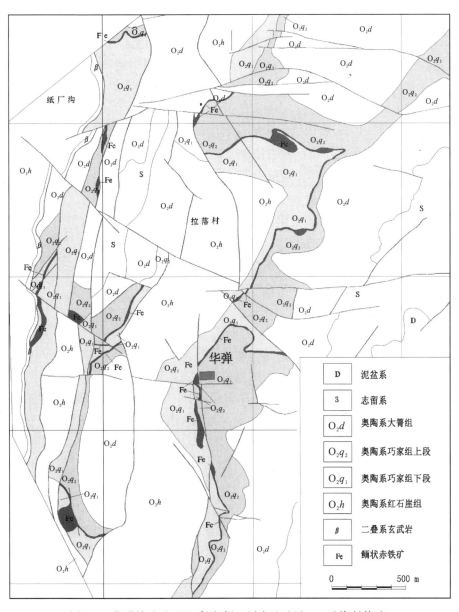

D	泥盆系
S	志留系
O_2d	奥陶系大箐组
O_2q_2	奥陶系巧家组上段
O_2q_1	奥陶系巧家组下段
O_2h	奥陶系红石崖组
β	二叠系玄武岩
Fe	鲕状赤铁矿

0　　　　　　　500 m

图 6-9　华弹铁矿矿区地质图(据四川省地矿局 403 队资料修改)

一、成矿地质特征

(一)概况

在宁南、布拖、金阳等地已知有华弹式铁矿矿床、点十余处,总体上呈南北向展布,延长约 90 km。已知矿产地中达勘探程度的矿区仅有一个(宁南县华弹赤铁矿),达详查程度的有一个(宁南县六马梁子赤铁矿),达普查程度的有四个(布拖县拖觉赤铁矿、布拖县包谷坪赤铁矿、宁南县棋树坪赤铁矿、宁南县大岩洞赤铁矿),其他矿点仅达矿点检查甚至更低的工作程度。华弹式铁矿是沉积型赤铁矿,宁南地区华弹矿床规模达大型,工作程度较高,选择其作为华弹式铁矿床最典型的矿床,其矿区地质图见图 6-9。

(二)地层

含矿岩系上巧家组为一套浅海相碳酸盐岩建造,厚 69~86 m。巧家组(O_2q)地层与上覆大箐组(O_2d)地层、与下伏的红石崖组(O_2h)地层呈整合接触。地层产状走向北北西-南北-北北东,总的向东倾斜,倾角 30°~50°,南西部较陡,北东部较缓,仅 20°左右。巧家组地层分为上下两段。上段岩性主要为灰-深灰色豹皮灰岩,与下段顶部的赤铁矿层呈整合接触,接触处因泥砂质增多而形成黄灰-灰色泥灰岩,富含泥质条带。下段岩性主要为黄灰暗灰色厚层状结晶灰岩,其底部含赤铁矿,在接近矿层处因泥砂质增多而递变成砂质泥灰岩,团块状灰岩。底部含矿层为赤红色鲕状赤铁矿,层位稳定,厚度变化不大,顶、底板多为碳酸盐岩,赤铁矿为巧家组的标志层。

(三)构造

华弹铁矿大地构造位置位于康滇基底断隆带东侧,上扬子古陆块南部凉山褶冲带的南北向拗陷带南段之红星背斜东翼。矿区内由志留系、奥陶系及零星寒武、泥盆系等构成一走向南北,倾向东、倾角 30°~50°之单斜层(图 6-10)。由于受西侧金沙江断裂和普格河断裂影响,构造形迹以南北向断裂为主,北西-南东向和东西向次之,三组断层将矿体切割成若干块段。断层对赤铁矿成矿作用不大,为后期构造,对矿体起破坏作用。

(四)矿体特征

矿体呈层状、似层状或凸镜状,长 10 km,宽数百至两千余米;总厚度一般 2~6 m,矿区中部达 9.45 m,向北薄至 0.2 m,向南变至 3.28 m,沿倾向渐为含铁泥砂质石英、泥质及微量黄铁矿;厚度与铁品位呈正相关关系。一般可分上、下两个矿层。

下矿层:具层状构造的暗紫红色鲕赤铁矿层,厚 1.5~3.9 m,主要由分布不均匀的鲕赤铁矿及鲕绿泥石组成,黄铁矿、方解石微量。胶结物以碳酸盐(方解石)、泥质、铁质为主。由下而上鲕绿泥石含量逐渐减少,赤铁矿鲕粒相应增多,品位亦随之增高,局部地段可富集成 0.1~0.3 m 的致密鲕状赤铁矿。矿层具不规则纹层及条纹构造。

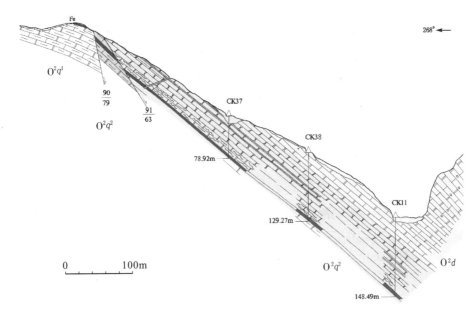

图 6-10'　华弹铁矿矿区地质剖面图

上矿层：鲕状结构明显的致密层状赤铁矿层，鲕粒最小 0.3 mm，最大 2.5 mm，一般在 0.8~1.5 mm。下部矿石 TFe 为 35%~40%，上部 TFe 较富 40%左右。矿石中含少量磁铁矿、黄铁矿、黄铜矿，嵌布于胶结物方解石裂隙中，粒径 10~30 μm。上矿层矿石风化后，碳酸盐胶结物被淋蚀，矿石品位相应提高至 45%左右。矿石中可见部分介形虫、腹足和藻屑被铁质和方解石交代。

上、下矿层间为含鲕赤铁矿砂屑灰岩，其中局部见赤铁矿聚集呈不规则团块，含<10% 的陆源石英粉屑。上矿层为鲕状结构明显之致密层状赤铁矿层，鲕粒最小 0.3 mm，最大 2.5 mm，一般在 0.8~1.5 mm。

（五）矿石特征

矿石呈鲕状结构，致密层状构造。鲕粒呈椭圆、扁圆状，鲕心多为绿泥石，外壳为赤铁矿。上矿层为鲕状结构明显的致密层状赤铁矿层，鲕粒最小为 0.3 mm，最大为 2.5 mm，一般在 0.8~1.5 mm；鲕粒多呈较规则的椭圆形，部分鲕粒外表被磨损残缺，断口生长方解石及铁质。鲕粒多呈较规则的椭圆形，部分鲕粒外表被磨损残缺，断口生长方解石及铁质。部位鲕粒因受挤压而产生雁行排列的引张裂隙，其中充填方解石。从鲕粒内部结构看，以具细密圈层的所谓高能鲕为主，少部分为较低能环境的反扣鲕、偏心鲕和复鲕、薄皮鲕。不同环境的鲕粒生长在一起，表明它们是经过搬运的异地堆积。鲕粒圈层由赤铁矿及方解石交互组成，少数由赤铁矿、绿泥石交互组成。大部分鲕粒外层或全部被赤铁矿交代，说明沉积成岩期鲕粒的赤铁矿交代作用是成矿的主要机制。鲕心成分比较复杂，包括铁质、单晶方解石、多晶方解石、石英粉屑、绿泥石、少量生物碎屑及鲕屑。鲕粒之间充填半自形粒状方解石（d<0.2 mm），胶结物为"铁尘"。

矿石品位上富下贫。上矿层上部 TFe 为 40%，下部 TFe 为 35%~40%；下矿层上部赤铁矿较多，TFe 为 20%，下部绿泥石较多，TFe<15%。沿倾斜方向，矿石品位与矿体厚度呈正相关，自上而下有变贫趋势。矿石平均品位：TFe 为 40.22%（低品位矿石平均 25.62%），S 为 0.006%、P 为 0.05%，上矿层风化矿石品位可提高到 45% 以上。

二、成矿成因及成矿模式

（一）成矿成因

在中奥陶世，海侵由南东、北西方向，穿过扬子古陆块西缘与灌县宝兴古陆、滇黔古陆间的断陷盆地，形成半局限陆表海环境，并通过龙门山南端天全—泸定间的海峡与川西海域相连。康滇古陆和宝兴古陆为长期隆起的古陆剥蚀区，其古陆内元古界基底广泛出露，经长期剥蚀风化，从岩浆岩和变质火山岩中析出大量铁质，铁以离子状态（Fe^{2+} 或 $Fe(OH)^+$）或胶体的形式运移到滨海后滨泥滩（沉积盆地）中，以及大量的盆内物源（碳酸盐生物屑），当涨潮退潮时，后滨泥滩中的铁离子或胶体和洋盆中的含铁物质被带到前滨-近滨砂泥质-碳酸盐屑浅滩相内；在该相带内以潮汐作用为主，海浪冲刷和分选作用不强，属高能量带，处于动荡水氧化环境，成矿物质在成有利的部位，如在有障壁的曲折海岸或海湾地带经化学沉积聚积形成铁矿。

（二）成矿过程

根据岩相古地理相带分析，华弹式铁矿出现在碳酸盐台地——滨海前-临滨带生物屑碳酸盐浅滩-泥坪（滩）相，属高能量带，这里处于动荡水氧化环境，有利于氧化铁的形成。其成矿过程大致是：

（1）在温暖潮湿气候下，古陆风化侵蚀的铁质随陆源碎屑一道进入海洋，少量进入深水盆地，在 Eh（氧化还原电位）为 +0.005 时还原为低价铁，大部分铁在 CO_2 带呈重碳酸铁。

（2）H_2S 带由于生物腐败和细菌分解释放氨质而使溶液碱度增高，海底 SiO_2 沉积物因之溶解形成游离 SiO_2。

（3）CO_2 带和 H_2S 带发生水交换，促使铁和 SiO_2 迁移，在两带间结合生成鲕绿泥石，在 Eh（氧化还原电位）为正时处于稳定状态。

（4）海流将鲕绿泥石从海底侵蚀区带到陆架浅海堆积起来，同时 CO_2 带中大部分重碳酸铁亦随之进入富氧化环境并氧化成高价铁沉淀。

因此，华弹式沉积型赤铁矿的成矿机制，包括了矿质来源、沉积环境两大因素，概言之，成矿物质来源丰富与否及沉积环境、水介质条件是能否有利形成铁矿富集的根本所在。

（三）成矿模式

根据华弹铁矿沉积盆地沉积相带的划分：Ⅰ相带为碳酸盐台地——滨海后-前滨带泥坪（滩）相，分布于古陆前缘，沉积环境属滨海平均海平面的波浪带上部。巧家组下段（早期）沉积环境属近源碳酸盐台地；巧家组上段（晚期）属后滨-前滨带的泥坪（滩）相。Ⅱ相带为碳酸盐台地——滨海前-近滨带生物屑碳酸盐浅滩-泥坪（滩）相，早期沉积环境仍属碳酸盐台地；晚期沉积环境属滨海的前滨－近滨带生物屑碳酸盐浅滩－泥坪(滩)。Ⅲ相带为碳酸盐台地——滨海近滨－滨外带生物屑(骨屑)泥质浅滩相，早期沉积环境仍属碳酸盐台地；晚期属滨海的前滨－滨外带生物屑(骨屑)碳酸盐浅滩－泥质浅滩(泥滩)，局部仅见有鲕状含铁矿泥灰岩存在。在中奥陶世巧家期，当地壳上部的含铁岩(矿)石长期受到氧化、淋滤作用时，铁以离子状态(Fe^{2+} 或 $Fe(OH)^+$)或胶体的形式运移到滨海后滨泥滩中。当涨潮退潮时，后滨泥滩中的铁离子或胶体和洋盆中的含铁物质被带到前滨－近滨砂泥质－碳酸盐屑浅滩相内聚积成矿。华弹式铁矿成矿模式见图 6-11。

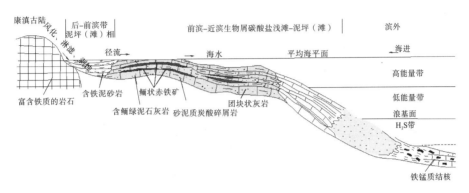

图 6-11 四川华弹式铁矿床成矿模式图(据四川省地矿局 403 队)

第七章 变质型铁矿典型矿床

第一节 概 况

一、总体分布

四川省变质铁矿主要是沉积变质(改造)型。变质型铁矿在省内分布较广泛，全省有变质型铁矿产地64处(详表7-1)，占全省铁矿产地总数的21.77%，探明资源量占全省铁矿资源量的1.51%，仅次于岩浆型铁矿探明资源量。变质型铁矿也是四川省铁矿比较重要的类型，有28处为小型及以上矿床，其他为矿点。工作程度：勘探5处、详查10处、普查14处、预查35处，工作程度较低。

表7-1 四川省变质铁矿产地一览表

序号	矿产地名	主矿种	勘查程度	成矿类型?	矿床规模	备注
1	会东满银沟	赤铁矿	勘探	沉积变质(改造)型	大型矿床	
2	会东双水井	赤铁矿	勘探	沉积变质(改造)型	大型矿床	
3	会东杨家村	赤铁矿	勘探	沉积变质(改造)型	中型矿床	同属满银沟矿床
4	会东船地梁子	赤铁矿	预查	沉积变质(改造)型	矿点	
5	会东丰家沟	赤铁矿	预查	沉积变质(改造)型	矿点	
6	会理拉拉落凼矿区	磁铁矿	普查	沉积变质(改造)型	大型矿床	
7	平武平驿乡马鞍山	磁铁矿	普查	沉积变质(改造)型	中型矿床	
8	平武虎牙火烧桥	磁(赤)铁矿、菱锰矿	勘探	沉积变质(改造)型	中型矿床	
9	会理凤山营	菱铁矿	详查	沉积变质(改造)型	中型矿床	
10	会东小街	菱铁矿	详查	沉积变质(改造)型	中型矿床	
11	会东雷打牛	赤铁矿	详查	沉积变质(改造)型	小型矿床	
12	会东麻窝凼	赤铁矿	详查	沉积变质(改造)型	小型矿床	
13	会东岔河乡壶口子	赤铁矿	普查	沉积变质(改造)型	小型矿床	
14	会东骆龙	赤铁矿	普查	沉积变质(改造)型	小型矿床	
15	会东小田老包	赤铁矿	预查	沉积变质(改造)型	小型矿床	
16	会东竹色卡	赤铁矿	普查	沉积变质(改造)型	小型矿床	
17	会理大村乡顺河	赤铁矿	普查	沉积变质(改造)型	小型矿床	
18	会理官山	赤铁矿	普查	沉积变质(改造)型	小型矿床	
19	会理马家碾	赤铁矿	普查	沉积变质(改造)型	小型矿床	

序号	矿产地名	主矿种	勘查程度	成矿类型?	矿床规模	备注
20	会理铜厂坡	赤铁矿	普查	沉积变质(改造)型	小型矿床	
21	会理岩狗洞	赤铁矿	普查	沉积变质(改造)型	小型矿床	
22	会理益门下乡	赤铁矿	详查	沉积变质(改造)型	小型矿床	
23	会理云峰乡贡山	赤铁矿	详查	沉积变质(改造)型	小型矿床	
24	会理纸房沟	赤铁矿	普查	沉积变质(改造)型	小型矿床	
25	会理通安红岩	赤铁矿	详查	沉积变质(改造)型	小型矿床	
26	米易团结乡沙坝	钛磁铁矿	普查	沉积变质(改造)型	小型矿床	
27	平武大坪	磁铁矿	勘探	沉积变质(改造)型	小型矿床	
28	松潘四望堡	磁铁矿	普查	沉积变质(改造)型	小型矿床	
29	松潘西沟	磁铁矿	详查	沉积变质(改造)型	小型矿床	
30	汶川威州	磁铁矿	详查	沉积变质(改造)型	小型矿床	
31	德昌大富村	磁铁矿	预查	沉积变质(改造)型	矿点	
32	德昌二道沟铁矿	磁铁矿	预查	沉积变质(改造)型	矿点	
33	德昌兴隆	磁铁矿	预查	沉积变质(改造)型	矿点	
34	会东陈家屋基	赤铁矿	预查	沉积变质(改造)型	矿点	
35	会东大朝门	菱铁矿	预查	沉积变质(改造)型	矿点	
36	会东大坪子	赤铁矿	预查	沉积变质(改造)型	矿点	
37	会东大生地	菱铁矿	预查	沉积变质(改造)型	矿点	
38	会东二台坡	菱铁矿	普查	沉积变质(改造)型	矿点	
39	会东管村	菱铁矿	预查	沉积变质(改造)型	矿点	
40	会东红崖子	赤铁矿	预查	沉积变质(改造)型	矿点	
41	会东猴爬崖	赤铁矿	预查	沉积变质(改造)型	矿点	
42	会东黄坪乡下新厂	赤铁矿	预查	沉积变质(改造)型	矿点	
43	会东黄坪乡小沙湾	赤铁矿	预查	沉积变质(改造)型	矿点	
44	会东金锁桥	菱铁矿	预查	沉积变质(改造)型	矿点	
45	会东老新山	赤铁矿	预查	沉积变质(改造)型	矿点	
46	会东龙头山	菱铁矿	预查	沉积变质(改造)型	矿点	
47	会东马家梁子	菱铁矿	预查	沉积变质(改造)型	矿点	
48	会东牛棚子	赤铁矿	预查	沉积变质(改造)型	矿点	
49	会东沙子厂	赤铁矿	预查	沉积变质(改造)型	矿点	
50	会东石家梁子	褐铁矿	预查	沉积变质(改造)型	矿点	
51	会东下马窑	赤铁矿	预查	沉积变质(改造)型	矿点	
52	会东肖水井	赤铁矿	预查	沉积变质(改造)型	矿点	
53	会东鹦哥咀	菱铁矿	详查	沉积变质(改造)型	矿点	
54	会东赵家梁子	赤铁矿	预查	沉积变质(改造)型	矿点	
55	会理坝依头	磁铁矿	预查	沉积变质(改造)型	矿点	

序号	矿产地名	主矿种	勘查程度	成矿类型?	矿床规模	备注
56	会理大团箐	磁铁矿	预查	沉积变质(改造)型	矿点	
57	会理官村	磁铁矿	预查	沉积变质(改造)型	矿点	
58	会理金家老崖	磁铁矿	预查	沉积变质(改造)型	矿点	
59	会理箐头	磁铁矿	预查	沉积变质(改造)型	矿点	
60	会理铁矿梁子	磁铁矿	预查	沉积变质(改造)型	矿点	
61	会理兴隆	磁铁矿	预查	沉积变质(改造)型	矿点	
62	会东普咩	赤铁矿	预查	沉积变质型	矿点	
63	若尔盖阿西乡	赤铁矿	预查	沉积变质型	矿点	
64	巴塘贡波乡木近农	赤铁矿	预查	沉积变质型	矿点	

四川变质型铁矿分布在攀西、川西北高原两个地区。全省64处变质铁矿产地就有52处分布在攀西地区会东、会理县，28个小型及以上矿床就有20个铁矿床集中在此两县。此外汶川、平武、松潘、德昌、江油、米易等地也有少量分布，若尔盖、巴塘县仅有零星矿点。全省铁矿床主要分布于前震旦纪会理群老地层中，部分产于志留纪茂县群、三叠纪菠茨沟组等地层中。

大型变质矿矿床主要集中分布在会东、会理县，中型矿床集中分布于会理、会东和平武县，所以本章主要对大中型矿产地集中分布地区进行介绍。根据矿床规模勘查工作和研究程度，选择满银沟矿床、凤山营铁矿床作为典型矿床代表性矿床式。

二、成矿地质背景

如前所述，四川省变质型铁矿主要分布在攀西、川西北高原两个地区。

(一)攀西地区

该区变质型铁矿主要分布在攀西陆内裂谷带。裂谷带轴部为康滇基底断隆带(裂谷中轴隆起带)，其两侧分别是雅砻江-宝鼎裂谷盆地和江舟-米市裂谷盆地，铁矿主要出现在东部的江舟-米市裂谷(断陷)盆地中。康滇以出露中-新元古代基底变质岩系为特征，沿安宁河断裂两侧呈南北向展布，分布面积较大。习称的康定群，为一套混合岩化中-深变质岩系，主要由混合片麻岩、麻粒岩以及少量斜长角闪岩和石英-云母片岩组成，集中且断续分布于中部地带。传统认为是结晶基底，形成时代定为晚太古代—古元古代。东侧盆地中会理群、河口群以及相当地层为一套浅变质岩系，传统认为是褶皱基底，时代曾定为中元古代或古元古—中元古代。河口群中石英钠长岩(细碧-角斑岩)是基性、中性岩浆海底喷流过程中与海水相互作用的产物，具有"高温的岩石结构，低温的岩石组合"，也是弧后裂谷(扩张)盆地火山岩组合标志之一。

（二）川西北高原地区

川西高原变质型铁矿分别见于巴塘贡波乡－汶川地区，前者仅为一个矿点，后者比较重要的有汶川威州铁矿和松潘平武虎牙铁锰矿。川西北主要见于松潘－甘孜造山带的巴颜喀拉－松潘周缘前陆盆地。该区北接南昆仑－玛曲－玛沁结合带，北东以岷江－雪山－虎牙断裂和平武－青川断裂为界，东以丹巴－茂汶断裂为限，南止于鲜水河断裂，西延入青海。在四川省内范围习称松潘盆地。该盆地具有陆壳基底，震旦纪－早古生代时期原属上扬子陆块西缘的组成部分。自晚古生代起，因弧后扩张演变为裂离型陆缘，具"堑垒式"构造特征。中三叠世末，由于北侧发生碰撞造山，则在此基础上，转化为晚三叠世前陆盆地，发育巨厚的浊积岩系。继之多层次逆冲－滑脱构造作用，叠置增厚引起地壳重熔，产生中生代中－晚期碰撞型花岗岩侵位。

三、区域变质带

按《四川省大地构造相》（内部资源）的划分，四川变质铁矿分属于扬子变质域的会理变质带和西藏—三江变质域的龙门山后山变质区。

（一）会理变质带

受变质地层以河口群、会理群为代表（区域上还包括登相营群、峨边群）。变质岩有变质砂岩、结晶灰岩、结晶白云岩、板岩、千枚岩、大理岩等；岩石构造组合主要以千枚岩－大理岩组合、开阔台地碳酸盐岩组合、溢流相火山岩组合、碎屑岩－大理岩－变火山岩组合为特征。变质矿物组合单调，典型岩石的变质矿物共生组合为绢云绿泥片岩、石英绢云片岩、石英绿泥绢云片岩、钙质绿泥石英片岩、二云母石英片岩、石英白云母大理岩、变粒岩。据此判断为绿片岩相单相变质，属典型的区域低温动力变质作用。

（二）龙门山后山变质区

受变质地层为震旦系—三叠系，经历了多期变质作用叠加，变质岩岩石构造组合复杂，原岩主要是以次稳定或非稳定型砂泥建造为主。与铁矿有关的主要是绿片岩相变质，形成变质砂岩－板岩－千枚岩组合，三叠系盖层浅变质岩系由砂质板岩、泥质板岩、变质粉砂岩、细砂岩、石英砂岩、变质凝灰岩等互层组成；志留系茂县群由千枚岩、板岩夹变质砂岩、结晶灰岩等组成。

四、控矿条件

（一）含矿层位及成矿时代

四川省变质铁矿的含矿层位有古元古界的康定群，中新元古界会理群青龙山组、力马河组、凤山营组，河口群地层，古生界志留系茂县群，中生界中上三叠统地层中。但主要为元古界河口群、会理群地层。河口群由石英钠长岩（细碧－角斑岩）、片岩、大理岩等组成，细碧角斑岩锆石 U-Pb 模式年龄值为 1712 Ma（李泽琴，2003）大致相当古中元古代。根据四川区域变质作用和产于本区内的火山沉积的同位素测年资料，黑云母的 K-Ar 年龄值为 713～839.4 Ma，说明新元古代变质铁矿的矿体富集阶段可能为晋宁期。产于古生界志留系茂县群的威州式铁矿的成矿时代相当于华力西晚期—印支早期；产于中生界三叠系中平武式（虎牙式）铁锰矿的成矿时代相当于燕山期。

（二）含矿岩系

在变质铁矿分布最多的会理、会东地区，含矿岩系主要为石英钠长岩、黑云母片岩等钠质片岩，偏碱性及中基性变火山岩、海相钠质火山岩（其原岩为一套细屑—细碧角斑岩）、含铁变砂岩、千枚岩和碳酸盐岩、碳酸盐岩与泥砂质岩石交替相变部位，泥质、白云质大理岩，其次为混合岩、片麻岩、变粒岩、角闪片岩、千枚岩、灰岩等。

（三）与铁矿有关的区域变质作用

四川变质铁矿的变质程度以角闪岩相－绿片岩相为主，个别可能达麻粒岩相。分布最广的满银沟式、凤山营式铁矿达角闪岩相—绿片岩相，威州式、平武式（虎牙式）铁矿的变质程度为绿片岩相，产于元古代的沙坝式铁矿含矿岩系（局部包体）变质程度可能达"麻粒岩相"。

1. 元古代变质作用

该时期的变质作用是形成上扬子陆块结晶基底和褶皱基底的形成时期。受变质地体为元古代包括河口群、康定群、会理群、盐边群、登相营群、峨边群、黄水河群、盐井群、碧口群、火地垭群等。主要为低压相系区域动力热流变质作用，变质作用程度一般为角闪岩相－绿片岩相。据 K-Ar、Rb-Sr、Pb-Pb、U-Pb 法同位素年龄值数据，其时限有两个时间段，一是以 800～1000 Ma 一组数据居多（与之有关的如满银沟式、凤山营式变质铁矿），二为 1700～1900 Ma（与之有关的可能有米易团结乡沙坝变质铁矿）。

2. 晚古生代变质作用

变质作用在川西和秦岭地区均较强烈、广泛，该期变质作用形成龙门山后山等区域动热变质带，形成程度为低－高绿片岩相。与其有关的同位素年龄值为 240～330 Ma，大致指示了晚古生代变质作用的时限。如汶川威州式铁矿。

3. 中生代变质作用

变质作用广泛发育于川西高原，受变质地层主要为三叠系。变质作用属典型的区域低温动力变质，表现为板岩－千枚岩型单相变质。以角度不整合或平行不整合覆于晚古生代区域动力热流变质岩系之上。少量 K-Ar 同位素年龄值指示其变质年龄值的峰值时限为 195～210 Ma；根据川、青、甘相邻地区侏罗系未变质的陆相火山岩夹煤系地层不整合覆于其上的事实，限定变质时期上限为晚三叠世末。与之有关的有平武式（虎牙式）等。

4. 新生代变质作用

受喜马拉雅期变质作用影响，在早期变质基础之上叠加了低角闪岩相－高角闪岩相的低压型变质，区域性上局部呈面状展布（如丹巴地区变质带），采自于晚期与矽线石共生的黑云母^{39}Ar-^{40}Ar 年龄值值为 65 Ma，大量的黑云母、白云母 K-Ar 年龄值也均在 62～47 Ma。本时期变质作用主要是对早期铁矿改造。

（四）多期变质作用叠加

大型构造、大断裂，大型隆起、拗陷反映与之有关的沉积变质型铁矿的成矿作用是多旋回的。含铁矿岩系（品位贫的胚胎矿体）经历了成岩变质、晋宁期及之后的多期次区域构造运动产生动力和热液变质作用，区域上形成一套绿片岩相浅变质岩，与此同时，含铁岩系内的贫铁矿体和围岩中铁质活化、迁移，在东西向大断裂附近的次级褶皱（向斜轴部）构造中再次富集，形成沉积变质铁矿。

第二节 满银沟式铁矿床成矿模式

满银沟式沉积变质型铁矿可类比为云南"惠民式"（陈毓川等，2010）。该类型铁矿在四川省比较集中地分布于会东县的满银沟、淌塘雷打牛—老王山、小街小田老包—石家梁子一带。满银沟铁矿于 1958 年由西昌地质队（后易名为四〇三队）发现了赤铁矿露头，后一一三队、五三二队、攀西地质大队加入勘查，先后发现了大型矿床 1 处，中型矿床 2 处，小型矿床 2 处，矿（化）点 21 处，以会东满银沟一带的双水井矿区最为典型。

一、成矿地质特征

（一）概况

满银沟式赤铁矿为前震旦纪富铁矿重要类型之一（张盛师等，1990）。在四川省会东县发窝乡满银沟一带有三个中型以上，并经过初勘或详勘的赤铁矿区。在以往的勘查工作中，分别把这三个矿区称为满银沟赤铁矿满银沟、双水井、杨家村矿段，其中双水井赤铁矿达大型。根据矿床规模、勘探资料的丰富程度和矿床的代表性，选择双水井作为满银沟式赤铁矿典型矿床，称为双水井矿区，矿区地质图见图 7-1。

（二）地层

矿区地层主要为会理群青龙山组，在北西部出露震旦系观音崖组和灯影组。铁矿主要赋存于青龙山组紫红色含铁泥砂质岩内（原称"双水井组"），少数在紫红色含铁白云岩中。

1. 青龙山组

青龙山组为一套滨海－浅海相的巨厚碳酸盐岩，以灰－灰黑色、中-厚层块状白云岩和灰岩为主，间夹碳质板岩或泥质灰岩，厚 500～1265 m，含有较丰富的叠层石和凝源类化石，与上覆淌塘组深灰色绢云千枚岩呈整合或平行不整合接触，与下伏黑山组灰黑色千枚岩呈整合接触。

碳酸盐岩在纵、横向上相变明显和剧烈，往往相变为碳酸盐岩为主夹千枚岩，或千枚岩夹碳酸盐岩，或黑色千枚岩，所以碳酸盐岩（石）与含铁紫色岩系亦呈相变关系。而紫色含铁岩系于青龙山组中上部呈透镜体断续分布。小街、满银沟、老王山—淌塘、拖落的含铁（矿）岩系的岩性、含矿性及厚度存在较为明显差异；新开田地区无含矿岩系出露。满银沟地区的含铁岩系为一套紫色、紫红色含铁变砂岩、含铁含砾变砂岩、含铁绢云千枚岩、白云大理岩、大理岩，厚度30~400 m。其中产似层状、透镜状、不规则状赤铁矿体。

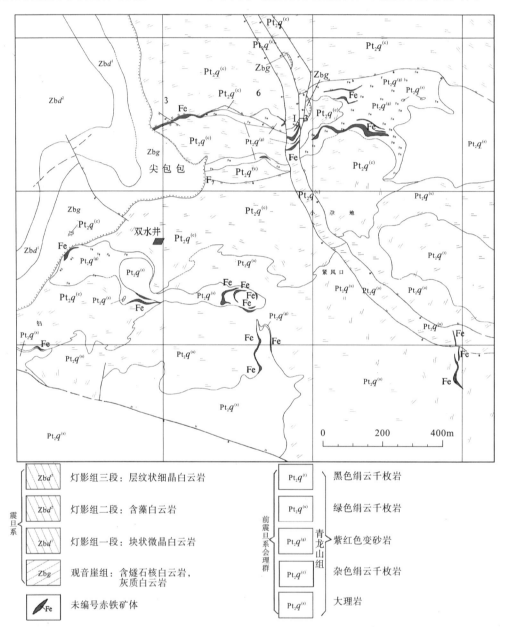

图 7-1　满银沟式铁矿双水井矿区地质图（据四川省地矿局攀西队）

　　双水井铁矿区的火山碎屑岩－碳酸盐岩为矿区主要矿体的赋存层位。岩层相变剧烈，岩性较为复杂，在区域上呈透镜状向外围相变为杂色千枚岩。含矿岩系由上而下分为三个部分。

　　（1）上部为含矿岩系透镜体的核心，由白云大理岩、泥质大理岩、大理岩、钙质千枚岩等碳酸盐岩组成。具花岗变晶结构、变余砂砾状结构；块状、条带状构造。矿物成分以方解石为主，次为石英，偶见黄铜矿。岩石中有呈透镜状或不规则状赤铁矿体（Ⅳ、Ⅴ矿层）产出。

（2）中部是一套铁质胶结碎屑岩。为紫红色条带状砂质千枚岩、含铁变粉砂岩、变砂岩、条带状变砂岩、含铁含砾变砂岩、变砂砾岩、变砂岩等。具变余砂状、砂砾状结构；块状、条带状构造。其中有似层状、透镜状矿体（Ⅰ、Ⅱ、Ⅲ矿层）产出。

（3）下部为杂色绢云千枚岩和砂质绢云千枚岩呈舌状体或透镜体，具显微鳞片变晶结构，千枚状构造。

2. 观音崖组

观音崖组以紫色、灰黄等色砂岩页岩为主，上部夹灰岩和白云岩，含微古植物化石，底部有灰白色含砾石英砂岩，与下伏澄江组砂岩、列古六组变质砂岩及晋宁期石英闪长岩、花岗岩呈平行不整合或不整合接触，与上覆灯影组灰岩呈整合过渡的地层体。

3. 灯影组

灯影组以浅灰-深灰色中厚层块状白云岩为主，夹白云质灰岩、灰岩、硅质岩薄层及条带，时夹少量泥质页岩，富含微古植物及藻类化石，近顶部含小壳动物化石磷矿层。与上覆筇竹寺组或牛蹄塘组或邱家河组呈整合接触。

（三）岩浆岩

区域上岩浆岩以浅成、喷发为主，岩类主要为酸性和中、基性。侵入岩以印支期、燕山期花岗岩夹晋宁期辉长辉绿岩类为主。火山岩、火山碎屑岩主要分布于前震旦系部分地层中，多已变质为各类千枚岩、凝灰质千枚岩。产于力马河组底部的变质火山碎屑岩系与区内满银沟式赤铁矿有关。此外在地层中见有零星辉绿岩、石英斑岩、安山岩等中基性岩脉产出，规模较小。

（四）构造

满银沟矿床位于竹林山背斜两翼，由满银沟、双水井、船地梁子、丰家沟、杨家村五个矿段组成；在老王山—淌塘一带的矿（床）点均分布于麻塘断裂附近的规模不大的次级褶皱中。这些断裂不但控制满银沟式铁矿矿床（点）分布，在区域动热变质成矿过程中，构造运动提供动力来源，次级断裂构造作为含矿质热液移运通道，并在规模不大的次级褶皱构造（向斜轴部层间虚脱部位）富集成厚大富铁矿体。

双水井铁矿区内以东西向构造为主，地层总体倾向160°～210°，其上有近东西向次级褶皱叠加，并伴有平行于褶皱轴面或一翼的冲断层及逆断层。矿区内构造均为晋宁期及后期多次构造运动所形成，属成矿后构造。但对铁矿体的形态、富集和增厚（加大）和矿床的后期改造，有一定控制作用。矿区内褶皱构造有扫坡向斜、水滩宝背斜、双水井向斜，其中双水井向斜在轴部矿体有明显增厚和变富现象。矿区内断裂可分为近东西向，北北西向两组。近东西向断裂大致为晋宁期形成，对矿床中的铁矿体的形态、铁质活化、迁移和富集，矿体的增厚及加大有控制作用，双水井矿区主要矿体Ⅰ-1均分布于断层破碎的上盘，东西向断裂为北北西向的断裂所横切；北北西向断裂构造为F1～F6断层，该组断裂晚于东西向断裂。

（五）变质作用及围岩蚀变

沉积岩及铁矿层自形成后，由于成岩（成矿）变质作用，经历成岩"挤压"脱水；含矿层及围岩的分散铁质有局部迁移和富集现象。经历了晋宁构造运动及之后的区域动力运动的变形、变质阶段。区域内地层、含矿层受南北向挤压作用变形，所形成的区域褶皱、断裂构造主要呈东西向；晋宁运动后期，构造应力场转为东西向，形成了一系列南北向、北西向、北东向的叠加。在此过程中，矿体及围岩经区域动力变质，矿体中赤铁矿发生变质重结晶，围岩形成一套变砂岩、千枚岩、大理岩、石英岩等绿片岩相变质岩。总体来说，满银沟式铁矿在变质改造过程中的铁质迁移不强烈，矿体基本保持沉积时的形态和位置，热液变质不明显。

在小街—淌塘一带，经历了成岩变质、区域动力变质，后期叠加了热液变质、接触变质等四种，形成一套千枚岩类、绿片岩类、石英岩类、大理岩类的浅变质岩。并伴有硅化、绿泥石化、赤铁矿化、碳酸盐化、石墨化、黄铁矿化等蚀变，这些蚀变在区域内大断裂表现得较为强烈。

围岩与铁矿体的界线不明显。围岩中有硅化、碳酸盐化、绿泥石化、黄铁矿化等蚀变，蚀变程度强弱难于区别，区域上辉绿岩脉的周围有强烈的硅化、碳酸盐化、黄铁矿化等蚀变。

总之，矿区内基底层是一套碳酸盐岩及砂、泥质沉积的碎屑岩，普遍经受区域变质作用形成千枚岩、板岩、变砂砾岩、结晶白云岩、大理岩等浅变质岩。此外，在断裂带和强烈褶皱带中尚有动力变质作用迭加，变质作用阶段使铁质从含铁岩石里向有利部位运移而形成富矿。

满银沟式铁矿的表生改造作用不太明显，主要是在潜水面以上的氧化带内、铁矿石遭受风化、淋滤、硅质淋失产生铁的氢氧化物，致使赤铁矿矿石呈多孔状，粉末状，空洞壁往往有褐铁矿膜、矿石TFe品位提高，SiO_2及有害杂质降低。

（七）矿体特征

满银沟矿床由满银沟、双水井、船地梁子、丰家沟、杨家村五个矿段（矿区）组成，现以双水井矿区为例叙述满银沟矿床特征。

该矿段居竹林山背斜北翼东段，西与满银沟矿段毗邻。矿段南端（6线13孔）主矿体下伏的中酸性凝灰岩、最厚逾200 m，含矿层最大厚度280 m，近东西向延伸2300 m。顶板为"杂色段"（由灰绿、紫红色条带相间的千枚状板岩组成），底板为深灰色绢云千枚岩。含铁岩段常与灰绿色变玄武质晶屑凝灰岩及灰绿色千枚岩密切相关。

铁矿呈似层状、凸镜状、豆荚状、串珠状及脉状（图7-2）。矿体与围岩无明显界线，产状基本一致。已查明19个矿体，单矿体长数十至数百米，千余米。其中主矿体（Ⅰ-1、Ⅰ-2号矿体）东西延伸1350～1450 m，厚1.76～63.58 m，平均厚10.17～14.65 m，倾斜延深数十至数百米。

矿床浅表的赤铁矿矿体受风化、（地表水和大气降水）淋滤形成氧化后褐铁矿体。

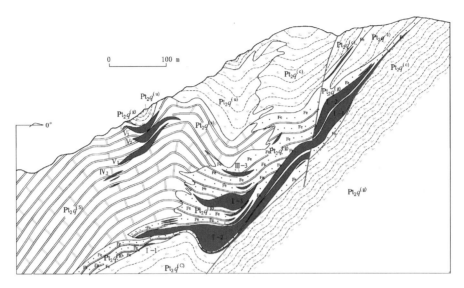

图 7-2　满银沟铁矿双水井矿区 6 号勘探线剖面图

（八）矿石特征

矿石矿物以赤铁矿为主，次为褐铁矿、假象赤铁矿；微量针铁矿、磁铁矿、钛铁矿、云母磁铁矿、菱铁矿，偶见黄铜矿、辉铜矿。脉石矿物有石英、绢云母、白云石、方解石、高岭土及少量电气石、磷灰石、榍石、金红石、滑石、绿泥石、黑云母等。矿石自然类型有块状石英赤铁矿石和绢云母赤铁矿石；矿石品位：TFe 为 25.03%～56.66%，平均为 43.3%，富矿为 52.98%；SiO_2 为 15%～30%，S、P 均未超出允许含量（贫矿 P 偏高）。酸碱比值为 0.01～0.1，个别为 0.3，属酸性矿石。个别样品中含 Pt 为 0.025 g/t、Ag 为 3.805 g/t。

矿石具鳞片变晶结构、针状变晶结构、斑状变晶结构、交代熔蚀结构；次有变胶状结构、交代假象结构及碎裂结构等。具致密块状，浸染状、角砾状、条带状、网脉状、斑杂状、团块状构造。

二、成矿成因及成矿模式

（一）矿床成因

由于满银沟式铁矿位于峨眉－昭觉断陷盆地带的弧后盆地，在中元古代青龙山中晚期，海底火山喷发，来自幔源富含 Mg、Fe、Na、Cu、Au 火山物质进入海盆。在火山喷发的间歇期，在火山口附近的小街近岸浅海地区，海水中的成矿物质（含陆源成矿物质）与火山气液带来的大量 CO_2、H_2S、SO_2 在酸性、还原环境中，铁质呈离子状态，经海流沿一条北西－南东向的浊流通道迁移到氧化环境并相对封闭的海湾、古陆外围的滨海、浅海地带形成一套含铁碳酸盐和含铁砂质凝灰岩沉积，形成满银沟式铁矿的胚胎矿层；距火山口稍远的氧化环境地区，海流带来大量富含铁离子物质在滨海－浅海处形成一套含铁碎屑岩和含铁碳酸盐岩沉积形成原始矿源层；距离火山口更远的雷打牛地区的滨海—浅海区因火山物质稀少，仅能形成一套含铁砂质泥岩和碳酸盐岩沉积。

胚胎矿层等含矿层和其中的贫铁矿体在成岩过程中，受重力挤压产生的碱性承压水（400~500℃）对含铁层及含铁质有成岩变质（去硅）作用，使含矿层中的贫铁矿体和围岩内的铁质活化、迁移，在构造有利部位进一步富集形成工业矿体。中元古代末期的晋宁运动及后期区域构造运动的动热变质作用，对含铁矿层及围岩产生揉皱、碎裂和挤压错动，热液侵入使含矿层和围岩的铁质活化、迁移，在次级紧密褶皱（向斜）构造部位再次富集成厚大铁矿体，同时使矿体的铁矿物发生重结晶和围岩形成硅化、碳酸盐化、绿泥石化等蚀变。

（二）典型矿床成矿模式

满银沟式铁矿的形成是经历了海底火山喷发带来大量含铁物质和陆源含铁物质，经洋流搬运迁移，在距离火山口不同位置沉积形成含铁量不同的初始胚胎矿层，后经成岩变质、晋宁期及之后的多期次区域构造运动产生动力和热液变质作用，使胚胎矿层中的贫铁矿体和围岩中铁质活化、迁移，在贮矿构造中再次富集形成满银沟式铁矿。其成矿模式见图7-3。

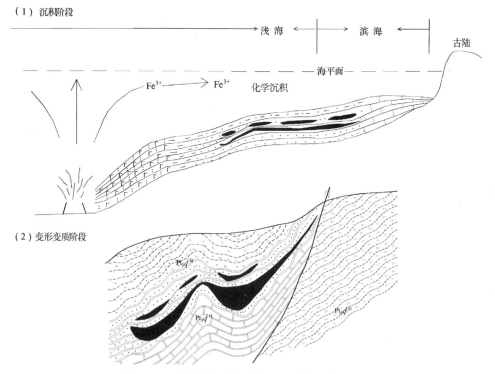

图7-3　四川满银沟式铁矿典型矿床成矿模式图

(三)区域成矿条件

1. 基底和盖层

区域上基底主要以前震旦系昆阳群、会理群浅变质岩系为主，盖层主要由二叠系、寒武系和震旦系所组成，其中，前震旦系会理群力马河组和青龙山组与区内赤铁矿的赋存关系密切。

(1)基底

前震旦系会理群浅变质岩在矿区及外围出露有4个地层组：

力马河组：岩性主要为千枚岩、绢云千枚岩、含铁砂质绢云千枚岩、凝灰质变粉砂岩、含铁变砂岩、含铁变砂砾岩及结晶灰岩、赤铁矿组成。分四个岩性段。其中第一段中下部含铁变质砂(砾)岩为矿区主要含矿层位。

淌塘组：岩性为绢云千枚岩。在小街一带为变中基性火山凝灰岩(熔岩少)，钾长流纹质凝灰岩。

青龙山组：为区内主要含矿地层，以厚层块状白云大理岩为主，夹钙质千枚岩、结晶灰岩和赤铁矿透镜体。上段大理岩夹绢云千枚岩，横相(向)上由碳酸盐岩相变为碳酸盐岩夹千枚岩。小街地区以变质火山-沉积岩系为主；该组中上部地层内存在有一套紫红色、紫色含铁岩系，呈透镜体断续分布，其岩性为含铁变砂岩、含铁砂砾岩、砂质千枚岩、铁硅质角砾岩，含铁岩系与碳酸盐岩和千枚岩常呈相变关系。"满银沟式"赤铁矿赋存于含铁岩系中。

黑山组：为碳质绢云千枚岩、硅质岩、碳酸盐岩。向上为层纹状白云大理岩、绿色千枚岩。

(2)盖层

主要为二叠系上统峨眉山玄武岩、下统栖霞组—茅口组、梁山组，寒武系下统沧浪铺组、筇竹寺组，震旦系上统灯影组、观音崖组，下统澄江组。盖层下部有含铁砂岩、含铁砂砾岩，其中含铁砾岩为满银沟矿段Ⅰ矿体含矿层位。

2. 含铁岩系

铁矿含矿岩系为会理群青龙山组(原称"双水井组")紫红色含铁泥砂质岩，少数在紫红色含铁白云岩中。紫红色含铁岩段由紫红色含铁千枚岩和杂色变粉砂岩、铁质含砾变砂岩、角砾岩、铁硅质(角砾)岩及局部可见的磷灰石岩等组成。时夹流纹质变凝灰岩。该岩段延伸一般不超过3 km，倾向延伸小于600 m。横向与白云岩、灰绿色千枚岩、灰黑色千枚岩呈相变，在相变部位或相邻层位中的白云岩常被铁染成紫红色并有小铁矿体产出。

3. 构造复杂且具多期性和继承性

地质构造复杂，褶皱、断裂发育，且具多期性和继承性。以晋宁期形成的近东西向背斜、向斜及与其平行的断裂构造为主，澄江期所形成的南北向、北西及北东向的次级褶皱和断裂。东部受小江断裂影响，其构造线主要为南北向短轴背向斜。后期紧闭褶皱及与其伴生的断裂构造，对早期构造进行了改造，形成了多形式的叠加褶皱，早期断裂受后期断裂的切割。

4. 控矿构造

区域上，东西向的褶皱、断裂构造控制着铁矿床、矿(化)点的分布。主要褶皱构造有：老油房复式向斜、小米地复式背斜、竹林山背斜、三家村向斜、干沟背斜、石家梁子向斜、新山向斜、金索桥背斜。主要断层：麻塘断层，满银沟断层、小松林断层、小菜地断层、肖水井断层、干沟断层、金索桥断层等。东西向断层为压性、规模大、延伸远。次为南北向断层为张性，规模小、延伸短，后期形成的北西或北东向断层多属压扭性。小街一带矿床、矿(化)点大部分集中在肖水井断层、干沟断层、金索桥断层的附近，以及干沟背斜、石家梁子向斜、新山向斜、金索桥背斜两翼的次级褶皱中；满银沟一带的矿床、矿点均分布于竹林山背斜两翼次级褶皱中，以及满银沟断裂、杨家村断裂的附近。

5. 矿床特征存在差异

总体上各矿床(点)中的赤铁矿体呈似层状、透镜状、脉状、网脉状及不规则状，并成群出现，产状与围岩产状基本一致，矿体沿倾斜方向延伸较小。在含铁白云岩中也有次要矿体产出。各矿床(点)中主要矿体一般为数个，走向长数十米至1800 m，厚数米至百余米。矿石矿物主要有赤铁矿、褐铁矿、针铁矿、微量磁铁矿；副矿物有黄铁矿、黄铜矿、磷灰石、金红石、电气石等。脉石矿物有石英、绢云母、白云石、方解石、重晶石、绿泥石等。矿石具鳞片变晶结构、变余砂状结构、交代结构，块状构造、条纹条带状构造、角砾状、浸染状构造等。矿石TFe含量一般为30%～50%，最高达65%，矿石以中贫矿为主。

满银沟、小街、老王山—淌塘地区的矿床(点)特征也存在差异。满银沟地区的矿(床)点较少，分布集中，矿体数量2～18个，矿体规模大，倾向延深长，品位中等；小街地区的矿床(点)多，分布广泛，矿体数量较多(数个至十多个)，矿体规模中等，倾向延深中等，品位较富；老王山—淌塘地区矿床(点)稀少，分布零星，矿体数量多(十个以上)，矿体规模小，倾向延深较短小，品位较贫。

(四)含铁岩系区域变化

青龙山组的滨海—浅海相碳酸盐岩在纵、横向上不稳定，相变明显和剧烈，往往相变为碳酸盐岩为主夹千枚岩，或千枚岩夹碳酸盐岩，或黑色千枚岩，所以青龙山组碳酸盐岩(石)与含铁紫色岩系亦呈相变关系。而紫色含铁岩系于青龙山组中上部呈透镜体断续分布。小街、满银沟、老王山—淌塘、拖落的含铁(矿)岩系的岩性、含矿性及厚度存在较为明显差异。

1. 小田老包一带

含铁岩系为一套紫色、紫红色含铁变砂岩、泥铁质硅质岩、含铁砂质千枚岩、绢云千枚岩，碎裂铁泥质硅质岩、变钾长流纹质凝灰岩组合，厚度150～200 m；其中有透镜状赤铁矿体长25～310 m，厚为0.83～23.31 m，各矿产地内矿体数量在几个至十几个，TFe含量为29.90%～53.26%。

2. 牛棚子至肖水井一带

含铁岩系为一套灰紫、紫红色含铁砂质千枚岩，铁硅质角砾岩(硅质碎斑、铁质胶结)，变质泥质粉砂岩，厚度150 m左右。其中产透镜状、团块状赤铁矿体，矿体长度

$10 \sim 600$ m，厚度为 $1 \sim 7.66$ m；矿体数一般为数个，TFe 含量为 $39.03\% \sim 48.72\%$。

3. 满银沟地区

含铁岩系为一套紫色、紫红色含铁变砂岩、含铁含砾变砂岩、含铁绢云千枚岩、白云大理岩、大理岩；厚度 $30 \sim 400$ m。其中产似层状、透镜状、不规则状赤铁矿体，矿体长 $30 \sim 1800$ m，厚 $0.73 \sim 92.20$ m，TFe 含量为 $25.26\% \sim 58.01\%$。

4. 雷打牛—老王山一带

含铁岩系为一套银灰色、紫红色绢云千枚岩、砂质绢云千枚岩、变粉砂岩、铁质变砂岩，含铁砂质角砾岩，厚为 $100 \sim 300$ m；透镜状赤铁矿体规模较小，矿体长度为 $30 \sim 710$ m，厚为 $0.36 \sim 14.92$ m，TFe 含量为 $25.00\% \sim 43.42\%$。

5. 拖落一带

含矿岩系为一套紫色绢云千枚岩，变质粉砂岩，厚度为 $30 \sim 50$ m。仅在局部地段的构造裂隙中可见褐铁矿化，至今未发现有具有一定规模铁矿（化）体。

根据以上各矿产地含矿（铁）岩系的岩性、厚度、含矿性变化可知：小街一带距火山活动喷发中心近，含铁岩系中的火山物质及含矿物源丰富。向南满银沟、淌塘、拖落等地随着远离火山活动中心，火山物质以及含矿物源逐渐减少。从各地的含矿岩系厚度变化来看，小街一带的物源丰富，搬运距离近，沉积环境（还原环境）较差，含矿岩系分布广泛且集中，厚度较薄（$150 \sim 200$ m），矿（化）点密集，矿体规模较小、品位高。满银沟地区的火山含矿物源较丰富，搬运距离较短，沉积环境较（氧化环境）较好，含矿岩系分布较集中，厚度大（$150 \sim 400$ m），矿（床）点分布均匀，矿体规模大，品位较高。老王山—淌塘一带含矿物源较少，搬运距离较远，沉积环境较（氧化环境）较好，含矿岩系分布较稀疏，厚度较大（$100 \sim 300$ m），矿（化）点分布零星，矿（化）体规模较小，矿石品位较低。拖落地区含矿物源稀少，搬运距离远，沉积环境较（氧化环境）较好，含矿岩系分布零星，厚度很薄（$30 \sim 100$ m），仅见零星矿化。

（五）成矿过程

满银沟式铁矿的形成大致可分两个阶段。

1. 胚胎矿层形成阶段

在中元古代青龙山中晚期，康滇古陆东缘浅海盆地（古岛弧弧后盆地），海底火山强烈喷发，来自幔源富含铁镁质岩浆进入海盆内，铁质在酸性海水呈离子状态，随海流运移；火山喷发的间歇期，在火山口附近的小街近岸浅海地区，海水中的成矿物质（含陆源成矿物质）与火山气液带来的大量 CO_2、H_2S、SO_2 在酸性、还原环境中，古陆外围的滨海、浅海地带形成一套含铁碳酸盐和含铁砂质凝灰岩沉积，为满银沟式铁矿（小街式铁矿）形成矿源层。距火山口稍远的氧化环境地区，海流带来大量富含铁离子物质在滨海—浅海处形成一套含铁碎屑岩和含铁碳酸盐岩（满银沟式铁矿）沉积。距离火山口更远的雷打牛地区的滨海—浅海区因火山物质稀少，仅能形成一套含铁砂质泥岩和碳酸盐岩沉积。

2. 变质富集阶段

含铁矿岩系（品位贫的胚胎矿体）经历了成岩变质、晋宁期及之后的多期次区域构造运动产生动力和热液变质作用，区域上形成一套绿片岩相浅变质岩，与此同时，含铁岩系内的贫铁矿体和围岩中铁质活化、迁移，在东西向大断裂附近的次级褶皱（向斜轴部）构造中再次富集，形成满银沟式铁矿。

满银沟式铁矿区域成矿过程见图7-4。

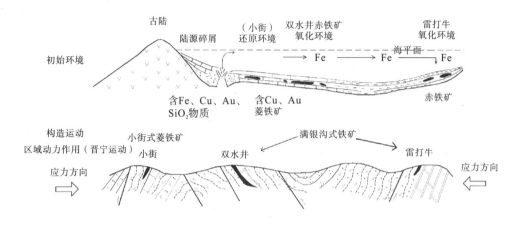

图7-4　四川满银沟式铁矿成矿过程图

第三节　凤山营式铁矿床成矿模式

凤山营式沉积变质铁矿是指产于前震旦系会理凤山营地区和德昌兴隆地区中的沉积改造型菱铁矿，以会理县凤山营地区比较集中。凤山营铁矿于1976年由冶金六〇一队在环湾沟、王家湾等地发现了菱铁矿，随即展开普查、勘探，评价为中型铁矿床。到目前已知有会理凤山营中型矿床1处，兴隆、大富村、白杨树、姜家包包等矿点、矿化点。该类型铁矿大体与全国《重要矿产预测类型划分方案》（陈毓川等，2010）划分的云南鲁奎山式（菱铁矿）相当。

一、成矿地质特征

（一）概况

凤山营式铁矿位于上扬子陆块西缘攀西基底断隆带东部东川逆冲褶皱带。铁矿体赋存于前震旦系凤山营组下段一套含砂泥质的碳酸盐岩夹碎屑岩建造中。凤山营菱铁矿区包括三个矿段，达详查程度的矿区仅有会理县凤山营矿区马鞍山矿段，工作程度较高，选择其作为四川该类型的典型矿床，其矿区地质图见图7-5。

（二）地层

凤山营矿区主要出露前震旦系会理群天宝山组、凤山营组、力马河组地层，其次为新生界三叠系上统白果湾组和第四系。

天宝山组：上部为千枚岩夹砂质、石英岩、铁质岩、结晶灰岩、赤铁矿层；下部为变质石英斑岩、流纹斑岩。

凤山营组：上段为灰色薄层绢云母条带状灰岩，条带宽窄稳定，间隔均匀，砂质含量较少；厚度150~200 m。下段共分为六层，其特征如下：

第六层为浅灰绿色条带含粉砂绢云母白云岩，砂质灰岩，其中常有板岩及白云质微细夹层。厚度200~400 m。

第五层为深灰色薄层条带状粉砂岩质灰质白云岩，白云质灰岩夹深灰色白云岩和砂岩透镜体。本层岩性变化复杂，矿物含量变化大；方解石为10%~60%、白云石为40%~70%、粉砂为15%~30%、绢云母为3%~10%。厚度为150~200 m。

第四层为深灰色薄层状(含铁锰)含粉砂绢云母白云岩。底部有二、三层浅绿色绢云母质灰岩夹层，顶部常夹灰岩层。平均矿物含量：方解石为25%~65%、白云石(含铁)为40%~80%、粉砂为5%~20%、绢云母为10%~25%(局部含绿泥石为3%~5%。)厚度为70~240 m。

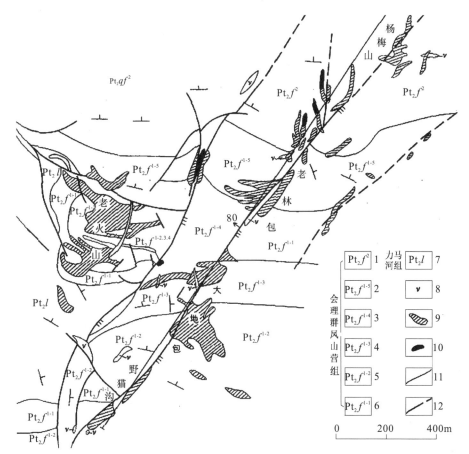

图 7-5　凤营山铁矿马鞍山矿区地质图(据四川省区域矿产总结修改)

1. 白云质粉砂质灰岩夹白云岩；2. 含铁锰粉砂质白云岩；3. 粉砂质白云质岩；4. 含粉砂质白云岩；
5. 白云质灰岩；6. 含铁千枚状板岩；7. 力马河组石英岩；8. 辉长岩；9. 褐铁矿；10. 菱铁矿；
11. 地质界线；12. 实测及推测断层

第三层为灰色薄层状夹中厚层状含粉砂质白云质灰岩夹粉砂岩透镜体，与下层呈渐变过渡。平均矿物含量：方解石为 45%～75%、白云石为 20%～35%、粉砂为 15%～35%、绢云母为 3%～7%。厚度为 35～150 m。

第二层为灰色薄层状含粉砂白云质灰岩，与下伏地层渐变过渡。矿物含量：方解石为 40%～70%、白云石为 25%～40%、粉砂为 15%～20%、绢云母为 5%～20%。厚度为 60～170 m。

第一层为浅灰绿色微层状含绢云母白云岩，底部为浅灰或深灰色绢云母板岩。本层平均矿物含量：方解石为 3%～10%、白云石为 50%～80%、粉砂为 5%～15%、绢云母为 15%～25%。厚度为 2～200 m。

菱铁矿主要产于白云质大理岩中的褶皱构造中，其次产于断裂构造中。含矿岩石类型为薄层条带状砂质灰质白云岩、白云质灰岩、绢云母灰质白云岩及千枚状板岩。属陆源碎屑－碳酸盐岩变质岩建造。与下伏状地层呈整合或假整合接触。

力马河组：灰绿色、紫灰色千枚岩夹灰白色石英岩或变质砂岩透镜体。顶部千枚岩中夹薄层石英砂岩，向上过渡为含绢云母白云岩。

（三）岩浆岩

区域上，基性—超基性、中酸性、酸性岩浆岩沿层间裂隙或东西断裂带侵入，在矿区内基性岩脉不甚发育。浅成小脉岩，蚀变辉长岩、煌斑岩、斜闪煌斑岩、闪长岩、苦橄玢岩、辉绿辉长岩、辉绿岩、煌斑岩等岩脉，形态短小，与北北东向横断层的关系甚为密切，在一些煌斑岩中见有菱铁矿化交代现象，使某些岩脉中菱铁矿含量达 15%～20%，是发生的最后一次成矿作用。

（四）构造

受基底东西向褶皱影响，形成一系列近东西向的倒转线型褶皱。凤山营铁矿区地处凤山营褶断带，褶皱断裂构造十分复杂，总的特点是地层向北倾斜叠加褶皱形态。早期东西方向褶皱、断裂构造发育，晚期南北方向断裂构造发育，且规模较大，并伴生北东向断层，后者与成矿关系密切。

1. 褶皱

褶皱主要有凤营山背斜、凹口勤向斜，其次为芹菜塘－姜家包包向斜、老火山背斜、马鞍山－大地湾向斜、寨子菁背斜、罗家村向斜等同斜褶皱，形成时代前震旦纪。其他多个浅表小规模背向斜。

凤营山背斜：形成时代前震旦纪，枢纽产状，卷入地层力马河组—天宝山组，两翼产状，北翼为 21°∠83°、南翼为 197°∠73°，轴面（劈理）状 15°∠49°，长度 9000 m，长宽比＞7∶2。

凹口勤向斜：形成时代前震旦纪，枢纽产状，卷入地层力马河组－凤山营组，两翼产状，北翼为 190°∠55°、南翼 360°∠60°，长度 9000 m。

2. 断层

南北向断层：规模较大者有关河断层，走向北东 15°，断层倾向及倾角 255°～290°

$\angle 65^{\circ} \sim 70^{\circ}$，位移方向 36°，断层长 19000 m、宽 $1 \sim 30$ m。结构面特征微波状起伏、发育擦痕、阶步，属逆断层。

花瓶子断层：走向南北，断层产状 $270 \angle 84^{\circ}$，位移方向东，断层长 4500 m，为逆断层。

狗尾山断层：走向南北，断层倾向及倾角 $90 \angle 84^{\circ}$，位移方向西，断层规模长 18000 m，结构面特征压性，逆断层。

此外还有 4 条规模较大的东西向断层发育。三条北东向断裂与成矿关系较密切，其中一条从矿体中间穿过，破碎带不发育，幅宽 $1 \sim 1.5$ m，大部分为煌斑岩脉所充填；另一条从矿体中间穿过，破碎带宽 $1 \sim 1.5$ m，局部有煌斑岩脉、辉绿辉长岩脉充填，地层垂直断距百米，走向延长数百米以上，断裂性质以压性为主，伴随有顺时针扭动；此外尚有其他小断层。

(五)变质作用及表生作用

以晋宁运动为主的地质运动使会理群遭受区域动力变质作用，并经历复杂的构造形变，其变质相可为低绿片岩相-绿片岩相，这一过程会对矿体形状、产状产生较大的改造。凤山营式铁矿的成因类型亦可称为变质-改(再)造型铁矿。菱铁矿体出露地表后，经后期构造破坏(碎)、风化，菱铁矿风化淋虑等表生作用富积形成褐铁矿。

(六)含矿岩系

含矿岩系为前震旦系凤山营组下段，原岩为海进序列中的一套含砂泥质的碳酸盐岩夹碎屑岩建造；铁矿主要产于碎屑岩、泥质岩与酸酸盐岩的过渡带，抑或厚层砂泥质岩层中碳酸盐夹层(透镜体)中，以碳酸盐岩为主。

含矿岩石组合主要为褐铁矿-菱铁矿-碳酸盐岩组合，其次是褐铁矿-菱铁矿-石英岩-绢云母千枚岩组合，此外还有赤铁矿-磁铁矿-碳酸盐岩组合、赤铁矿-磁铁矿-含火山碎屑粉沙岩组合，褐铁矿-磁铁矿-菱铁矿-碳酸盐岩组合等，反映凤山营式铁矿控矿条件比较复杂。

(七)矿床特征

1. 矿体特征

凤山营铁矿矿区共 41 个矿体，一般长为 $168 \sim 520$ m，延深为 $200 \sim 700$ m，厚数十米，倾角多在 50° 以上，矿体最大埋深 570 m。分为氧化矿(褐铁矿)及原生矿(菱铁矿)两类。氧化矿石分布于近地表 50 m 左右的风化带内，深部与菱铁矿体或铁白云岩相连。

菱铁矿：TFe 35% 以上的富矿石仅占 1.8%。一般为 $25.88\% \sim 28.67\%$。褐铁矿品位一般为 40%。查明工业矿石资源量可达中型，低品位矿石达小型。

凤山营铁矿矿区分为马鞍山矿段、王家湾矿段和凤云矿段三个矿段。

(1)马鞍山矿段

以镁菱铁矿为主，占工业矿储量的 74.70%，其平均品位为 TFe 为 27.88%，其余为褐铁矿。矿体 26 个，为大小不等的矿体群，呈北北东向展布。矿体平面形态颇为复杂，有锯齿状-掌状分叉的不规则面形体及弯曲脉状体。规模较大的矿体紧密依附断裂出露，呈顺层倾伏状、短柱或穿层脉状体。

Ⅷ、Ⅸ、Ⅹ三个为主要矿体：Ⅷ号矿体主要赋存于 Ptf^{1-3} 底部地层中，直接围岩为铁白云岩、铁灰岩。地表褐铁矿，深部菱铁矿依附于 F17 上下盘呈不规则状产出。沿走向延长为 220 m，向北北东倾伏。投影水平长为 530 m，斜深为 680 m，倾伏方向北东15°，倾伏角 50～70°，与地层倾角几乎一致。最大埋深 430 m，横断面似肺叶状。最大厚74 m。整个矿体的空间形态显示为一向北倾斜的凹边棱柱体。

菱铁矿石平均品位为 TFe28.67%，工业矿矿石规模达中型，占 42.11%。

Ⅸ号矿体产出在凤山营组下段（Ptf^{1-4}）中（图 7-6），直接围岩为绢云母铁白云岩，铁灰岩。地表褐铁矿，深部菱铁矿，依附于 F17 断层的上盘及下盘产出，呈掌状分支，沿

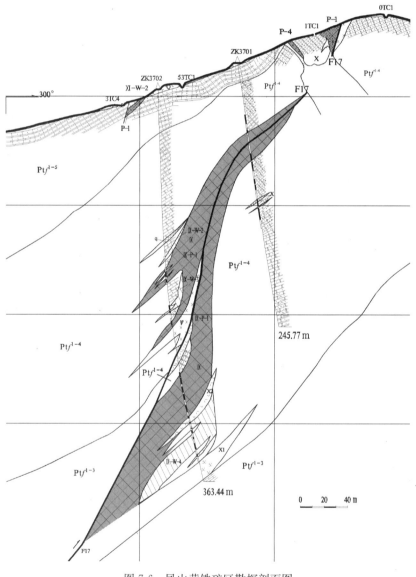

图 7-6　凤山营铁矿区勘探剖面图

走向长 220 m，斜深 700 m，倾伏方向北偏东 15°，倾伏角 60°。最大埋深 560 m。似分叉倒叶状。最大厚 78 m。菱铁矿石平均品位 TFe 为 27.82%，工业矿石量 572.58 万吨，占全矿段菱铁矿储量的 31.54%。

Ⅸ号矿体，产于 F17 上盘，走向近南北，厚度 26 m，长度 168 m，向西陡倾，倾角 80°，矿体向下延深可达 425 m。

褐铁矿矿体边界受 290°∠70° 和 144°∠70° 两组较大的节理控制，呈阶梯状，显示出追踪张裂隙的特征，矿体与地层间的交角近于垂直，围岩为铁白云岩。

以菱铁矿为主，菱铁矿石 TFe 平均为 26.64%，工业矿石规模为小型，占 13.26%。

Ⅵ褐铁矿体，产于背斜的鞍部，矿体呈多层状，整合于地层，产状平缓，向北东东倾斜，倾角 20°~30°，长 196 m，宽 120 m。两层褐铁矿，厚 25 m。工业矿石规模为小型。

Ⅹ、Ⅻ褐铁矿体，大致呈东西向展布，长 520 m，宽 90 m。不规则面状体，厚平均 30 m，矿石 TFe 为 30% 以上，含硅铝杂质较高。矿石的空洞不发育，为千枚状矿石。深部经钻孔揭露未见菱铁矿，工业矿石规模为小型。

（2）王家湾矿段

该矿段共有 5 个大小不等的褐铁矿体，矿体主要赋存 Ptf^3 底部地层中，以低品位矿石为主。其中Ⅰ矿体规模稍大，其他规模短小，零星产出。矿体大多数依附于北北东向断裂。

Ⅰ矿体，长 310 m，厚 1.78~20.74 m，地表褐铁矿，深部为菱铁矿，推断斜深 370 m，矿体沿走向连续，大致沿层，向北倾，倾角 57°~80°。平面上矿体有分支及强烈弯曲现象，少量工业矿，以低品位矿石为主，距地表 180 m 及 110 m，分别见到菱铁矿的低品位矿石体及矿化体，以灰色细晶菱铁矿石为主，插有米黄色菱铁矿细脉。围岩蚀变主要有铁白云石化，次为星点状黄矿化、细脉状萤石化。

褐铁矿工业矿石数万吨，TFe 品位为 33.37%；低品位贫矿石不足十万吨，TFe 品位为 23.53%；菱铁矿低品位矿石达小型，TFe 品位为 22.09%。

（3）风云矿段

褐铁矿体 10 个，矿体主要赋存 Ptf^2 底部地层中，较大的Ⅱ矿体。长 100 m，宽 20 余米；大地湾一带矿体长约 100 m，宽约 10 m，为贫褐铁矿石，多呈分立的小透镜体。Ⅳ、Ⅴ号矿体直接依附于北北东的 F8 断裂产出外，其走向与地层产状近乎一致。

2. 矿物组合

菱铁矿石由镁菱铁矿、黄铁矿、白铁矿、绿泥石、石英、斜长石、碳质等矿物所组成，以镁菱铁矿为主，占矿石中矿物数量的 50%~90% 以上。其他仅见微量黄铁矿或白钛矿呈散点状嵌布。化学组分：MnO 1%~2% 左右，未见单独锰矿物，以类质同象赋存在菱铁矿晶体中。石英和斜长石，占 5%~30%，绿泥石和绢云母分布不均匀，为 5%~15% 和 2%~10%，碳质含量 1%~2%。

褐铁矿石由褐铁矿、赤铁矿、石英、绢云母、绿泥石等矿物组成。褐铁矿 55%~70%，赤铁矿少量，一般 <1%，石英 20%~30%，绢云母 5%~15%，绿泥石 3%~5%。伴生金 <0.05 g/T。

3. 结构构造

菱铁矿石常见有筛状－他形粒状变晶结构，筛状花岗变晶结构、细－粗粒镶嵌结构、碎裂结构；条带(纹)状、块状、细脉状、斑杂状、角砾状等构造；筛状的他形粒状变晶结构或花岗变晶结构，交代残余结构局部所见，菱铁矿交代石英颗粒，接触界线成港湾状；主要是条纹带(纹)状构造、块状构造，脉状、斑杂状角砾状构造次之。由于矿石中原始沉积泥砂质含量的变化及泥质层面的保留，显示出条带(纹)状构造，在菱铁矿物重结晶粗大的地段，沉积层(纹)理完全消失，成为块状构造。

褐铁矿常呈似胶状，变余粉砂状结构；多孔块状构造，孔洞长轴大致顺层展布，大小为2～150 m不等，内壁粗糙，见有褐黄色、灰白色松散粉末状硅铝质碎屑物半充填"砂包"。老火山一带的褐铁矿石，含绢云母较多，呈鳞片变晶结构，氧化残块构造。空洞发育较差，脉石以石英绢云母粉砂为主。大多数呈散粒状或稠密集合体状被胶结在矿石中。少量赤铁矿微粒被褐铁矿交代。

4. 矿石自然类型及其产出的地质特征

矿石自然类型分为氧化矿(褐铁矿)及原生矿(菱铁矿)两类。混合矿厚度不足1 m，没有单独划分。原生(菱铁矿)矿石分为四种产出形态：

深灰色菱铁矿矿石——"灰矿"：为早期含铁地下水溶液在特定的地质环境中交代镁铁质碳酸盐岩石而成，受断裂旁侧构造的严格控制，其产状可以大致沿层如Ⅸ矿体，亦可以穿层产出如Ⅹ号矿体，矿体与围岩的接触界线或呈弧形弯曲斜交层面，或呈锯齿状与层面直交，常为酸性矿石。

米黄色菱铁矿石——"黄矿"：为热液裂隙充填矿石；一方面受构造裂隙控制，另一方面又受高含铁量的围岩控制，其生成是由于含铁热(水)溶液在相对高铁的围岩中扩散缓慢，溶液的化学条件稳定并过饱和，因而晶出成矿，显示了其二次加富作用，它的生成晚于"灰矿"，多见于Ⅶ、Ⅸ矿体中，常为半自溶性矿石。其三是斑杂状菱铁矿石，是由充填、交代两种成矿作用在同一地段迭加的结果，是"黄矿"与"灰矿"之间的过渡类型，常为酸性－半自溶性矿石。

角砾状菱铁矿石：为"灰矿"或铁白云岩被构造破坏后再被"黄矿"充填胶结而成，常为酸性矿石。

磁铁矿化菱铁矿石：为菱铁矿受煌斑岩脉的"烘烤"作用而形成。偶见，在岩脉与矿体接触部位产出，宽0～2 m，在上述原生矿石的四种产出形态中，深灰色矿石为主，占80%以上。

此外，氧化矿石(褐铁矿)呈黑褐色多孔薄层状或块状，全部分布在近地表50～60 m。与围岩硬软悬殊，界线弯曲或略有分支，但很清楚。

5. 矿石品位

马鞍山矿段以镁菱铁矿为主，工业矿平均品位TFe为27.88%，其中TFe为35%以上的富矿石仅占1.8%，绝大部分为贫矿，还有少部分平均品位低于25%的低品位矿石。MgO含量比较稳定，一般为3%～5%，$SiO_2+Al_2O_3$的值常在15%～20%。硫、磷有害组分含量分别为0.25%、0.02%，铜小于0.05%，烧失量为25.35%～29.59%。褐铁矿为多孔似胶状贫矿石，工业矿平均品位TFe40%，硅铝杂质含量高，一般为20%～25%，碱比为 0.1~0.15，属酸性氧化矿石，硫磷有害组分含量分别为 S<0.3%，P 为 0.035%，烧失量平均约 9%。

褐铁矿与菱铁矿之间自然矿石类型呈急变过渡，不存在混合带。

6. 围岩蚀变

主要为碳酸盐化(包括菱铁矿化)作用，次生矿物发育，常见暗色矿物被黑云母、绿泥石、铁白云石及方解石所取代，斜长石明显地被绢云母及高岭土化。本区菱铁矿体，无一不以铁白云岩、含铁白云岩或铁灰岩为直接围岩。灰质白云岩是本区菱铁矿体的间接围岩，其与铁白云岩之间常常是渐变过渡。白云质灰岩只作为远矿围岩出现。矿体中的夹层(围岩)分沉积岩夹层、岩浆岩夹层。沉积岩夹层物理性质与矿石相似，为铁白云岩，含 TFe5%~15%，夹层产状常与矿体产状一致；岩浆岩夹层为煌斑岩、闪长岩，基本上沿断层产出或略有分支，厚度一般 2~10 m，其中含 TFe9%~12%，少数被菱铁矿化，可达 15%。

7. 控矿因素及找矿标志

凤山营矿床工业类型较复杂，储量集中的单一镁菱铁矿床，矿床规模中型，矿石质量中贫。以酸性矿石为主，可选性良好。矿床成因类型属沉积(变质)加改造的层控矿床。矿石具条纹条带状构造，绢云母、石英粉砂、菱铁矿各自相对集中组成相间薄层，显示了沉积特征；矿体产出具有一定的层位，并出现在不同的岩性过渡带上；呈多层状似层状透镜体，与顶底板围岩为过渡关系产状一致；矿石含有机质，见有选层石；围岩蚀变作用种类少，蚀变弱，为浅色蚀变。

赋矿地层为前震旦系会理群凤山营组；含矿岩石为铁白云岩、绢云母铁白云岩、灰质白云岩、铁灰岩、白云质灰岩；地层含铁的丰度异常，是成矿物质来源的基础，是本区控矿重要地质因素；地层的长期隆起遭受风化剥蚀，使碳酸盐地层中的铁转入地下水溶液是成矿作用的必要过程，是重要的控矿地质因素；北东向断裂构造控矿，北东向断裂旁侧裂隙带的发育，是矿体的直接容矿空间。在上述条件同时存在时，才能构成成矿的充分必要条件。

地表穿层的褐铁矿铁帽，是本区菱铁矿的直接找矿标志。褐铁矿孔洞构造的发育程度及其充填状况，孔洞越多，充填的泥砂粉末越少(不能没有)，反映深部有菱铁矿存在的可能性越大。

铁碳酸盐化应是矿体围岩的主要标志，在矿体的边缘及尖灭端，局部有 TFe 为 15%~20% 的菱铁矿化围岩出现。

煌斑岩脉沿北北东向成带状产出，有助于控矿断裂的发现；深灰色铁白云岩的出现，结合其与北北东向断裂之间的依存关系分析，有助于找矿地段的确定。

(八)岩石化学特征

据前人研究成果：凤山营地区碳酸盐岩中 Fe、Mn 等元素含量均大大超过地壳中浅海碳酸盐的含量；凤山营组中这些元素的含量又表现为下段大于中段，中段大于上段，说明主要成矿部位与含铁背景值高的层位相吻合。凤山营组各类岩石化学成分含量间关系为 TFe 与 Mg、Mn、Al_2O_3、碳质含量成正相关，与 SiO_2 等含量成负相关关系，反映了沉积变质成岩过程。地层中 Mg、Mn 和碳质含量为西高东低，SiO_2 则西低东高。MgO/MnO 在白云岩中为 0.0174，灰岩中为 0.024，页（板）岩中为 0.037，其比值随 Eh 值的升高而增大。Co/Ni 比值，凤山营组下段大于大于上段，且含量为 1.32%～1.96%，此为沉积变质矿床特征值和菱铁矿矿石的特征值。

凤山营铁矿与云南鲁奎山铁矿化学成分对比显示，前者的 TFe、CaO、FeO 含量低于后者，而 MgO、SiO_2、Al_2O_3 和 MnO 的含量则明显大于后者，详见表 7-2。

表 7-2　凤山营式铁矿与鲁奎山式铁矿化学成分对比表

矿床	矿石类型	化学成分/%											
		TFe	FeO	CaO	MgO	SiO_2	Al_2O_3	MnO	TiO_2	K_2O	Na_2O	S	P
凤山营式	菱铁矿	28.96	34.54	2.23	4.26	21.01	4.12	1.49	/	1.27	0.19	0.32	0.025
	褐铁矿	35.72	0.39	0.47	1.13	28.33	7.00	1.58	0.35	/	/	<0.15	0.05
鲁奎山	菱铁矿	38.16	38.50	5.37	3.27	4.64	0.59	0.20	0.09	0.29	0.016	0.29	0.015
	褐铁矿	54.64	0.32	1.46	0.37	8.23	1.63	2.14	0.77	0.21	0.37	0.13	0.01

二、成矿成因及成矿模式

凤山营式铁矿床最重要的控矿因素之一是地层及岩相古地理条件，并具明显的层控—岩控—构造控特征。

古地理环境主要是深水局限盆地—斜坡—槽盆—斜台槽盆不均衡且周期性的变化，碳酸盐岩的堆积环境为一东西向的裂隙盆地（槽）。由于盆地不断深陷、扩张，使盆地两侧大陆架全部被淹没，而边缘持续差异性裂陷，阻止粗碎屑物进入槽盆，又因受脉动张

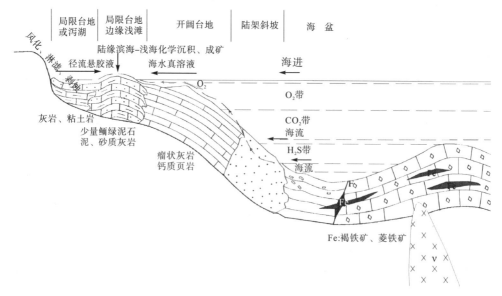

图 7-7　凤山营式铁矿成矿模式图（据四川省地矿局 403 队修改）

裂控制，阵发性地爆发浊流，形成凤山营组、力马河组多次远基复理石沉积和远基复理石滑坡沉积。同时，裂陷盆地扩张阶段常导致大量火山喷溢（以早期为最）。形成"扩张脉动层"。由火山作用所带出的铁质或滞留在熔岩、火山碎屑岩中，或经（海）水解而促使海水化学成分的改变，形成初始矿源层或胚胎矿，经后期各种成矿作用的迭加、改造，构成工业矿体。熔岩溢出后，盆地相对稳定，垂向加细碎屑悬浮物和沉淀出内源化学或生物化学序列，形成"扩张稳定层"。如此脉动、稳定周期性、差异性的重现，不仅使会理群纵横交错更迭之复杂格局，同时也是会理群中铁矿多层位性的根本原因所在。

　　四川凤山营式铁矿一般经历了矿源层的形成及多种成矿作用（断裂构造）的叠加改（再）造，最后在有利的构造部位和围岩中富集成矿，成因比较复杂。成矿模式（图7-7）可概括为：地表含铁岩石之风化淋滤—地表径流或滨海浅水—矿源层（或胚胎矿）—地下热（卤）水改造；区域变质作用、断裂构造、岩脉贯入、岩石蚀变对矿体富集、改造也有比较重要的作用。

第八章　四川省铁矿成矿规律

第一节　大地构造与成矿

四川省地跨上扬子陆块、松潘－甘孜造山带、三江造山带和秦岭造山带四个一级大地构造单元，大地构造环境是本省铁矿最宏观、最基本的成矿条件。全省主要铁矿都集中分布在东部上扬子陆块与西部三个造山带的边缘过渡带中，这里已探明的铁矿储量占全省总量的96％以上，其矿床成因类型也多种多样；而其他地区铁矿规模数量有限，类型也较单一。

一、大地构造相

1. 大地构造相单元

大地构造相是反映陆块区和造山系(带)形成演变过程中，在特定演化阶段、特定大地构造环境中，形成的一套岩石构造组合，是表达岩石圈板块经历离散、聚合、碰撞、造山等地球动力学和地质构造作用过程而形成的综合产物(叶天竺等，2010)。大地构造相单元反映了成矿系统、成矿作用的构造环境，也是成矿系统的载体。

根据四川省矿产资源潜力评价的成果(2013)，全省划分了九个二级大地构造大相单元，其中五个与铁矿有关，而铁矿资源最丰富的地区则是上扬子陆块西缘的攀西陆内裂谷带及其边缘盆地中。全省成矿区带与大地构造相对应关系见表8-1。

表8-1　四川成矿区带与大地构造相对应关系简表

成矿区带			大地构造相	
Ⅱ级成矿省	Ⅲ级成矿(区)带	Ⅲ级成矿亚带	二级大相	三级相
秦岭－大别成矿省		迭部－武都成矿亚带 Fe (菱铁矿)－Au-U	西倾山－南昆仑地块	降扎－迭部被动大陆边缘
巴颜喀拉－松潘成矿省	北巴颜喀拉－马尔康成矿带 Au-Ni-Pt-Fe-Mn-Pb-Zn-Li-Be-云母	壤塘－松潘－平武成矿亚带 Au-Fe-Mn-Li-Be	巴颜喀拉地块	可可西里－松潘周缘前陆盆地
		丹巴－茂汶－青川成矿亚带 Cu-Ni-Pt-Pb-Zn-Fe-Au-云母－水晶		
喀喇昆仑－三江成矿省	义敦－香格里拉成矿带 Au-Ag-Pb-Zn-Fe-Cu-Sn-Hg-Sb-W-Ba	甘孜－理塘(洋盆结合带)成矿亚带 Au-(Fe-Cu-Ni)	歇武－甘孜－理塘－三江口结合带	水洛－恰斯陆壳残片
	金沙江(缝合带)成矿带 Fe-Cu-Pb-Zn		西金乌兰－金沙江－哀牢山结合带	金沙江混杂岩带

续表

成矿区带			大地构造相	
Ⅱ级成矿省	Ⅲ级成矿（区）带	Ⅲ级成矿亚带	二级大相	三级相
上扬子成矿亚省	龙门山－大巴山成矿带 Fe-Cu-Pb-Zn-Mn-磷－硫－重晶石－铝土矿			米仓山－大巴山被动大陆边缘 龙门山被动大陆边缘
	四川盆地 Fe-Cu-Au-石油－天然气－石膏－钙芒硝－石盐－煤和煤层气成矿带			四川陆内盆地
	盐源－丽江－金平 Au-Cu-Mo-Mn-Ni-Fe-Pb-硫成矿带	盐源－丽江成矿亚带 Cu-Mo-Mn-Fe-Pb-Au-Ni-Pt-Pa-硫	上扬子陆块	盐源－丽江被动大陆边缘
		康滇成矿亚带 Fe-Cu-V-Ti-Sn-Ni-REE-Au-石棉		攀西陆内裂谷 康滇基底断隆带
	上扬子中东部 Pb-Zn-Cu-Ag-Fe-Mn-Hg-Sb-磷－铝土矿－硫－煤和煤层气成矿带	滇东－川南－黔西成矿亚带 Pb-Zn-Fe-REE-Mn-磷－硫－钙芒硝－煤和煤层气		凉山－昭通碳酸盐台地

2. 大地构造相环境对铁矿的控制

成矿作用过程与大地构造演化密切相关。成矿作用过程中特定成矿类型反映了大地构造相环境的时空专属性。大地构造演化控制区域成矿，成矿系统是大地构造相一个组成部分，大地构造相单元可以反映成矿地质构造环境。

四川铁矿 90% 以上的资源都分布于上扬子陆块西缘，其中又以康滇基底断裂隆带和攀西陆内裂谷盆地最为重要，如攀枝花式、红格式钒钛磁铁矿；其次依次为盐源－丽江被动大陆边缘相、米仓山－大巴山被动大陆边缘和龙门山被动大陆边缘相，西部造山带铁矿有限，类型单一。

在上扬子陆块区边缘元古代古老地质体组成的构造单元，包括变质基底杂岩、古弧盆系相及古裂谷相等，有与元古代与海相火山沉积和浅变质岩有关的铁矿，如石龙式、满银沟式铁矿等；在澄江期花岗岩有与碳酸盐岩接触带中有关的泸沽式铁矿；在二叠纪裂谷中有四川最重要的与基性－超基性岩有关的攀枝花式、红格式钒钛磁铁矿；在盐源－丽江被动大陆边缘相的火山次火山基性岩与古生界碳酸盐岩接触带，有与其有关的矿山梁子式铁矿；在凉山－威宁－昭通碳酸盐台地相有碧鸡山式和华弹式铁矿；在龙门山被动大陆边缘相有威州式铁矿和碧鸡山式铁矿；在米仓山－大巴山被动大陆边缘相米仓山古岛弧亚相中－酸性花岗岩与碳酸盐岩接触带中，发现有与之有关的李子垭式铁矿；松潘周缘前陆盆地相边缘带中有虎牙式铁锰矿；在甘孜－理塘结合带大相的水洛－恰斯穹隆有铁金矿，如耳泽铁金矿和央岛铁矿。

二、构造与铁矿的关系

区域性构造带是重要的控矿构造，攀西是四川铁矿资源最丰富的地区，以此为例来说明地质构造与成矿的关系。攀西地区基本构造形式为"两堑夹一垒"（张云湘等，

1988)，即轴部为基底断隆带，两侧分别为江舟－米市（裂谷）盆地和雅砻江－盐边（裂谷）盆地。该区总体上由安宁河、小江等南北向断裂带与其间的基底和盖层组成，基底具双型（结晶基底、褶皱基底）三层结构（分别由康定岩群、河口岩群、会理群/昆阳群/盐边群及其相应的侵入岩组成），主构造线分别为近东西向（卵形）和近南北向，分别定型于中条期和晋宁期；盖层构造以南北向较宽缓褶皱和断裂为主，定型于喜马拉雅期。

1. 南北向断裂是反映岩石圈活动的深大断裂

其主要发展阶段在晋宁期、华力西期和印支—燕山期。它们包括小江、箐河－澄海断裂带，安宁河断裂带，磨盘山－昔格达－绿叶江断裂带，及次一级的一些断裂。南北向断裂大部分纵贯四川、云南两省。绵延 200～300 km。南北向构造带对区内各种矿产，特别是含钒钛磁铁矿层状辉长岩杂岩体产出条件、分布规律的控制作用十分明显。主要有三方面的控制意义：

其一是南北向延伸的康滇前陆逆冲带，具有一级构造控岩控矿意义，对岩浆岩和各种内生、外生、变质矿床起了定向的作用。

其二是南北向的边缘深大断裂，具有二级控矿意义，对基性超基性岩体群起了定带的作用。

其三是区内基性超基性岩体沿南北向断裂呈断续带状展布，似与追踪断裂剪切拉张开裂转弯部位相吻合。这种部位对岩、对产钒钛磁铁矿的辉长岩层状杂岩体起了定位作用，具有三级控矿意义。

其中金河－澄海深大断裂，南北延伸 600 余千米，断裂带宽达 10 km 以上，据有关资料，其深切到上地幔层。攀枝花深断裂是追踪一组"X"构造形成，断裂仅出露 60 km，南北两端均被新岩层掩盖。区内南北向深断裂均已得到地球物理（磁力、重力等）和地震方面资料所证实。安宁河断裂带大体呈南北向平行展布；组成基底的岩石包含康定杂岩、会理群、盐边群等各类变质—杂岩带。安宁河断裂带从古生代—中生代—新生代均具有强烈活动性，是晋宁旋回以来的构造活动带。连同其两侧的古生代凹陷一体考虑，则本区实为一个大背斜轴部，安宁河断裂带恰为轴脊。早古生代时期（可能始于泥盆纪），随背斜轴部的上隆作用，脊部发生纵向张裂陷落，形成安宁河断裂带，其下的地幔循涌而加速了张裂作用。地幔物质侵位沿该带（安宁河深断裂带）的一些地方形成了攀枝花、红格、白马、太和等的基性含铁钛钒层状辉长岩侵入（2.65～2.52 亿年），晚二叠世时期发生玄武岩的喷溢，造成铺天盖地的峨眉山碱性拉斑玄武岩。晚三叠世时期，则有花岗岩体为代表的中酸性岩侵入。沿该带基性与酸性岩发育而无中性岩分布，构成所谓"双模式火山岩套"。这一特征，正好反映着该带古生代以来的大陆裂谷性质。该带中生代—新生代及现今地质时期，都是强烈活动带。

2. 不同方向断裂叠加出现错踪复杂的构造格局

北北西向构造主要有西昌－宁南等断裂，北东向主要有宁南－会理等断裂，以及其他更次级的一些断裂。这些不同性质，不同规模，不同方向产状和不同力学性质的各种断裂，随地质历史的演化，呈现挤压、拉张、相互交替，以及相伴的岩浆激烈活动的影响，造成了错踪复杂的构造格局，为成矿提供了有利的地质条件。

由于地壳上的大型构造，如深、大断裂，大型隆起、拗陷，都是地质历史上长期发展的产物，即多旋回构造，因而与之有关的成矿作用也是多旋回的。如晋宁期的石龙式、满银沟式、凤山营式、李子垭式铁矿；澄江期的泸沽式铁矿；加里东期的华弹式铁矿；华力西期的攀枝花式、矿山梁子式、碧鸡山式铁矿等为代表。对于内生及层控铁矿而言，矿床(田)往往分布在区域性构造复合、叠加部位，这在攀枝花—西昌地区尤为明显，具多旋回演化历史的安宁河深断裂带所控制的南北向构造体系与东西向构造体系的复合、叠加，对该区频繁而强烈的岩浆、火山活动与成矿均起重要控制作用。

　　区域性构造复合叠加部位，常常控制内生铁矿和层控铁矿的展布，例如攀西地区的安宁河深断裂所控制的南北构造与东西向构造复合叠加，对区内频繁而强烈的构造岩浆活动、火山活动及铁矿成矿作用均起着重要作用。南北向构造体系控制矿带展布，东西向构造控制矿田或矿体，例如拉拉—河口地区，矿体受南北向或近南北向的褶皱构造核部或褶皱构造转折部位的层间虚脱空间控制，而这些虚脱空间实际上是南北构造基础上受东西向褶皱横跨叠加所致。如石龙矿区位于北北东向延伸之向斜构造核部与北西西向一组向斜横跨叠加部位，见图 8-1。

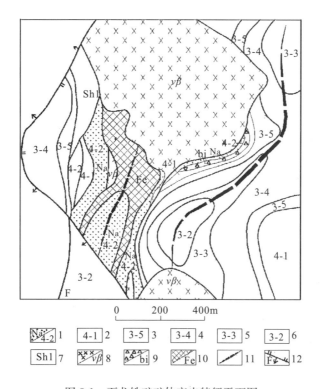

图 8-1　石龙铁矿矿体产出特征平面图

　　1. 变质钠长石岩；2. 石榴黑云片岩；3. 钙质白云石英片岩；4. 含石榴子石角闪黑云片岩；5. 白云钙质片岩；6. 碳质板岩；7. 角闪钠长片岩；8. 辉绿辉长岩；9. 侵入交代角砾岩；10. 铁矿体；11. 向斜轴线；12. 断层

3. 次级断裂褶皱与铁矿关系

　　就构造与成矿的关系来说，南北向构造控制了矿带的展布，而东西横跨、叠加褶皱则直接控制了矿床乃至矿体的形成。如拉拉—河口地区的石龙及新铺子铁矿，矿体受南北向或近南北向褶皱构造核部或褶皱构造转折部位的层间虚脱空间控制，这种虚脱空间往往是在南北构造基础上受东西向褶皱横跨、叠加所致。又如泸沽—喜德一带的泸沽式铁矿，分布于安宁河深断裂带东侧的北东向泸沽倒转复背斜翼部，容矿构造主要为复背斜中轴向北北东与近东西向两组褶皱横跨、叠加的虚脱空间，亦见于单个褶曲、挠曲或褶曲翼部因压扭作用而产生的拉张部位形成的虚脱空，见图 8-2。

矿区		矿体编号	容矿构造形态和产状	构造性质	所处部位
铁矿山	北矿段	I	 ZK5 18° ZK13 127°（轴向280°褶皱（东西）轴向37°褶皱（北北东））	横跨褶皱虚脱空间	左列两组横跨褶皱的虚脱空间，背斜鞍部和向斜褶部膨大变富
	南矿段	VI	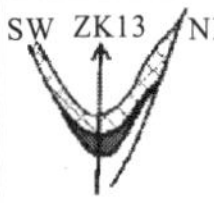 SW ZK13 NE 轴向北西西向南东东倾伏，两翼对称	倾伏向斜虚脱空间	南段 S_3 倾伏向斜槽部矿体膨大
大平顶山	（平面图）	I、II	 矿体走向北东39°~64°，可能为轴向北东背斜的残留，它与轴向东西，北西320°两组褶皱横跨及层间错动 	横跨褶皱虚脱空间及地层挠曲剥离空间	构造转变总位矿体膨大，花岗岩体侵入可能吞蚀了北西翼
拉克	北矿段	3、5	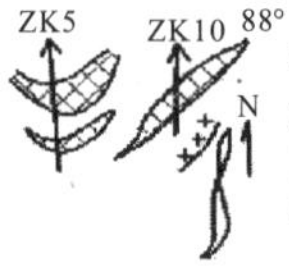 ZK5 ZK10 88° N 矿体走向近南北，与拉克背斜轴向基本一致，主要受轴向南北褶皱的控制，平面图矿体略具"S"形	褶皱虚脱空间或层间剥离空间因横跨而波伏扭曲的虚脱空间	拉克背斜翼部及鞍部、向斜褶部的虚脱空间
	中、南矿段	1、2、11、12、13等	 ZK12 矿体走向北北东，倾向280°~290°或北西西倾向，倾角50°的一组层间错动带呈雁形错列	因压扭而层间错动裂隙或剥离空间	深部或近浅部层间剥离带
朝王坪矿段		1	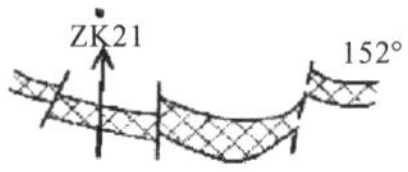 ZK21 152° 轴向北东70°左右之间斜式挠曲，1号主矿体产于向斜西南轴部，呈北北西至北北东向倾斜	被后期断裂切割破坏的向斜式挠曲虚脱空间	泸沽复背斜东翼北部之次级褶皱的虚脱空间，向斜轴部矿体厚度变大
容矿构造的主延伸方向变化特征		EW 铁矿山		NE 大顶山	SN 拉克
		W——→E（矿体规模逐渐减小）			
		由西向东，近东西轴向一组褶皱渐趋消失，主要容矿褶皱轴向由东西渐转为南北。			

图 8-2　喜德—泸沽地区铁矿主要矿床(点)容矿构造基本特征及分布规律示意图

第二节　地层及岩石建造组合与成矿作用

各时代地层及建造是成岩、成矿物质在漫长地质时期的自然堆积和被改造的结果，在它们形成过程中，相关物质大量聚集，为后期成矿提供丰沛的物质来源，同时又成为各时期成矿的主要载体。四川铁矿有关的主要地层有元古界河口群、会理群、登相营群；早古生界中奥陶统巧家组；新古生界早期中泥盆统缩头山组、养马坝组、观雾山组。其次为三叠纪—侏罗纪早期陆相沉积的小而分散的低品位铁矿。

一、前震旦系

主要分布于康滇基底断隆带及米苍山基底逆冲带，在康滇基底断隆带称为会理群。含铁岩系分布于河口群和会理群。

1. 河口群

出露于会理地区河口背斜，由一套变基性钠质火山岩、次火山岩夹各类片岩、大理岩组成。同位素年龄值最大为 17.25 亿年，次为 14.81 亿年。本群上部赋存石龙式海相火山（变质）型铁矿，除石龙外，尚有李家坟、天生坝等火山岩型富铁矿。

2. 会理群

分布于会理、会东地区。为一套沉积－火山岩系列的复杂组合，会理群下部为一套基性—中酸性火山岩、火山碎屑岩、火山碎屑－沉积岩组成。主要矿产地有会理香炉山—腰子棚、小黑箐、玉新村等火山岩型小富铁矿；在会理通安地区为一套含钠质火山岩、火山碎屑岩沉积，为通安新铺子火山岩型富铁矿赋矿层位，为全省主要含富铁矿层位。

在会东地区青龙山组为一套浅滨海相的泥质碳酸盐和碎屑岩组成的泥质大理岩、变砂岩夹千枚岩，为满银沟式大型沉积变质铁矿赋矿岩系，除满银沟外，尚有杨家村、双水井、亮口子等产地。在泸沽地区与该组相当的登相营群松坪组碳酸盐岩中，赋存泸沽式矽卡岩型铁矿。

攀西地区凤山营组为一套变质程度不高，夹千枚岩、板岩的碳酸盐岩，经后期热力改造的凤山营式沉积变质铁矿，赋于此层位。与会理群上部相当，分布于米苍山地区火地垭群麻窝子组碳酸盐岩中赋存有南江李子垭式矽卡岩型铁矿。

二、中奥陶统巧家组

巧家组是本省主要沉积铁矿层位之一，分布于甘洛、布拖、普格、宁南一带，属峨眉－昭觉断陷盆地东缘，浅海生物－化学沉积泥灰岩、生物碎屑灰岩建造，为华弹式鲕状赤铁矿赋存层位。

三、中上泥盆统

主要分布在龙门山前山盖层逆冲带和峨眉－昭觉断陷盆地带，主要层位为龙门山区的养马坝组和观雾山组浅海碎屑－化学沉积碳酸盐岩和越西地区缩头山组滨－浅海碎屑沉积砂页岩、泥质白云岩中，赋存碧鸡山式（相当于全国宁乡式）铁矿。

四、其他赋矿地层

多见矿化或矿点，规模小、分散、品位低、难选。扬子古陆块：有上二叠统龙潭组、宣威组，以滨海沼泽—海陆交替碎屑—化学沉积与煤系共生，矿层薄，难于利用；晚三叠—早侏罗世陆相沉积铁矿，赋存于含煤碎屑岩系建造中，规模小，分散。

第三节　岩浆活动与成矿作用

　　岩浆岩不仅是铁矿成矿的重要物源和载体，它的上移、侵位活动亦是构成围岩中铁活化—再富集的重要地质营力，与铁矿成矿关系最为密切的有中元古界火山—次火山岩；晋宁—澄江期中酸性岩，华里西期基性—超基性侵入岩和基性火山—次火山岩，其次为太古代—古元古火山岩和印支期中酸性侵入—火山岩。详见表8-2。

表 8-2　岩浆活动与铁矿成矿关系

时代	成矿环境	侵入岩	同位素年龄值/亿年	矿床式
古元古代晋宁早期	滇中裂陷槽与海相火山—沉积变质作用	小型浅成钠长岩	9.07～17.25	石龙式
新元古代晋宁晚期	优地槽主旋回褶皱回返或后期旋回以断裂为主所产生的以中酸性岩浆活动为主的构造岩浆活动带	碱—基性岩及中酸性岩	8.7～9.76	李子垭式
新元古代晋宁期—澄江期		花岗岩类	7.8～8.2	泸沽式
古生代海西早期	大陆地块边缘，活动地带与稳定地块交接地带、稳定地块一侧。受壳断裂和超壳断裂一类深断裂控制	基性—超基性岩	3.34～3.75	攀枝花式、红格式
古生代海西晚期	受大陆边缘及陆内断陷盆地张性深断裂和继承性断裂控制	暗色火山—次火山岩	2.18～2.53	矿山梁子式
燕山期	与燕山期岩浆热液活动和时代不明钠长斑岩脉，石英脉等关系密切，围岩千枚岩—碳酸盐岩建造	钠长斑岩脉，石英脉等		泸定大矿山

一、元古代火山—次火山岩

　　火山岩主要分布于会理—会东地区。会理地区以河口群为代表，以变石英角斑岩为主，区域上可与云南大红山式铁矿含矿层对比。铁矿与变钠质火山岩紧密相伴，主要产于钠质熔岩、变钠霏细岩、石英斜长斑岩中，以石龙铁矿为代表。矿体围岩蚀变以钠长石化、磷灰石化等浅色蚀变为主。据矿区硫同位素资料 $\delta^{34}S$ 0.55‰～0.89‰，说明铁矿与富碱海底火山喷发活动密切相关。

　　会理通安地区，以会理群偏碱性中基性火山—次火山岩为主，铁矿产于火山碎屑岩及火山—沉积岩中，火山—次火山后期热液改造作用强烈，往往形成富铁矿，以通安新铺子火山热液改造铁矿为代表。

　　会东地区会理群上部以玄武岩—钾质流纹岩为主。铁矿产于火山—沉积旋回顶部的火山—沉积变质岩内，含矿岩系常出现玄武质火山碎屑及流纹质、粗面质火山岩成分，例如小街菱铁矿具沉积(火山)变质—改造层控特点，满银沟式赤铁矿具沉积(火山)变质—改造(再造)层控特征。

在米易县沙坝和南江县阴坝子两处矿点，工作程度低，其原岩可能是中－基性火山岩，铁矿与混合岩化紧密相关。时代可能为古元古代。

二、晋宁—澄江期中、酸性岩

与铁矿有成因联系的晋宁期中性岩分布于米苍山地区，属地壳同熔型中偏基性的闪长岩类，岩石化学成分富 Fe、Mg、V、Ti、Cr、Ni、Cu 等组分，氧逸度较高，有利于碱交代和镁铁矽卡岩形成，是南江李子垭式矽卡岩型铁矿的成矿母岩。

澄江期酸性岩主要沿安宁河谷分布，以二长花岗岩、钾长花岗岩为主。岩石 SiO_2、K_2O、TFe 偏高，属硅铝过饱和富碱岩石，具明显重熔型花岗岩特征，铁矿生成与含矿围岩（矿源）、岩浆期后气化热液及岩体侵位的热力场均有密切关系。例如泸沽式接触交代富铁矿。

在会理—会东、冕宁—泸沽地区，常见晋宁期(?)辉绿辉长岩脉与铁矿床在空间上随影相伴，在喜德县拉克矿区取样 $Fe_2O_3+Fe_2O$ 可达 22.11%，是否可能成为该区成矿的物源之一，尚待研究。

三、华力西期基性超基性侵入岩及火山—次火山岩

华力西期是我省最重要的成矿期，有规模巨大、组分繁多、举世瞩目的攀枝花式、红格式钒钛磁铁矿；还有品位富、易采、易选、具一定规模的矿山梁子式火山—次火山岩型富铁矿。

四、印支期中酸性侵入岩—火山岩

火成岩主要见于金沙江岩带与德格—稻城岩带之间，产地少、规模小。与中酸性侵入岩有关的仅见一处产地，即道孚县菜子沟小型铁矿；铁矿化产于富钙、铁偏碱性的黑云母花岗岩、花岗闪长岩、石英二长岩外接触带。

五、燕山期岩浆活动

与燕山期岩浆热液活动和时代不明钠长斑岩脉，石英脉等关系密切，围岩千枚岩－碳酸盐岩建造。

第四节　变质作用与成矿作用

与变质作用有关的矿床主要分布于攀西地区、龙门山后山、米苍山地区，基本可归入变质热液改造矿床，热液矿床大多与地壳热点及附近动力热流作用有关。温度、压力升高及富含挥发分的变质水沿构造挤压破碎带渗入含矿层系，促使矿源层物质活化迁移再分配，在有利构造部位再富集成矿，因此多形成富矿体，例如满银沟式铁矿等。

<h1>第五节　四川省铁矿的时空分布</h1>

<h2>一、四川省铁矿的时间分布</h2>

<h3>（一）构造成矿旋回</h3>

四川幅员辽阔，地质构造复杂。我省铁矿的产出并非孤立的地质现象，而是在特定的区域地质环境中，严格受沉积作用、侵入作用、火山作用、变质作用及构造等条件控制，是长期地质演化过程中成矿作用的产物。不同的构造运动阶段有不同的铁矿类型。根据四川铁矿的产出时代，把四川主要铁矿划分为五个大的构造成矿旋回（表8-3），五大成矿旋回的构造演化规律和成矿均各具特色。

表 8-3　四川铁矿旋回及建造类型分布表

成矿期	时代	主要铁矿建造	地区	代表产地或矿床式
第五旋回	新生代	风化型铁矿床	峨眉山	万矿山
		喜马拉雅运动		
第四旋回	中生代	与燕山期岩浆热液活动和时代不明钠长斑岩脉，石英脉等关系密切，围岩千枚岩—碳酸盐岩建造	泸定	大矿山
		燕山运动		
		上三叠统—下侏罗统内陆湖沼相铁矿建造	南大巴山	万源
		上三叠统须家河组含煤碎屑岩建造	威远	威远
		三叠系菠茨沟组海相碳酸盐岩—碎屑岩建造，与锰共生	平武—青川	虎牙
		印支运动		
第三旋回	晚古生代	上二叠统蛇绿岩、碳酸盐岩夹火山岩建造	水洛—恰斯	耳泽式、央岛式
		上二叠统基性火山—次火山铁矿建造	盐源—丽江	矿山梁子式
		华力西期基性—超基性侵入岩铁矿建造	攀西地区	攀枝花式、红格式
		华力西运动		
		中泥盆统滨海相碎屑岩夹碳酸盐岩沉积铁矿建造	甘洛—越西	碧鸡山式
		中泥盆统浅海碳酸盐岩夹碎屑岩沉积铁矿建造	龙门山	
第二旋回	早古生代	志留系茂县群砂泥质—碳酸盐岩绿片岩相	川西北	威州
		中奥陶统浅海相碎屑—碳酸盐岩沉积铁矿建造	宁南—布拖	华弹式
第一旋回	前震旦纪	酸性岩浆接触交代变质铁矿	泸沽—会理	泸沽式
		晋宁—澄江运动		
		中偏基性岩浆接触交代矽卡岩铁矿建造	米仓山—大巴山	李子垭式
		浅海相碳酸盐岩、碎屑岩沉积变质热液改造铁矿建造	会理—会东	凤山营式
		浅海相碎屑（火山）沉积变质（改造）铁矿建造	会理—会东	满银沟式
		海相火山细碧角斑岩铁矿建造	会理—会东	石龙式

第一成矿旋回(前震旦纪)：前震旦纪构造运动比较复杂，对四川前震旦纪各类地质体跨越的时代有不同认识。已有的同位素年龄值数据从 2957 Ma(袁海华等，1985)、2046~2451 Ma(李复汉等，1988)、1440~1043 Ma(张洪刚等，1983)到 1151~857 Ma。同位素资料反映四川可能存在太古代—元古代不同时代地质体，但近年越来越多的同位素测年数据集中在 800 Ma 左右。在前震旦纪形成的构造环境方面也有不同认识。《四川省区域地质志》(1991)认为该时期形成扬子陆块基底(结晶基底和褶皱基底)；《1∶250万青藏高原及邻区大地构造图及说明书》(2013)提出"前寒武纪超大陆裂解阶段"，张云湘等(1988)认为攀西地区存在中元古代"红海型陆间裂谷"，罗志立等(1979)认为震旦纪属沟-弧-盆系(康滇-川中-鄂西岛弧)。

前震旦纪是四川"基底"形成时期，有中条运动、晋宁运动、澄江运动 3 个构造旋回(四川区域地质志，1991)。尽管对前震旦纪构造演化、阶段划分有不同认识，但与构造运动相伴的火山-沉积作用及岩浆侵入活动控制了铁矿的形成，也是四川铁矿形成的重要时期之一，本书将之归为一个成矿旋回。晋宁期褶皱基底以变质岩中一系列海相火山-沉积变质改造再造型铁矿为主。主要含铁建造有细碧角斑岩、基—中性火山岩—碎屑岩—碳酸盐岩等，晚期局部有岩浆气液交代—充填铁矿建造出现。该成矿旋回的铁矿即有古元古代与海相火山岩有关的石龙式铁矿，又有与中元古代"褶皱基底"变质岩系有关的满银沟式和凤山营式铁矿。澄江期主要表现为岩浆岩对含铁围岩(矿源层)的叠加改(再)造，形成泸沽式富铁矿，以及与侵入岩有关的李子垭式铁矿等。除此之外，在震旦系与下伏中元古代变质岩不整合面上，局部也有零星铁矿。

第二成矿旋回(震旦纪—晚古生代早期)：从震旦纪开始基本进入了稳定沉积阶段，四川存在康滇和川中两个古隆起，本时期铁矿主要与受岩相古地理控制的沉积作用有关。如产于攀西地区奥陶纪浅海相碎屑—碳酸盐沉积建造的华弹式铁矿，泥盆系浅海碳酸盐岩夹碎屑岩建造的碧鸡山式铁矿。部分铁矿有后期变质作用叠加，如产于志留系茂县群砂泥质—碳酸盐岩—绿片岩中的威州铁矿。

第三成矿旋回(晚古生代)：该时期是攀西裂谷形成演化期，也是四川铁矿重要成矿时期。晚二叠世(峨眉山)玄武岩浆的大规模喷发代表一次重要的拉张事件，与之相关的海侵，火山活动、岩浆侵入，以及俯冲、消减等构造运动对四川铁矿形成有重要的控制作用。该时期末主要生成攀枝花式、红格式钒钛磁矿。这种类型的成矿带，南北长约300 km，矿床规模大，分布集中，成矿带受安宁河及攀枝花两深断裂带基性—超基性侵入岩控制。除攀枝花式铁矿外，与上二叠统基性火山—次火山岩建造有关的矿山梁子式铁矿是四川主要的富铁矿。本成矿旋回外生铁矿也较发育，有中晚泥盆世碧鸡山式铁矿生成；四川东部有与上二叠统含煤碎屑岩建造有关的菱铁矿(珙长式)。此外，还有产于甘孜-理塘混杂岩带的耳泽铁金矿、央岛铁矿等。

第四成矿旋回(中生代)：二叠纪—三叠纪是四川构造运动最活跃的时期，西部形成松潘-甘孜造山带，东部逐步结束了海相沉积的历史，从晚三叠世末期开始转变陆相中生代盆地。该阶段川西北地区有产于下三叠统千枚岩、灰岩中的铁锰矿(虎牙式)，四川盆地南部有赋存上三叠统段须家河组含煤碎屑岩建造中的层状、透镜状铁矿(威远式)，重庆有产于下侏罗统中的綦江式铁矿，在四川为万源铁矿；本阶段构造岩浆活动十分强烈，与之有关的有一些小型铁矿，如道孚菜子沟铁矿与印支期中酸性岩浆活动有关，泸定大矿山铁矿与燕山期岩浆热液活动有关。

第五成矿旋回(新生代)：喜马拉雅期强烈挤压作用使青藏高原及邻区强烈隆升，在四川西部形成一个完整的构造－岩浆－成矿旋回(骆耀南等，1998)，形成许多有色和稀贵金属矿产。虽然目前没有发现该旋回形成独立的内生铁矿，但四川部分铁矿在此阶段对矿体改造、富集，如凤山营式沉积变质铁矿出现穿层矿脉；耳泽铁金矿可能经后期次生风化淋滤使褐铁矿进一步富集。此外，该阶段风化堆积也可形成铁矿，如峨眉山万矿山等风化铁矿床。

(二)时间分布规律

从以上铁矿时代分布规律可以看出四川省铁矿成矿期时限长，跨度大。从晋宁期到喜马拉雅期都有不同类型的铁矿生成。在地壳漫长的发展演化过程中，由不同类型的铁矿建造构成若干个成矿高潮，有时以内生成矿作用为主，有时以外生成矿作用为主。表现出明显的继承性和多旋回性，这是与铁在地壳中的化学行为和地壳运动本身的不均衡性息息相关。

1. 主要内生成矿期

华力西期构造岩浆活动对四川铁矿的形成影响最大。二叠纪上扬子陆块西缘拉张断裂(谷)事件导致深部地幔型岩浆的侵入和喷发(溢)控制四川主要铁矿的形成。如安宁河裂谷带的基性超基性岩中攀枝花钒钛磁铁矿。金河－箐河断裂带发育一套暗色火山—次火山—侵入岩含铁建造，形成重要的矿山梁子式富铁矿。

2. 次要内生成矿期和主要变质成矿期

前震旦纪是四川另一个重要成矿时期，该时期铁矿类型多，并有富铁矿，如泸沽式接触交代(矽卡岩)型铁锡矿、李子垭式接触交代型铁矿、石龙式火山(沉积)型铁矿、满银沟式变质型富铁矿等，还有凤山营式沉积变质铁矿等。

3. 主要外生成矿期

奥陶纪、泥盆纪是四川海相沉积型铁矿的两个主要产出时期。前者以华弹式铁矿为代表，后者以碧鸡山(宁乡)式铁矿为代表。此外，三叠系—侏罗系也有陆相沉积型铁矿产出，但多数为中小型贫矿。

二、四川省铁矿的空间分布

(一)四川省铁矿成矿区带划分

四川省铁矿成矿区带划分充分考虑每个类型的成矿地质背景、成矿作用、成矿机制和控矿因素等多方面界定，划定的原则：一是在全省成矿区带划分的基础上圈定矿集区；二是充分体现矿化集中区的内涵等条件下综合分析圈定；三是矿集区边界不穿过Ⅲ级成矿区带和深大断裂构造带；四是尽量考虑矿床类型的分布范围；五是保持地、物、化、遥异常完整性。

1. 攀西岩浆型钒钛磁铁矿成矿带

该成矿带包括红格、攀技花、白马和太和 4 个钒钛磁铁矿集中分布区。

红格矿集区：位于攀枝花市红格地区，属康滇基底断隆带成矿带Ⅲ级成矿带。含矿地质体为华力西期基性−超基性岩。岩体由辉长岩—辉石岩—橄辉岩—橄榄岩等一系列岩相带组成，含镁较高（m/f 0.3−1.9），矿层中富铬、钴、镍、铜、铂等元素。区内有大型矿床 9 个，中型矿床 4 个，小型 1 处。并有三个航磁异常，面积达 1741 km²，呈近似等轴状分布。

攀枝花矿集区：位于攀枝花市区周围，属康滇基底断隆带成矿带Ⅲ级成矿带。含矿地质体华力西期基性辉长岩。岩体侵入于震旦系白云质灰岩中，分异作用形成的层状构造明显，矿体多出现在各韵律层底部和下部暗色辉长岩带中。有大型矿床 3 处，中型 3 处，小型 2 处。且存在 2 个航磁异常及地磁异常，异常呈椭圆状，走向 NE。

白马矿集区：位于攀枝花市米易县境内，属康滇基底断隆带成矿带Ⅲ级成矿带。含矿岩体为华力西期形成层状基性岩体，岩体受印支期正长岩，花岗岩破坏，见部分会理群天宝山组围岩为岩体底板。岩体岩相为辉长岩橄长岩，橄榄辉长岩组成。区内有大型矿床 4 处，中型 3 处，且航磁、地磁异常反映均好，航磁异常呈等轴状

太和矿集区：位于攀西地区西昌市境内，属康滇基底断隆带成矿带Ⅲ级成矿带。铁矿赋存于华力西期太和辉长岩体各旋回底部和下部，未见围岩顶底板，仅见印支期正长岩，花岗岩包围含矿岩体。岩相基本为辉长岩，局部见辉石岩、橄辉岩。有大型矿床 2 处，航磁异常呈椭圆状。

2. 盐源盆地东缘裂谷带铁铜金锡成矿带

矿山梁子式铁矿矿集区：位于攀西地区盐源县境内，大地构造相位置为盐源−丽江前陆逆冲−带推覆，属盐源−丽江Ⅲ级成矿亚带。含矿岩系为华力西期暗色火山−次火山岩，为陆相火山—次火山沉积，气液交代—充填铁矿。有与火山—沉积作用有关的苦乔地矿床，与浅成—超浅成相辉绿辉长岩有关的接触交代道坪子铁矿床，还有受火山机构控制，与苦橄玢岩有关的、经后期火山气液改造加富的矿山梁子富铁矿。已经发现中型矿床 3 处，小型 7 处，矿（化）点 11 处，有 3 个航磁异常分布。

3. 会理—会东铜铁铅锌金成矿带

会东沉积变质铁矿矿集区：位于攀西地区会东县境内，为满银沟式铁矿集中分布区，属康滇基底断隆带成矿带Ⅲ级成矿带，大地构造位置为攀西裂谷带的江舟−米市盆地。含矿地层会理群青龙山组中上部变质碎屑岩−碳酸盐岩建造。会东县满银沟一带是富铁矿主要矿化集中区，铁矿主要产于紫红色含铁变质砂岩中、次为千枚岩及碳酸盐岩中，已经发现大型矿床 1 处、中型 1 处、小型 2 处、矿点 3 处；小街一带铁矿产于大理岩夹千枚岩相变部位，含矿层附近常出现变质火山岩分布，有小型矿床 1 处，矿点 9 处；淌塘−老王山一带含矿层为青龙山组顶部紫红色变砂岩、砂砾岩，受断裂破碎带古岩溶洼地控制矿体形态及厚度受后期改造变富。已发现小型矿床 1 处、矿（化）点 6 处。

会理铁矿矿集区：位于攀西地区会理县境内，该区铁矿资源比较丰富，有凤山营式沉积变质−改造型铁矿、石龙式海相火山岩型铁矿。该矿集区属康滇基底断隆带成矿带Ⅲ级成矿带，大地构造位置为攀西裂谷带的江舟−米市盆地南部。凤山营地区含矿岩系

为会理群凤山营组碳酸盐岩夹火山碎屑岩，经后期区域变质和岩浆热液改造成矿，有中型矿床1处，小型1处，矿点1处。会理拉拉—通安地区为石龙式铁矿分布区，拉拉一带出露河口群长冲（岩）组主要为富钠质细碧角斑岩系及辉绿辉长岩类，矿田受南北向断裂和东西向断裂复合叠加控制；通安一带含矿地层为会理群青龙山组变钠质火山岩，控矿构造主要为SN向EW向复合叠加部位，后期改造明显，使矿石加富；毛姑坝一带含矿岩系亦为变钠质火山岩，断裂构造发育，具后期热液改造迹象；已拉拉—通安地区已发现中型矿床2处、小型11处、矿点7处、矿化点10处；且航磁异常较多。

4. 冕宁—西昌铁锡铜成矿带

泸沽大顶山—登相营矿集区：位于攀西地区冕宁县境内，是泸沽式接触交代铁矿集中分布区，属康滇基底断隆带成矿带Ⅲ级成矿带。区内澄江期泸沽黑云母花岗岩侵入登相营群碎屑和碳酸盐岩中。岩浆期后热液沿次级褶皱形成的虚脱空间运移，与围岩发生交代形成富铁矿。已发现中型矿床1处，小型4处，矿（化）点10处，并有航磁显示。

5. 甘洛－宁南沉积型铁矿成矿带

该区位于攀西地区东部，跨甘洛、越西、布拖、普格、宁南等县，是四川沉积型铁矿集中分布区，属康滇基底断隆带成矿带Ⅲ级成矿带。在江舟－米市裂谷盆地东缘宁南－布拖一带华弹式铁矿产于中奥陶统巧家组碳酸盐岩中，属局限盆地前滨冲洗相浅海沉积，主要矿石为鲕状赤铁矿，已经发现中型矿床1处、小型2处、矿点7处。在江舟－米市裂谷盆地西缘的甘洛、越西、普格一线，位于康滇古陆东侧南北向小江断裂带上，含矿岩系中泥盆统缩头山组碎屑－碳酸盐岩建造，是碧鸡山式（宁乡式）铁矿集中分布区之一。中型矿床3处、小型4处、矿（化）点7处。

6. 龙门山－大巴山成矿带

四川龙门山－大巴山一线零星分布有不同类型的铁矿。南江一带有接触交代型李子垭式铁矿，晋宁期中偏基性闪长岩侵入火地垭群麻窝子组白云大理岩，形成接触交代（矽卡岩型）铁矿，南江新民、竹坝等地已发现中型矿床3处，小型4处，矿点8处。成矿带南部的龙门山唐王寨一带是碧鸡山式沉积铁矿又一个分布区，含矿岩系为中泥盆统养马坝－观雾山组一套碳酸盐建造，已经发现小型矿床7处、矿化点5处。川东北万源一带上三叠统及下侏罗统陆相含煤岩系碎屑岩伴有品位沉积铁矿（万源式），目前仅有小型矿床2处，矿（化）点6处。

7. 黑水—松潘—平武金铁锰成矿带

松潘－黑水矿集区：位于川西北地区，属北巴颜喀拉－马尔康成矿带（Ⅲ-30），是沉积变质型铁锰矿比较集中分布的地区。铁锰矿产于巴颜喀拉－松潘边缘前陆盆地，含矿层为中三叠统杂谷脑组下段砂板岩，以锰为主，铁为共生矿。有中小矿床3处，矿（化）点20余处，大致围绕摩天岭陆块分布。

（二）四川省不同类型铁矿分布

矿床类型随着各组段岩石组合特征，岩浆作用及成矿方式的不同而异，显示受大地构造位置及相应的沉积、岩浆建造和变质建造控制。在四川岩浆、接触交代（矽卡岩）、热液、火山、沉积、变质、风化淋滤型矿床等七个类型中，岩浆型铁矿资源量最大，沉积和沉积变质矿床分布最广，矽卡岩型和以火山为主的矿床相对较富，热液和风化淋滤型铁矿分布局限规模较小。

在康滇基底断隆带由北至南分布有与岩浆作用有关的接触交代型泸沽式铁矿、岩浆分异型攀枝花式、红格式钒钛磁铁矿；与变作用有关的沉积变质型凤山营式铁矿、满银沟式铁矿；与火山作用有关的海相火山沉积型石龙式铁矿。

受小金河断裂带控制有与基性火山—次火山成矿作用有关的矿山梁子式富铁矿，呈北北东向展布，尤以盐源地区最集中，并与其东毗邻受安宁河深断裂控制有与岩浆作用有关的攀枝花式、红格式岩浆分异型铁矿一道构成本省别具特色也最为壮观的华力西期内生铁矿成矿带。

上扬子陆块南部陆缘叠加褶皱系与康滇基底断隆带交接部位的南北向拗陷带为华弹式沉积型铁矿、碧鸡山式沉积型铁矿主要聚集区。

龙门山—大巴山前陆逆冲带两侧分布有不同类型的铁矿。龙门山东侧唐王寨一带是又一个碧鸡山式沉积铁矿聚集区；在米苍山—大巴山逆冲—推覆带有与岩浆作用有关的接触交代型李子垭式铁矿，以及与上三叠统及下侏罗统陆相沉积铁矿（万源式）。西侧的汶川一带有产于志留纪茂县群千枚岩夹灰岩及砂岩或片岩夹大理岩和钙质石英砂岩中的威州式铁矿，还有产于巴颜喀拉—松潘前陆盆地边缘虎牙式铁锰矿。

第七节　四川铁矿成矿机制和成矿模式

一、成矿物质来源初步认识

1. 幔源岩浆

铁矿成矿物质主要来源于地幔的铁镁质岩浆（幔源），其有两种形式：一种是早期构造活动海底裂陷槽铁质和钠质火山活动，如会理群下部火山岩系；另一种是在陆块内构造岩浆活化阶段拉张作用形成的内陆裂隙型铁镁质岩浆活动，如攀西地区华力西期基性—超基性火山—侵入岩系列，它们属壳下深部幔源富铁镁质基性、超基性岩浆。

2. 古隆起剥蚀再生型物源

除元古代变质铁矿外，古生代以来的铁矿在空间上与古陆的剥蚀区有明显的依存关系，古陆含铁岩石经风化剥蚀—迁移—再沉积，即是再生型物源。

二、成矿机制和成矿模式初步认识

四川铁矿类型繁多，成因机制多样而复杂，现就其主要类型简述如下：

（一）前震旦纪层控矿床成矿机制及成矿模式

1. 物源

四川前震旦系铁矿主要产于中元古代各时间段。中元古代时期火山活动十分强烈且频繁，随着火山喷发（溢）富铁、镁、钠质熔浆喷出，形成初始矿源层，在火山间歇期间，则通过火山喷气作用，形成钠质凝灰角砾岩与含铁碳酸盐一道沉积，形成含铁钠质凝灰岩－碳酸盐岩建造。据会理拉拉地区硫同位素测定结果 $\delta^{34}S$ 为 $3.7\%\sim 11.1\%$，$^{32}S/^{34}S$ 为 $21.796\sim 22.133$，表明矿质来自古海火山沉积，在火山喷发—沉积过程形成初始富集层。

2. 矿源层经改（再）造多次成矿作用

中元古代铁矿是四川富铁矿形成的主要时期，这些富铁矿多数都经后期改（再）造，由于后期改造环境不同，而形成矿石种类不同，富集程度不同，主要改（再）造形式有：

（1）火山—次火山热液改造作用

在火山喷发作用形成火山喷发沉积贫铁矿（初始富集层）的基础上，后期辉绿岩（可能为部分矿源）在沿火山机制脆弱部位顺层侵入，其后期含矿气液在接触带外侧交代或充填或叠加于先形成的贫矿体之上，形成富厚的热液交代（充填）富矿体，如新铺子铁矿。

（2）区域构造热力动力改造作用

区域构造运动产生的热动力，使原始贫矿层中矿质活化、迁移，在层间虚脱部位重新富集，使矿体变富、加厚，如满银沟铁矿。

（3）地下热卤水对铁矿的改造作用

原生菱铁矿，在富含 CO_2 的热（卤）水作用下，使原来菱铁矿转化为重碳酸铁，并在有利围岩条件下，生成第二代菱铁矿，例如小街铁矿。

$$FeCO_3 + H_2O + CO_2 \xrightarrow{\text{水合}} Fe(HCO_3)_2 \xrightarrow{\text{减压分解}} FeCO_3$$

3. 成矿模式

前震旦纪铁矿成因十分复杂，一般经历原始矿源层形成以后，都经历了各种地质作用的叠加改（再）造，最后在有利空间富集成矿，见图 8-3。

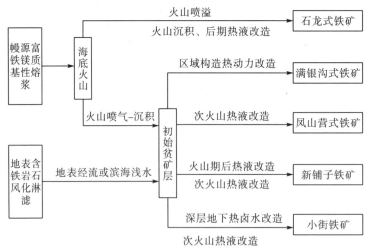

图 8-3 前震旦系层控矿床成因模式示意图（据四川省矿产资源潜力评价铁矿报告）

（二）晋宁期—澄江期岩浆控矿矿床的成因机制及成矿模式

晋宁期—澄江期岩浆控矿矿床，主要指与中酸性岩浆有关的叠加再造矿床。本类矿床成因机制是岩浆侵位时，主要提供丰富热源，可能提供部分物源，促使围岩中层间水、孔隙水及铁质活化、迁移，在构造有利部位(褶皱虚脱空间、挠曲剥离空间、层间错动裂隙等等)重新聚集成矿。

由于原始岩浆组分和环境差异，在米苍山地区，多为同熔型中偏基性闪长岩类，为晋宁期产物，岩石化学组分相对富 Fe、Mn、V、Ti、Cr、Cu、Pb、Zn 等元素，氧逸度较高，有利于碱交代和镁铁矽卡岩形成，为李子垭式接触交代铁矿提供部分成矿物源。安宁河东侧泸沽地区主要重熔型酸性花岗岩(钾长花岗岩、黑云母二长花岗岩)，SiO_2、K_2O、TFe 偏高，为硅、铝过饱和的富碱岩石。其成矿机制是岩浆侵入富铁质的围岩(围岩中广布早期顺层的变质辉绿岩脉，含 TFe 高达 22%)，提供大量热动力，促使围岩中铁质活化、迁移，在有利部位重新富集形成富矿体，并与早期变质辉绿岩随影相伴。成矿模式见图 8-4。

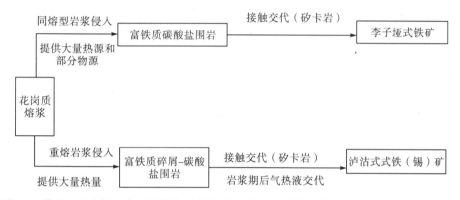

图 8-4　前震旦系岩控矿床成因模式示意图(据四川省矿产资源潜力评价铁矿报告资料修改)

(三)沉积铁矿

四川沉积铁矿含矿层位较多，从奥陶纪—白垩纪，沉积环境复杂，从海相—海陆交替相—陆(沼湖)相都有，经综合研究认为，这些众多沉积铁矿中，具一定工业价值和找矿远景的应以海相沉积的中奥陶统巧家组的华弹式铁矿及中泥盆统的碧鸡山式(相当于宁乡式)铁矿为主。

华弹式铁矿局限于康滇古陆东侧并与其平行展布的古拗陷带，铁矿产于中奥陶统巧家组局限台地边缘浅滩相。含矿建造为浅海碳酸盐建造；碧鸡山式铁矿在西邻康滇古陆区，铁矿赋存于与古陆平行的古拗陷，中泥盆统缩头组碎屑岩建造，属滨海相后—前滨带沿岸砂坝和滨海相前—近滨带席状沙坝—砂泥坪—生物碎屑碳酸盐浅滩相。碧鸡山式铁矿在龙门山区相变为以碳酸盐沉积为主，属浅海礁石开阔碳酸盐台地(泥坪)相和礁间—礁后碳酸盐台地相。

华弹式铁矿和碧鸡山式铁矿成矿机制基本一致，其物源均属表生—再生型，即古陆富含铁质岩石经风化剥蚀、搬运至海底，铁以离子状态(Fe^{2+} 或 $Fe(OH)^+$)或胶体运移，当溶液中存在有机酸或硅酸作为氢氧化铁胶体的稳定剂时，它们顺利进入汇水盆地，在汇水盆地中铁的存在形式决定于氧化还原电位(Eh)和酸碱度(PH)。

铁的富集除受水化学条件限制外，明显受沉积环境限制，有利的成矿环境是局限台地近边缘浅海滩相(华弹式)和滨海相后—前滨带沿岸沙坝相、滨海相前—近滨带席状砂坝—砂泥坪—生物屑碳酸盐浅海滩相(甘洛、越西地区)，及浅海礁石开阔碳酸台地相、礁间—礁后碳酸盐台地相(龙门山地区)等，处于动荡水氧化环境，有利氧化铁矿形成，同时可由波潮从大陆剥蚀区和洋盆中获得丰富的成矿物质补充。所以沉积铁矿的成矿机制包括矿质来源和沉积环境两因素，物质来源丰富，沉积环境和水介质条件有利，即可富集成矿。沉积铁矿成矿模式见图8-5。

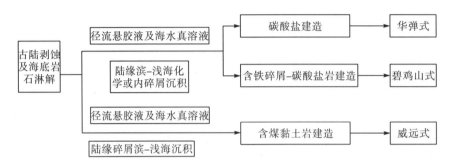

图8-5 主要沉积铁矿成矿模式示意图(据四川省矿产资源潜力评价铁矿报告资料修改)

(四)华力西期侵入—次火山—火山岩成矿机制及成矿模式

华力西期是我省最重要的成矿时期，不但规模大、组分多(攀枝花式)，而且品位富(矿山梁子式)。从成因类型上有岩浆分异型钒钛磁铁矿，火山—沉积的苦乔地磁铁矿、浅—超浅成岩浆接触交代的道坪子铁矿，火山热液(矿浆充填)形成的矿山梁子磁铁矿。但它们的物源均来自地壳深部幔源的基性超基性岩浆为主，它们的成矿机制各有不同。

1. 攀枝花式、红格式钒钛磁矿成矿机制

成矿作用发生于扬子陆块的镁铁质或超镁铁质岩中，岩体产出受南北向长期活动的深断裂控制。该类型铁矿的含矿体锶初始值为0.7034~0.7054，钕初始值为0.5125~0.5124，$\delta^{34}S$值接近陨石流，而$\delta^{18}O$值为6.55‰~5.55‰，说明成矿岩浆是上地幔部分熔融产生。

岩浆生成聚集在下地壳或莫霍面附近形成深部岩浆房，并发生结晶分异，分异程度不同的岩浆继续上侵，在地壳上部形成上部岩浆房，然后继续成岩成矿，直至固结。钒钛磁铁矿是每次岩浆侵位固结早期形成，成矿温度较高(1250~1000℃)，氧逸度较高(10^{-4}~10^{-6}atm)。岩浆房固结的主要作用分离结晶作用，它通过底部结晶或侧向增生，由下而上进行，其中钛铁矿、钛磁铁矿、橄榄石、单斜辉石和斜长石在岩浆房底部形成粥状堆积层，并继续生长。由于物质供应的差异，中、上部呈陨铁结构，下部呈嵌晶结构和镶嵌结构。同在堆积层中密度较低孔隙流体与上覆岩浆发生对流，使上部基性程度低于中、下部，构成明显的分层结构。由于岩浆多次脉动式贯入和结晶、分异作用，在岩体中形成若干韵律旋回。

2. 华力西期火山—次火岩型铁成矿机制及成因模式

晚二叠世区域构造—岩浆作用及地壳张性裂陷发生，除伴有基性—超基性岩浆侵入外，随着地壳引张作用的加强和深断裂进一步扩大加深，导致深部熔浆喷发(溢)。深部熔浆上升后，地质环境不同，形成不同成矿作用和不同类型铁矿。主要有：

(1)火山喷发(爆溢)相生成的火山喷发沉积的苦乔地铁矿。

(2)受破火山口构造控制,熔浆与围岩产生充填交代作用的火山热液(矿浆充填)型铁矿,以矿山梁子铁矿为代表。

(3)与浅成一超浅成侵入有关的接触交代铁矿,以道坪子铁矿为代表。

三种类型物源基本相同,主要是地壳深部玄武质熔浆,但不排除熔浆向上运移中捕获部分围岩中成矿元素,经后期热力改造加富,成矿模式见图8-6。

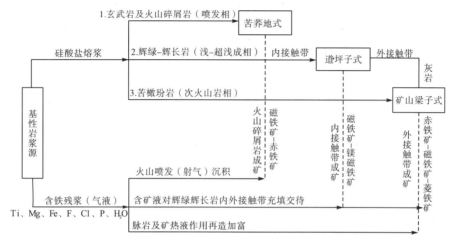

图 8-6　华力西期火山—次火山岩成矿模式示意图(据四川省矿产资源潜力评价铁矿报告)

第八节　存在问题及建议

本书以四川省矿产资源潜力评价成果为基础,而其资料大多来源于四川各地勘单位的矿区普查、勘查报告,其引用的资料完成于不同时期、不同精度,工作质量差别很大,故影响最终质量。

四川省地域广、面积大,成矿地质背景条件复杂,涉及的矿床类型多,编图难度大和工作量很大。各种资料间常常互相矛盾,根据全国矿产资源潜力评价项目办公室的规定和实事求是原则处理,但仍有许多地方力不从心。

四川省铁矿成矿规律研究还不够深入,还存在一些重大科学问题有待以后深入研究。

(1)攀枝花式、红格式岩浆型铁矿和矿山梁子陆相火山岩型铁矿的成因联系。它们均分布于扬子克拉通西缘峨眉山火成岩省,均形成于晚二叠世,前者是超镁铁质岩浆侵入活动的产物,后者与峨眉山玄武岩浆喷出活动有关。二者的成因联系、成矿机理的异同有待深入研究。

(2)关于耳泽铁金矿的成因问题:四川省地矿局108队的初步普查报告认为是溶洞充填型,也有人认为是火山成因,《四川西部义敦岛弧碰撞造山带与主要成矿系列》认为是以燕山期以来的岩浆热液为主的热液矿床,无论何种热液来源,作者把其归为热液成因矿床。

(3)关于央岛铁矿的成因类型,四川省地矿局404队的初步普查报告认为是火山沉积矿床加泥盆纪末期到石炭纪的古风化壳型,而作者根据耳泽和央岛铁矿同处水洛(恰斯)穹隆,具有相似的成矿地质背景和条件,暂归入热液型铁矿床,究其成因有待深入研究。

(4)攀枝花式岩浆型铁矿与围岩碳酸盐岩关系研究。含矿岩体的围岩多为碳酸盐岩,这种围岩对成矿有无贡献?已经有人着手研究,但还没有足够的重视。

(5)基础地质问题:按四川省大地构造相的划分,水洛(恰斯)穹隆属歇武—甘孜—三江口结合带大相的水洛—恰斯陆壳残片相,原划分的上二叠统岗达概组就应该划为卡尔蛇绿岩组,因岗达概组属中咱微陆块区地层单元。

主要参考文献及资料

"八二〇"协作组编. 四川西昌地区"八二〇"矿成矿规律初步研究报告. 1973

中国地质科学院矿床地质研究所文集. 1986,(18)

蔡学林,竺国强,张伯南等. 西南地区前寒武纪构造演化与铁矿分布. 四川地质学报,1979.8. 29

陈国能,洛尼·格拉佩斯. 花岗岩成因:原地重熔与地壳演化. 彭卓伦,张献河等译. 武汉:中国地质大学出版社,2009.6

陈裕生. 中国主要成矿区(带)成矿地质特征及矿床成矿谱系. 北京:地质出版社,2007.5

陈毓川等. 中国成矿体系与区域成矿评价. 北京:地质出版社,2007.4

陈毓川,登红,徐志刚等. 对中国成矿体系的初步探讨. 矿床地质,2006.4,37期

陈毓川,王登红等. 重要矿产和区域成矿规律研究技术要求. 北京:地质出版社,2010.4

陈毓川,王登红等. 2010.6重要矿产预测类型划分方案. 北京:地质出版社,

陈智梁,陈世瑜. 扬子地块西缘地质构造演化. 重庆:重庆出版社,1987.7

仇定茂. 论四川会理"石龙式"铁矿的成因及形成机理. 中国地质科学院成都地质矿产研究所文集(6),1985

从柏林. 攀西裂谷的形成与演化. 北京:科学出版社,1988.9

戴恒贵. 康滇地区昆阳群和会理群地层、构造及找矿靶区研究. 云南地质,1997年,01期

旦贵兵,田中保,杨大宏等著. 四川盐源磨耳哥地区铁多金属矿找矿前景分析. 四川地质学报,2004年,第3期

地球科学大辞典编辑委员会. 地球科学大辞典. 北京:地质出版社,2006.1

段成龙著. 论攀枝花式铁矿的成因问题. 四川冶金,2003年,第3期

范元建,李作华,李兴,陈黎等. 四川省冕宁县泸沽矿区锡异常及找矿远景. 现代矿业,2012

耿元生,杨崇辉,王新社等. 扬子地台西缘变质基底演化. 北京:地质出版社,2008.10

韩承宗. 川西昌阿七基性超基性岩体地质、地球化学特征及成岩成矿机理. 矿物岩石,1984年,01期

贺节明. 西昌—滇中地区碱. 质交代岩及其成岩成矿特征. 中国地质科学院文集(1981),1983

侯立玮,戴丙春,俞如龙,傅德明,胡世华等. 四川西部义敦岛弧碰撞造山与主要成矿系列. 北京:地质出版社,1994.4

华曙光,刘新会. 秦岭板块金矿床类型与金成色. 黄金地质,2004.12

黄邦强. "满银沟运动"及两会地区紫红色含铁岩系的层位. 成都地质学报,13期

江满容,张均,曾令高等. 从矿石组构学特征探讨四川盐源矿山梁子铁矿床成因. 矿床地质,2010年S1期

矿产资源工业要求手册编委会. 矿产资源工业要求手册. 北京:地质出版社,2010.8

李福东,修泽雷,高栋丞等. 从磁铁矿特征论铜厂铁矿床的成因——前寒武纪一个特殊的铁矿类型. 中国地质科学院西安地质矿产研究所文集(5),1982.6

李厚民,陈毓川,李立兴,王登红等. 中国铁矿成矿规律. 北京:地质出版社,2012.9

李厚民,王登红,李立兴等. 中国铁矿成矿规律及重点矿集区资源潜力分析. 中国地质,2012.6,20期

李怀坤，张传林，姚春彦等. 扬子西缘中元古代沉积地层锆石 U-Pb 年龄值及 Hf 同位素组成. 中国科学：地球科学，2013.8

李立主. 西昌—滇中地区大、中型内生矿床分布规律及预测. 四川地质学报，1992 年 02 期

李兴振，江新胜，孙志明. 西南三江地区碰撞造山过程. 北京：地质出版社，2002.8

李兴振，刘文均，王义昭等著. 西南三江地区特提斯构造演化与成矿（总论）. 北京：地质出版社，1999.5

李莹. 攀西地区力马河镁铁—超镁铁质岩体的岩石学和地球化学研究. 中国地质大学（北京），2010.5，第 3 期

刘肇昌，李凡友，钟康惠等. 扬子地台西缘及邻区裂谷（陷）构造与金属成矿. 有色金属矿产与勘查，1995.4，24 期

刘肇昌. 元古代会理—东川坳拉槽与川滇铜铁成矿带. 矿床地质，1994.12，10 期

骆华宝，王永基，胡达骧等著. 我国铁矿资源状况. 地质论评，2009.11，22 期

骆耀南等. 龙门山—锦屏山陆内造山带. 成都：四川科学出版社，1998

马玉孝，刘家铎，王洪峰等. 攀枝花地质. 成都：四川科学技术出版社，2001.8

牟传龙，林仕良，余谦. 四川会理—会东及邻区中元古界昆阳群沉积特征及演化. 沉积与特提斯地质，200.3，12 期

宁奇生，李永森，刘兰笙等. 论成矿建造与构造—建造—成矿带. 中国地质科学院地质研究所文集，1980.12，1 期

潘桂棠，陈智梁，李兴振等. 东特提斯地质构造形成演化. 北京：地质出版社，1997.12

潘桂棠，徐强，侯增谦等. 西南"三江"多岛弧造山过程成矿系统与资源评价. 北京：地质出版社，2003.5

潘杏南，赵济湘，张选阳，郑海翔等. 康滇构造与裂谷作用. 重庆：重庆出版社，1987.12

攀枝花地质综合研究队，四川地矿局 106 队，成都地质学院等. 攀枝花—西昌地区钒钛磁铁矿成矿规律与预测研究（1981）. 中国地质科学院矿床地质研究所文集，（18）1986

邱家骧，林景仟. 岩石化学. 北京：地质出版社，1991.3

沈保丰等. 太行山等地区邯邢式铁矿成矿规律和找矿方向. 华北地质科学研究所文集，2010.11

沈发奎. 攀枝花—西昌地区层状岩体的生成条件、成岩、成矿机理初步分析—以米易白马岩体为例. 四川地质学报，1982 年 02 期

四川省地质矿产局. 四川省区域地质志. 北京：地质出版社. 1991.4

辜学达，刘啸虎. 四川省岩石地层. 武汉：中国地质大学出版社，1997.12

孙启祯. 论我国铁矿边缘成矿. 地质与勘探，1993.5，14 期

孙腾. 四川平川铁矿成矿规律研究. 中国地质大学硕士论文，2012

唐若龙. 西昌—凉山地区的层块构造与成岩、成矿、地震的关系. 四川地质学报，1982 年 02 期

田竞亚，胡秀蓉. 攀枝花（式）铁矿成矿机理与生成环境初探. 地球科学，1986.12，5 期

田喜朴，丁绍良等. 南江县李子垭磁铁矿床成矿地质条件及找矿前景探讨. 地球，2013

铁、锰、铬矿地质勘查规范. 中华人民共和国地质矿产行业标准（DZ/T 0200—2002）

王登红，陈毓川. 与海相火山作用有关的铁—铜—铅—锌矿床成矿系列类型及成因初探. 矿床地质，2001.5，64 期

王登红，李华芹，屈文俊等. 全国成岩成矿年代谱系. 北京：地质出版社，2014.2

王登红，张长青，王永磊，王成辉等. 泛北部湾桂、琼铁铜锡铅锌金典型矿床研究. 北京：地质出版社，2013.5

王全伟，王康明，阚泽忠等. 川西地区花岗岩及其成矿系列. 北京：地质出版社，2008.9

王显锋，张兴润. 四川铁矿床主要成因类型及找矿方向. 四川地质学报，2008.12，8 期

王子正，范文玉，高建华等. 攀西铁矿成矿带地质矿产特征及找矿方向. 沉积与特提斯地质，2012 年 01 期

吴根耀. 天宝山组地层问题初议. 地层学杂志，1986.10，7 期

吴雪红. 四川华弹鲕状赤铁矿选矿试验研究. 矿产综合利用，2011.12，1 期

肖克炎，娄德波，孙莉等. 全国重要矿产资源潜力评价模型汇总. 地质学刊，2013.9

徐志刚，陈毓川等. 中国成矿区带划分方案. 北京：地质出版社，2008.10

许发新，覃顺平，范元健. 四川冕宁泸沽大顶山磁铁矿床地质特征及成矿条件分析. 现代矿业，2010 年 11 期

薛步高，朱智华. 康滇地轴铁矿类型、成矿系列的划分及其特征. 矿床地质，1986.10，5 期

杨峰利，张利松. 四川省盐源县矿山梁子火山岩型铁矿床成矿地质规律及找矿方向. 中华民居，2011 年，10 期

杨时惠，阙梅英. 西昌—滇中地区磁铁矿特征及其矿床成因. 重庆：重庆出版社，1987.9

杨先光，陈东国，郭萍. 南江—旺苍李子垭式磁铁矿地质特征与资源潜力. 四川省冶金地质勘查局建局五十年纪念文集，2012

杨应选. 西昌地区铁矿成矿条件、分布、富集规律及找矿方向. 中国地质科学院文集(1981)，1983

杨应选. 西昌—滇中地区前寒武系中铁矿成因类型、富集条件及成矿演化模式. 中国地质科学院文集(1981)，1983 年

杨志坚，沈振丰，梁士奎等. 下扬子地区区域构造特征及其与铁、铜、硫矿产分布关系(研究报告). 中国地质科学院南京地质矿产研究所文集(34)，1988.6

叶天竺，张智勇，肖庆辉等. 成矿地质背景研究技术要求. 北京：地质出版社，2010，12

尹福光，孙志明，万方等. 扬子西缘构造演化及其资源效应. 北京：地质出版社，

尹观，倪师军. 同位素地球化学. 北京：地质出版社，2009.9

袁见齐，朱上庆，翟裕生. 矿床学. 北京：地质出版社，2008.9

袁小龙. 会理县毛菇坝矿区磁异常推断解释研究. 昆明理工大学硕士论文，2013.3

曾祥贵，吕仲坤，闫建梅等. 四川凉山州富铁矿地质特征与找矿前景分析. 四川地质学报，2006.6. 30

曾忻耕. 四川攀枝花—西昌地区的地动力条件与矿床组合. 大自然探索，1985 年 03 期

张汉泉，谈方芳，龚丽等. 宁南赤铁矿磁化焙烧—磁选—反浮选提铁试验. 现代矿业，2013.1

张盛师，梁信之. 四川省区域矿产总结. 北京：地质出版社，1990.12

张贻，沈冰，周家云等. 四川会理—小关河地区主要矿床类型、成矿规律和找矿评价. 矿物学报，2011.12，1 期

张云湘，骆耀南，杨崇喜等. 攀西裂谷. 北京：地质出版社，1988.7

赵一鸣. 中国主要富铁矿床类型及地质特征. 矿床地质，2013.8

赵一鸣，谭惠静，许振南等. 闽西南地区马坑式钙矽卡岩铁矿床. 中国地质科学院矿床地质研究所文集(7)，1983

郑伟，秦毅，左焕成，何国平等. 磁法在攀西地区峨眉山玄武岩铁矿找矿中的应用. 矿床地质，2010 年 S1 期

朱俊士. 攀枝花—西昌地区钒钛磁铁矿的选矿特征. 矿冶工程，1997 年 01 期

邹光富，毛英，毛琼等. 西南三江地区成矿作用、成矿规律及找矿方向. 矿物学报，2009.12，3 期

左群超，杨东来，冯艳芳等. 全国矿产资源潜力评价数据模型数据项下属词规定分册. 北京：地质出版社，2012.11

索　引